Technische Physik
in Einzeldarstellungen
Herausgegeben von
W. Meißner, München und G. Holst, Eindhoven

3

Physik und technische Anwendungen der Lumineszenz

Von

Dr. phil. habil. Nikolaus Riehl

Direktor der wissenschaftlichen Hauptstelle
der Auergesellschaft AG., Berlin

Mit 83 Abbildungen

Springer-Verlag Berlin Heidelberg GmbH

1941

ISBN 978-3-662-01758-6   ISBN 978-3-662-02053-1 (eBook)
DOI 10.1007/978-3-662-02053-1

Vorwort.

Das letzte Jahrzehnt brachte auf dem Gebiet der Lumineszenz eine besonders schnelle Entwicklung in wissenschaftlicher und in technischer Hinsicht. Diese Entwicklung sprengte teilweise den Rahmen, der auf den klassischen Arbeiten von LENARD beruhte. Es erschien daher zweckmäßig, eine Darstellung des Gebietes zu geben, die sich nicht von den zum Teil nicht mehr aktuellen Ergebnissen der alten Schule herleitet, sondern auf den Ergebnissen der sehr intensiven Forschung der letzten Jahre aufgebaut ist. Ein beträchtlicher Teil der neuen Erfahrungen entstammte den Laboratorien der Industrie und war daher nur in beschränktem Umfange publiziert. Man mußte daher bei der Darstellung des Gebietes nicht allein von der vorhandenen Literatur ausgehen, sondern auch auf eigene Erfahrungen sowie auf unveröffentlichte Erfahrungen anderer, befreundeter Stellen zurückgreifen.

Unter den sehr zahlreichen lumineszenzfähigen Stoffen hat sich bei der Entwicklung der letzten Jahre eine Stoffgruppe sowohl wissenschaftlich als auch technisch als besonders interessant erwiesen. Die zu dieser Gruppe gehörenden lumineszenzfähigen Substanzen werden vielfach als „*Kristallphosphore*" bezeichnet. Dies sind Stoffe, deren Lumineszenzfähigkeit nicht auf einer von vornherein gegebenen Lumineszenzfähigkeit ihrer Atome oder Moleküle beruht, bei denen vielmehr die Lumineszenzfähigkeit erst eine Folge besonderen kristallinen Aufbaues ist. Besonders charakteristisch ist, daß bei den Kristallphosphoren sich am Leuchtvorgang grundsätzlich der ganze Kristall oder zumindest Bereiche desselben beteiligen, die eine weitaus überatomare räumliche Ausdehung haben. Beim Leuchtvorgang handelt es sich also um ein Zusammenwirken sehr zahlreicher Atome. Auch die klassischen LENARD-Phosphore gehören zu dieser Gruppe. Insbesondere gehören zu ihr auch die heute im Vordergrund des technischen Interesses stehenden Zink- und Zinkkadmiumsulfide, Silikate und Wolframate. Die besondere physikalische Eigenart dieser Lumineszenzstoffe, vor allem aber ihre immer weiter steigende technische Bedeutung berechtigten dazu, das Thema des vorliegenden Buches vorwiegend auf diese letztgenannten Substanzen zu beschränken und die zahlreichen anderen anorganischen Lumineszenzstoffe weniger eingehend zu behandeln.

Chemische Rezepte für die Herstellung der Phosphore werden in dem vorliegenden Buch nicht gegeben. Die allgemeinen Gesichtspunkte der Darstellung von Luminophoren, wie sie etwa den Studierenden interessieren, sind bereits mehrfach in der Literatur geschildert worden. Die speziellen präparativen Angaben sind im Laufe der letzten Jahre ebenfalls mehrfach in zusammenfassenden Werken dargestellt worden. Hinzu kommt, daß die aus der Literatur stammenden präparativen Vorschriften fast ausnahmslos längst nicht mehr den besten bestehenden Herstellungsverfahren entsprechen, da letztere im allgemeinen von den Industriefirmen geheimgehalten werden. — Um so nützlicher schien aber eine Darstellung der technischen Anwendung, die sich in den letzten Jahren sehr stürmisch entwickelt hat, und der physikalischen Forschungsergebnisse, die in letzter Zeit ebenfalls entscheidende Fortschritte gebracht haben.

Das Buch wendet sich keineswegs nur an technisch-industriell interessierte Fachgenossen, vielmehr ist es im Bestreben geschrieben, auch den rein wissenschaftlich tätigen Kreisen einen Bericht über den heutigen Stand der einschlägigen Forschung zu geben. Wenn daher der Titel des Buches „Physik und Anwendung der Lumineszenz" lautet, so wird hierbei die Physik der Lumineszenz nicht nur als Mittel zum Zweck, sondern auch als Selbstzweck behandelt. Die rein physikalische Durchdringung der Kristallphosphore und der sonstigen Lumineszenzstoffe ist heute um so reizvoller, als sich hierbei auch interessante und aufschlußreiche Berührungspunkte mit anderen Gebieten der physikalischen Forschung ergeben. Hingewiesen sei beispielshalber auf die Erscheinung der Energiewanderung, die sich an „Kristallphosphoren" in besonders klarer Form erfassen ließ, die aber auch auf verschiedensten anderen Gebieten, ja sogar in der Energetik organischer Großmoleküle sich wiederfindet.

Bei der Berücksichtigung des Schrifttums wurde bewußt nicht eine möglichst vollständige Literaturzusammenstellung angestrebt. Für eine allzu pedantische Besprechung aller auf diesem Gebiet erschienenen Literatur würde der vorgesehene Umfang des Buches nicht ausreichen, auch würde das Buch entgegen der Absicht des Verfassers den Charakter eines Handbuches erhalten. Im Gegensatz zu einer handbuchmäßigen Registrierung aller auf dem Gebiete erschienenen Einzelarbeiten wurden die Ergebnisse des Schrifttums *kritisch* verwertet und zusammengefügt, und es wurde eine gewisse Einheitlichkeit der Darstellung angestrebt, die — wie es dem Verfasser scheint — heute schon bis zu einem gewissen Grade möglich ist, da die letzten Jahre in vielerlei Hinsicht eine Klärung des Gebietes gebracht haben.

Nach einer kurzen Schilderung der für das Gebiet spezifischen apparativen Hilfsmittel werden zunächst die wichtigsten Gruppen der anorganischen Leuchtstoffe einzeln charakterisiert und sodann eine Beschreibung der an ihnen beobachteten physikalischen Erscheinungen gegeben. Sodann werden die theoretischen Grundlagen der Lumineszenz von Kristallphosphoren auf Grund neuester Ergebnisse geschildert und mit der Erfahrung verglichen. Der letzte Teil des Buches bringt die technischen Anwendungen der Lumineszenzstoffe auf verschiedenen Gebieten. — Die physikalischen Grundlagen der Erregung der Leuchtstoffe durch spezielle Strahlenarten (α-, Kathoden- und Röntgenstrahlen) gehörten streng genommen in den ersten, physikalischen Teil des Buches. Der Verfasser hat es jedoch vorgezogen, diese etwas abseits liegenden Gebiete im Rahmen des technischen Teiles zu besprechen, da hier eine so enge Verknüpfung der rein physikalischen und rein technischen Gesichtspunkte bestand, daß eine Trennung entweder der Klarheit der Darstellung geschadet oder Wiederholungen notwendig gemacht hätte.

Am Schluß des Buches findet sich eine Zusammenstellung der typischen Bezeichnungen und Definitionen aus dem Lumineszenz-Gebiet. Ihr Zweck ist, die Bedeutung sowie die gegenseitige Beziehung der LENARD-schen und der übrigen Terminologie klarzustellen und zu verhindern, daß die Bezeichnungen gewissermaßen als „Geheimsprache" empfunden werden.

Für Hilfe und Kritik bei Durchsicht der Korrekturen habe ich den Herren Dr. DE GROOT, Dr. GISOLF, Dr. KREFFT, Dr. KRÖGER, Dr. ROMPE, Dr. RÜTTENAUER, Dr. SCHÖN, DR. WOLF und Dr. ZEILLER zu danken.

Berlin, im Juli 1940.

NIKOLAUS RIEHL.

Inhaltsverzeichnis.

Seite

I. Definition des Begriffes Lumineszenzstrahlung. Abgrenzung der „Kristallphosphore" gegenüber sonstiger lumineszenzfähiger Materie 1

II. Einleitender Überblick über die physikalischen Eigenschaften der Lumineszenz 2

III. Arbeitsmethoden und apparative Hilfsmittel 7

IV. Charakteristische Merkmale der wichtigsten anorganischen Lumineszenzstoffe 24

    1. Zink- und Zinkkadmium-Sulfide (und -Oxyde) 24
    2. Silikate 32
    3. Wolframate und Molybdate 36
    4. Erdalkalisulfide und Oxyde (LENARD-Phosphore) 39
    5. Sonstige anorganische Lumineszenzstoffe 42

        a) Halogenidphosphore 42
        b) Nitride 46
        c) Borsäurephosphore 47
        d) Gläser 48
        e) Mit seltenen Erden aktivierte Luminophore 48
        f) Sonstige lumineszenzfähige anorganische Substanzen . . 50

V. Physik der Lumineszenz von „Kristallphosphoren" und verwandten Leuchtstoffen 51

    1. Erregung und erregende Absorption 51
    2. Abklingung 60
    3. Speicherung des Lichtes in Phosphoren. Lichtsummen. . . 73
    4. Ausleuchtung und Tilgung durch Rot und Ultrarot 77
    5. Temperaturabhängigkeit der Lumineszenz. 80
    6. Einfluß elektrischer und magnetischer Felder 84
    7. Druckzerstörung und Druckverfärbung 85
    8. Thermolumineszenz 90
    9. Tribolumineszenz 92
   10. Sensibilisierte Lumineszenz 93
   11. Selbsterregung 97
   12. Flammenerregung 98
   13. Erregung durch α- (und Kanal-)Strahlen (siehe Kapitel IX, 1) 102
   14. Erregung durch Kathodenstrahlen (siehe Kapitel IX, 2) . . 102
   15. Erregung durch Röntgenstrahlen (siehe Kapitel IX, 3) . . 102

VI. Theorie der Lumineszenz von Kristallphosphoren. . . 102

    1. Optisches Verhalten eines idealen Kristalls 103
    2. Kristalle mit Störstellen 106
    3. Strahlungslose Elektronenübergänge infolge Wechselwirkung mit den Atomen des Gitters 110

VII. Eigenschaften der Lumineszenz, die sich aus dem theoretischen Modell der Kristallphosphore ergeben. Vergleich zwischen Theorie und Erfahrung 111

Seite

VIII. Kristallchemischer Aufbau der Kristallphosphore und verwandten Leuchtstoffe 122

IX. Technische Anwendungen der Lumineszenzstoffe . . . 133

1. Erregung durch α-Strahlen (und Kanalstrahlen). Radioaktive Leuchtfarben 133

2. Erregung durch Kathodenstrahlen. Anwendungen für Fernsehen, Kathoden-Oszillographen, elektronenoptische Bildwandler und Elektronenmikroskope bzw. Übermikroskope 144

3. Röntgen-Durchleuchtungsschirme 154

4. Röntgen-Verstärkerfolien 161

5. Fluoreszenzverfahren zur Betrachtung von Film- und Plattenaufnahmen 167

6. Leuchtstofflichtquellen 171

7. Quecksilberdampflampen (Hochdrucklampen) mit Leuchtstoffen 180

8. Durch Ultraviolett erregte Lumineszenzstoffe im Dienste der Luftschutzbeleuchtung 187

9. Anwendung nachleuchtender Stoffe im Luftschutz 196

10. Anwendungen der Lumineszenzstoffe in der Bühnentechnik, im Werbewesen u. dgl. 201

11. Unter Anwendung von Lumineszenzstoffen gebaute Anordnungen zur Erzeugung energiegleicher Spektra 203

12. Anwendung nachleuchtender Schirme für die Aufzeichnung von Lichtzeigerkurven 204

13. Luminographie und andere Anwendungen auf dem Gebiet der Photographie 205

Zusammenstellung einiger Bezeichnungen und Definitionen aus dem Lumineszenz-Gebiet 208

Zusammenfassende Darstellungen über Lumineszenzstoffe 210

Namenverzeichnis 211

Sachverzeichnis 214

I. Definition des Begriffes Lumineszenzstrahlung. Abgrenzung der „Kristallphosphore" gegenüber sonstiger lumineszenzfähiger Materie.

Der grundsätzliche Unterschied zwischen Temperaturstrahlung und Lumineszenz liegt darin, daß die von einem lumineszenzfähigen Stoff absorbierte „erregende" Strahlung nicht dem Wärmevorrat des Körpers zugeführt wird, sondern in Form potentieller Energie festgehalten wird, welche dann — ohne Umweg über die Wärmeschwingungen der Atome — als *Lumineszenz*strahlung teilweise oder ganz wieder zur Ausstrahlung gelangt. Das absorbierende System steht also in keinerlei oder nur geringer energetischer Wechselwirkung mit seiner Umgebung. Die absorbierte Strahlungsenergie verteilt sich nicht wie im Fall der gewöhnlichen Absorption über alle Freiheitsgrade aller Atome, sie wird nicht dem Wärmevorrat des Körpers zugeführt.

Während Temperaturstrahlung von jedem beliebigen Körper bei genügend hoher Temperatur ausgesandt wird, ist die Anzahl der Stoffe, die durch Strahlung zum Leuchten erregt werden und somit lumineszenzfähig sind, beschränkt. Aus den eben angeführten Gründen kann ein Stoff nur dann lumineszenzfähig sein, wenn folgende Bedingungen erfüllt sind: Die absorbierte Energie muß zu dem Leuchtatom gelangen, ohne an andere Freiheitsgrade des Atomverbandes abgeführt worden zu sein. Sie darf z. B. nicht zur Anregung von Gitter- bzw. Atomschwingungen verbraucht werden. Ebensowenig darf das eingestrahlte Quant etwa zu einer photochemischen Reaktion verbraucht werden. In beiden Fällen würde die absorbierte Energie für den Lumineszenzvorgang verloren gegangen sein.

Demnach ist die Lumineszenzfähigkeit insbesondere bei solchen Stoffsystemen zu erwarten, bei denen derartige Verlustquellen für die eingestrahlte Energie nicht (oder nur mit geringer Wahrscheinlichkeit) auftreten. Zu solchen Stoffsystemen gehören vor allem *verdünnte Gase*, ferner auch große (vorwiegend organische) Moleküle (insbesondere *aromatische* Verbindungen) sowie auch Moleküle oder Atome in kondensierten Phasen (z. B. seltene Erden), bei denen eine energetisch besonders isolierte Lage der Leuchtelektronen vorliegt. Allerdings ist zu bemerken, daß diese Bedingungen nur in verhältnismäßig seltenen Fällen erfüllt sind, so daß der größte Teil der großmoleküligen Verbindungen und der Moleküle in kondensierten Phasen — zumindest bei Zimmertemperatur — nicht lumineszenzfähig ist.

Während bei den genannten Stoffen sich der Vorgang innerhalb eines energetisch abgeschlossenen Systems atomarer Dimensionen abspielt, also innerhalb eines Atoms oder Moleküls, gibt es eine große Anzahl von lumineszierenden Stoffen, *bei denen unter geeigneten Präparationsbedingungen nicht die einzelnen chemisch definierbaren Moleküle, sondern große Komplexe von Atomen oder Molekülen sich am Leuchtakt bzw. an seinem Zustandekommen beteiligen.* Die Entdeckung und Erforschung solcher Stoffe nahm ihren Ausgang von den bahnbrechenden Arbeiten LENARDs und seiner Schüler. Bei einem Teil dieser Lumineszenzstoffe, den sog. Kristallphosphoren, beteiligt sich vielfach am Leuchtvorgang, wie neuerdings festgestellt werden konnte[1], nicht nur eine nach Zehntausenden zählende Vielzahl von Atomen, sondern sogar grundsätzlich der ganze Kristall oder zumindest Bereiche desselben, die eine weitaus überatomare räumliche Ausdehnung haben[2].

Zu derartigen Lumineszenzstoffen gehören sämtliche lumineszierenden Zinksulfide und Zinkkadmiumsulfide, ferner die bekannten LENARD-Phosphore, die Silikate, Wolframate und auch noch andere Stoffe. Abgesehen davon, daß diesen Stoffen besonders interessante physikalische Eigenschaften zukommen, spielen sie auch technisch neuerdings eine hervorragende Rolle. Mit Lumineszenzstoffen der eben geschilderten Art beschäftigt sich vorwiegend das vorliegende Buch.

II. Einleitender Überblick über die physikalischen Eigenschaften der Lumineszenz.

Wie im vorigen Kapitel ausgeführt, ist ein Stoff dann lumineszenzfähig, wenn er einen Teil der eingestrahlten Energie nicht in Wärme umwandelt, sondern früher oder später als Wellenstrahlung wieder abgibt. Besonders eingehend untersucht sind hierbei natürlicherweise diejenigen Lumineszenzstoffe, deren Emission im sichtbaren Gebiet liegt. Es gibt jedoch auch zahlreiche Lumineszenzstoffe, die im ultravioletten und ultraroten Gebiet strahlen. Erregt werden die Leuchtstoffe fast alle durch ultraviolette Strahlen; daneben besteht bei vielen lumineszierenden Substanzen auch noch Erregbarkeit durch kurzwelliges sichtbares Licht, durch Kathodenstrahlen, β-Strahlen, α-Strahlen, Kanalstrahlen sowie durch Röntgen- und γ-Strahlen. Die Erregung durch Röntgen- und γ-Strahlen ist insofern der Erregung durch β- und Kathodenstrahlen verwandt, als hier die Erregung nicht unmittelbar durch das Röntgenquant erfolgt, sondern durch ein Photo- oder COMPTON-Elektron, das der Röntgenstrahl in der Substanz des Lumineszenzstoffes ausgelöst hat.

---

[1] RIEHL: Ann. Phys., Lpz. (5) Bd. 29 (1937) S. 640f. — SCHÖN: Z. techn. Phys. Bd. 19 (1938) S. 361.

[2] Die Bezeichnung „Kristallphosphore" erscheint dem Verfasser insofern nicht ganz glücklich, als die Wortbildung auf kristalline Lumineszenzstoffe schlechthin hinzudeuten scheint. Verf. möchte daher diesen Ausdruck als eine vorläufige, möglichst sparsam angewendete Bezeichnungsweise für die in diesem Buch in den Vordergrund gestellten Lumineszenzstoffarten wissen.

Ganz besonders wichtig und eingehend untersucht ist die schon erwähnte Erregung durch Ultraviolett. Ein Stoff kann durch die eine oder andere Strahlenart besonders gut erregbar sein. Auch innerhalb der verschiedenen Teile des ultravioletten Spektrums bestehen große Unterschiede in bezug auf Erregungsfähigkeit, indem beispielsweise Zinksulfide bevorzugt durch das langwellige Ultraviolett (um 365 mμ herum) erregt werden, die Silikate und Wolframate dagegen durch mittelwelliges und kurzwelliges Ultraviolett (z. B. die Hg-Resonanzlinie 253,7 mμ).

Für alle lumineszierenden Stoffe gilt die STOKESsche Regel, wonach das emittierte Licht längerwellig sein muß als das eingestrahlte (Abweichungen hiervon sind nur selten und machen überdies nur kleine Beträge aus). Ganz allgemein gilt für die Erregung auch die Bedingung, daß nur diejenige Strahlung erregend wirken kann, die im Leuchtstoff absorbiert wird. Diese Bedingung entspricht dem BUNSEN-ROSCOEschen Gesetz in der Photochemie.

Die Lichtemission des Lumineszenzstoffes kann unmittelbar nach dem Erregungsvorgang erfolgen. Gehorcht hierbei die Abklingung dem Gesetz einer *mono*molekularen Reaktion, so spricht man von *Fluoreszenz*. Die Lichtemission kann aber auch erst geraume Zeit nach erfolgter Anregung erfolgen. In diesem Fall hat man es mit Nachleuchten zu tun, und spricht von *Phosphoreszenz*. Wie im weiteren gezeigt wird, ist es zweckmäßig, *zwischen Nachleuchten schlechthin und Phosphoreszenz zu unterscheiden*. Die Phosphoreszenz ist das Nachleuchten, das nur dann sichtbar auftritt, wenn im „Phosphor" (Lumineszenzstoff) eine gewisse thermische Agitation vorliegt. Bei genügend starker Abkühlung friert die Phosphoreszenz ein. Eine Lichtaussendung findet dann nicht statt, sie tritt erst bei Wiedererwärmung des Phosphors wieder auf. Die Phosphoreszenz ist also an eine Speicherung von Lichtenergie im Phosphor gebunden. Bei genügend starker Abkühlung kann ein Phosphor eine bestimmte Lichtmenge über beliebig lange Zeiträume speichern. Die Lichtsumme, die bei der Phosphoreszenz im Phosphor gespeichert werden kann, ist nur beschränkt. Demgemäß kann die Helligkeit des Phosphoreszenzleuchtens auch bei stärkster Erregung nicht über einen gewissen Wert hinaus gesteigert werden. — Neben der Phosphoreszenz existiert noch eine andere Art von Nachleuchten mit meist viel kürzerer Nachleuchtzeit, welches *un*abhängig von dem Temperaturzustand des Phosphors ist. Dieses Nachleuchten kann nicht eingefroren werden. Es nimmt also eine Zwischenstellung zwischen Fluoreszenz und Phosphoreszenz ein. Dieses (meist kurze) Nachleuchten, das *un*abhängig von dem thermischen Zustand des Phosphors ist, wird neuerdings als *spontanes Nachleuchten* (Spontanleuchten) bezeichnet, weil hier der Leuchtvorgang spontan erfolgt, d. h. ohne Zuhilfenahme der für das Phosphoreszenzleuchten erforderlichen Wärmebewegung. Die Helligkeit des spontanen Nachleuchtens ist der Erregungsintensität proportional und kann praktisch unbegrenzt gesteigert werden. Seine Abklingung gehorcht dem Gesetz einer *bi*molekularen Reaktion. Über die Unterteilung des spontanen Nachleuchtens in „Momentanprozeß" und „Ultraviolettprozeß" im LENARDschen Sinne vgl. Kap. VII, 1, 1a und 2.

Bei der Phosphoreszenz kann die Ausstrahlung der gespeicherten Lichtsumme außer durch Wärme auch durch rotes oder ultrarotes Licht sowie auch durch elektrische und magnetische Wechselfelder erzwungen werden.

Der Gesamtbegriff für Fluoreszenz, Phosphoreszenz, spontanes Nachleuchten und jegliches sonstiges Leuchten, das keine Temperaturstrahlung darstellt, ist *Lumineszenz.* Entsprechend spricht man auch von *Luminophoren* als Sammelbegriff für alle lumineszenzfähigen Stoffe und *Fluorophoren* bzw. *Phosphoren* als Spezialfällen. Außer der durch Strahlen erregten Lumineszenz gibt es noch ein durch chemische Energie erzeugtes Leuchten *(Chemilumineszenz* sowie *Flammenerregung)*, sowie das beim Zerbrechen von Kristallen auftretende Leuchten (Tribolumineszenz).

Fluoreszenz, Phosphoreszenz und spontanes Nachleuchten können auch gleichzeitig an ein und demselben Stoff auftreten. Reine Fluoreszenz wird meist an organischen Verbindungen sowie auch an einigen anorganischen Komplexverbindungen beobachtet. Das Nachleuchten aber, insbesondere die Phosphoreszenz, tritt mit wenigen Ausnahmen (z. B. WIEDEMANN-Phosphore) nur an anorganischen Stoffen auf, die überdies meist auch noch besonders präpariert sein müssen.

Unter den zahlreichen lumineszenzfähigen Stoffen ist, wie schon in Kap. I betont wurde, eine besondere Gruppe sowohl technisch als auch wissenschaftlich besonders interessant. Es sind dies die heute meist als „Kristallphosphore" bezeichneten Substanzen (die klassischen LENARD-Phosphore, die leuchtfähigen Zink- und Zinkkadmiumsulfide, die lumineszierenden Silikate und Wolframate sowie Oxyde und auch einige andere Stoffe), bei denen die Lumineszenzfähigkeit nicht eine Eigenschaft des betreffenden Moleküls als solchen darstellt, sondern erst durch Zusammenfügen verschiedener Atome oder Moleküle ganzheitlich zustande kommt. Am Lumineszenzvorgang ist jeweils nicht nur ein einziges Atom oder Molekül, sondern — wie sich herausgestellt hat — eine ganz große, unter Umständen nach Hunderttausenden zählende Anzahl von Atomen beteiligt. Dementsprechend braucht auch die Erregung, d. h. die Absorption des eingestrahlten Quants, nicht unmittelbar an dem Atom stattzufinden, das den Emissionsakt vollbringt, vielmehr kann der Ort der Absorption um sehr viele Netzebenen von dem Ort der Emission entfernt sein; die Energie wird durch einen weiter unten zu erörternden Mechanismus von der Absorptionsstelle zu dem emissionsfähigen Atom übertragen (Energiewanderung). — Ein derartiger Phosphor kommt im allgemeinen dadurch zustande, daß innerhalb eines Atomgitters besondere Störstellen erzeugt werden. In den meisten bisher bekannten Fällen werden diese Störstellen durch Einbau eines Fremdatoms erzeugt. Diese Fremdatome *(Phosphorogene, Aktivatoren)* spielen daher bei den Phosphoren eine sehr wichtige Rolle. An diesen Atomen vollzieht sich auch der Emissionsakt, während der Absorptionsakt (Erregung) sich an beliebiger Stelle des Gitters abspielen kann.

Daneben existieren noch andere anorganische Lumineszenzstoffe, bei denen die Lumineszenzfähigkeit zwar auch erst durch Einbau eines Fremdstoffes entsteht, aber eine Beteiligung des gesamten Atomverbandes am Leuchtakt nicht vorliegt. Hierzu gehören beispielsweise die Borsäurephosphore sowie die Halogenidphosphore. Diese haben zwar phänomenologisch zahlreiche Eigenschaften, die denen der „Kristallphosphore" ähneln, weisen jedoch auch grundsätzliche Unterschiede gegenüber diesen auf. Hier liegt keine Beteiligung des Gesamtgitters am Leuchtakt vor, vielmehr kann man sagen, daß hier der Fremdstoff durch die ihn umgebende Grundsubstanz so beeinflußt wird, daß er lumineszenzfähig wird. Vielfach genügt hierzu schon der moleculardisperse Zustand des Fremdstoffes, d. h. die Ausschaltung der gegenseitigen Beeinflussung der Moleküle. Hier besteht also eine weitgehende Analogie zu der Fluoreszenz der Gase, die auch nur dann auftritt, wenn das Gas eine genügende Verdünnung besitzt und die gegenseitige Beeinflussung der einzelnen Moleküle unter ein gewisses Maß sinkt. Die hierher gehörenden Borsäure-, Halogenid- und ähnliche Phosphore werden in Kap. IV, 5 kurz charakterisiert. Im übrigen wird jedoch auf diese Gruppe von Lumineszenzstoffen im vorliegenden Buch nicht eingegangen.

Was die theoretischen Vorstellungen über den Leuchtmechanismus von „Kristallphosphoren" anbelangt, so haben diese im Laufe der Jahrzehnte eine mehrfache Wandlung durchgemacht. Über den Aufbau und das energetische Schema von Kristallgittern existieren heute Aussagen, die die früheren Vorstellungen vom Leuchtmechanismus ersetzen. Diese neueren Vorstellungen werden in Kap. VI eingehend geschildert. Zunächst sei so viel gesagt, daß entscheidend für die Wirksamkeit des Erregungs- und Leuchtvorganges bei den Kristallphosphoren der Umstand ist, daß man die einzelnen Elektronen im Kristall nicht als lokalisiert ansehen darf; vielmehr findet nach den Ergebnissen der Quantenmechanik nicht nur eine Wechselwirkung, sondern ein direkter Austausch der Elektronen zwischen verschiedenen Stellen des Gitters statt (Energie*bänder!*). Überdies bestehen im Gitter auch *unbesetzte* durchgehende Bänder erlaubter Energiezustände (Leitfähigkeitsbänder), auf denen ein Elektron fast unbehindert durch den Kristall wandern kann. In den anderen, *besetzten* Bändern kann zwar keine freie Wanderung der Elektronen stattfinden, wohl aber der bereits erwähnte beschränkte Austausch von Elektronen zwischen verschiedenen Stellen des Kristalls innerhalb ein und desselben Bandes. Durch Erzeugung einer Störstelle (z. B. durch Einbau eines Fremdatoms) entstehen *neue* besetzte diskrete Energieterme (Störterme). Die im Kap. VI beschriebene Vorstellung über den Leuchtmechanismus nimmt nun an, daß durch Einstrahlung einer im Gebiet der Grundgitterabsorption liegenden Wellenlänge ein Elektron aus dem obersten besetzten Band (B—B in Abb. 41) in das Leitfähigkeitsband gehoben wird. Das entstehende Loch wird aus dem Störterm nachgefüllt. Das ins Leitfähigkeitsband gelangte Elektron kann nun unter Lichtaussendung auf den frei gewordenen Störterm herunterfallen, womit der alte Zustand wieder hergestellt ist. — Eine weitere Möglichkeit der Erregung besteht darin, daß das *im Störterm* liegende Elektron von dem eingestrahlten Quant in das Leitfähigkeitsband befördert wird. Diese Art von erregender Absorption erfolgt naturgemäß nur an den Störstellen und nicht etwa im gesamten Gitter (vgl. Näheres in Kap. VI, 1). — Die Tatsache, daß unter Umständen auch eine Speicherung der Erregungsenergie erfolgen kann, erfordert die Annahme von Termen, die in energetischer Nähe des Leitfähigkeitsbandes, etwas unterhalb desselben, liegen (Anlagerungsterme). Ein Elektron, das direkt in einen Anlagerungsterm gelangt oder aus dem Leitfähigkeitsband auf ihn herunterfällt, kann nur auf dem Umweg über das Leitfähigkeitsband wieder auf das besetzte Band gelangen. Damit es aber erst in das Leitfähigkeitsband kommt, muß ihm eine gewisse kleine Energie zugeführt werden, z. B. thermische Energie. Dies ist der Grund, warum es zur Austreibung der gespeicherten Lichtsumme einer gewissen thermischen Agitation bedarf. Ebenso wird hierdurch auch verständlich, warum durch Einstrahlung von Ultrarot die gespeicherte Lichtsumme zur Aussendung gebracht wird. In beiden Fällen besteht der Primärvorgang darin, daß die in den Anlagerungsterm gelangten Elektronen in das Leitfähigkeitsband gehoben werden. — Wie wir weiter sehen werden, folgt aus diesen Vorstellungen auch die zunächst unverständlich scheinende Tatsache der Energiewanderung usw.

Was die präparative und kristallchemische Seite anbelangt, so werden bekanntlich die Phosphore im allgemeinen derart dargestellt, daß die Ausgangssubstanzen zunächst weitestgehend gereinigt werden, sodann das in Frage kommende Phosphorogen zugesetzt wird und daraufhin der Phosphor einem Glühprozeß unterworfen wird. Hierbei kann so vorgegangen werden, daß die gewünschte Verbindung, etwa das gewünschte Sulfid, erst während des Glühprozesses entsteht oder aber die Verbindung kann als solche bereits vorher, etwa durch Fällung, erzeugt werden, so daß der Glühprozeß lediglich eine thermische Behandlung, aber keine chemische Umwandlung des Stoffes darstellt. Bei Herstellung von Sulfiden werden fast immer auch noch *Schmelzmittel*zusätze verwendet. Wie in Kap. VIII dargelegt, stellt der eben angedeutete Weg zwar die bequemste Methode zur Gewinnung von Phosphoren dar, grundsätzlich scheint jedoch weder der Glühprozeß erforderlich zu sein, noch der *vorherige* Zusatz des Phosphorogens. Stehen genügend lange Zeiten zur Verfügung, so kann der Kristall auch in Kälte gezüchtet werden. Das Phosphorogen kann nachträglich durch Diffusion in den Kristall eingebaut werden. — Die Notwendigkeit der extremen Vorreinigung der bei der Präparation der Phosphore benutzten Substanzen ist eine Bedingung, die bei allen hier behandelten Phosphoren ausnahmslos gilt. Durch Verunreinigungen (besonders durch einige Schwermetalle) wird in erster Linie die Phosphoreszenzfähigkeit, in geringerem Umfange aber auch das Leuchten während der Erregung geschwächt.

Da es sich bei der Erregung von Phosphoren um Verlagerungen von Elektronen infolge Absorption von Lichtquanten handelt, liegt die nahe Verwandtschaft der Lumineszenzerscheinungen mit den *lichtelektrischen* Phänomenen auf der Hand. Neben einem *äußeren* lichtelektrischen Effekt, der phänomenologisch dem an Metalloberflächen auftretenden photoelektrischen Effekt wesensgleich ist, wird an Phosphoren auch eine *innere* lichtelektrische Wirkung beobachtet. Diese äußert sich in einer Zunahme der Leitfähigkeit des Phosphors bei Bestrahlung. Die hierbei auftretenden Erscheinungen sind der Phosphoreszenz in vielerlei Hinsicht analog. Erhitzt man z. B. einen vorher erregten Phosphor, so tritt eine Leitfähigkeitszunahme auf, entsprechend der beschleunigten Austreibung der aufgespeicherten Lichtsumme. Ebenso tritt auch bei Rotbestrahlung eines erregten Phosphors ein Anstieg der Leitfähigkeit auf. Die Abnahme der Leitfähigkeit eines erregten Phosphors mit der Zeit verläuft parallel der Abnahme der gespeicherten Lichtsumme. Entsprechend dem Thema des vorliegenden Buches wird hier auf die lichtelektrischen Erscheinungen nicht weiter eingegangen.

Nach dem Vorschlag von LENARD werden die Phosphore formelmäßig in der Weise bezeichnet, daß man zunächst das chemische Zeichen für die Grundsubstanz schreibt und an dieses das chemische Zeichen des Phosphorogenmetalls anhängt. Ein mit Kupfer aktiviertes Zinksulfid wird also durch die Formel ZnSCu bezeichnet. Ein aus einem Mischkristall von Zinksulfid und Cadmiumsulfid bestehender mit Kupfer aktivierter Phosphor wird mit der Formel ZnCdSCu bezeichnet. Enthält ein Phosphor gleichzeitig zwei Phosphorogenzusätze, so läßt sich dies auch leicht formelmäßig zum Ausdruck bringen; für ein gleichzeitig mit Wismut und Samarium aktiviertes Kalziumsulfid beispielsweise schreibt man CaSBiSm.

III. Arbeitsmethoden und apparative Hilfsmittel.

Die experimentellen Methoden der Lumineszenzphysik bestehen — neben der chemisch-präparativen Arbeit — im wesentlichen in der Bestimmung der Emissionsspektra, der Absorptions- und Erregungsspektra, der Abklingzeit und der absoluten Intensitäten der erregenden bzw. emittierten Strahlung.

Die Verfahren zur Bestimmung der Emissionsspektra und der Strahlungsintensitäten schließen sich an die für dieses Gebiet in der übrigen Physik üblichen Methoden an und brauchen hier daher nicht gesondert behandelt zu werden. Wohl lohnt es sich aber, kurz auf die Verfahren und Hilfsmittel zur Bestimmung der Nachleuchtkurven (Abklingzeiten) näher einzugehen sowie auch auf die Hilfsmittel, die zur Erregung der Lumineszenzstoffe dienen, da es sich hier um Methoden bzw. Geräte handelt, die für das Gebiet der Lumineszenz spezifisch sind und in der sonstigen Physik kaum zur Anwendung gelangen.

Ein klassisches Hilfsinstrument zur Bestimmung von Nachleuchtkurven ist das von BECQUEREL erdachte *Phosphoroskop* (Abb. 1). Das Phosphoroskop besteht im wesentlichen aus zwei auf einer gemeinsamen Achse sitzenden rotierenden Scheiben M und N, in denen sich gegeneinander versetzte sektorförmige Ausschnitte a bzw. d befinden. Das zu untersuchende lumineszierende Präparat wird zwischen diesen Scheiben angeordnet. Die erregende Strahlung dringt durch die Ausschnitte der einen Scheibe zum Präparat durch, während das emittierte Licht durch die Ausschnitte der anderen Scheibe zum Beobachter gelangt. Da die Ausschnitte der beiden Scheiben gegeneinander versetzt sind, so erfolgt also die Beobachtung stets eine gewisse kurze Zeit

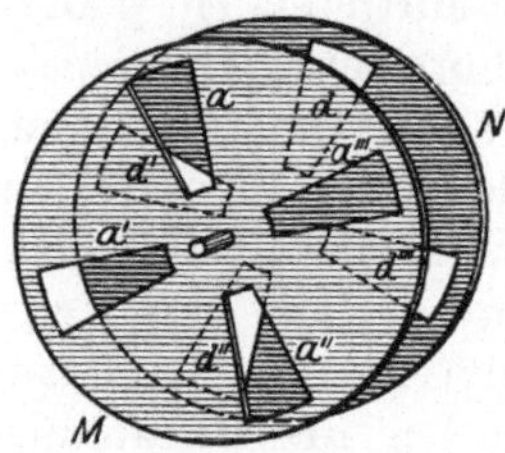

Abb. 1. Phosphoroskop nach BECQUEREL.

nach der Erregung. Durch Änderung der Rotationsgeschwindigkeit oder des Winkels, um den die Ausschnitte a und d versetzt sind, kann man die Zeit zwischen Erregung und Beobachtung nach Belieben variieren. So kann man Nachleuchtzeiten bis 10^{-4} s herab bestimmen. Ändert man von Versuch zu Versuch die Rotationsgeschwindigkeit oder den Winkel, um den die Ausschnitte a und d versetzt sind, so kann man nach und nach die ganze Abklingungskurve abtasten und festlegen. In den Fällen, wo das Präparat für die erregende bzw. für die ausgesandte Strahlung zu wenig durchlässig ist, kann die Erregung von vorn erfolgen, d. h. von derselben Seite, von der die Beobachtung vorgenommen wird. Dies geschieht beispielsweise durch Anwendung zweier rotierender Spiegel, von denen der eine zur intermittierenden Erregung des Phosphors dient, während der andere das in den Zwischenpausen ausgestrahlte Lumineszenzlicht dem Beobachter zuwirft.

Es sind verschiedene andere Ausführungen und Konstruktionen von Phosphoroskopen vorgeschlagen worden[1]. Bei dem von WOOD beschriebenen Phosphoroskop wird ein punktförmiges Bild der erregenden Strahlenquellen auf einer schnell rotierenden Scheibe abgebildet, die mit der zu untersuchenden Substanz belegt ist. Durch das Nachleuchten wird der leuchtende Punkt in ein Band ausgezogen, dessen Länge bei gegebener Umdrehungsgeschwindigkeit ein Maß für die Leuchtdauer gibt. Man kann hierdurch Nachleuchtdauern von 10^{-6} s noch feststellen. Sehr zweckmäßig ist die von WAWILOFF und LEWSCHIN vorgeschlagene Anordnung, bei der ein durch das Licht eines Funkens hervorgebrachter Fluoreszenzfleck in einem rotierenden Spiegel betrachtet wird und hierbei durch eine geeignete Synchronisierungseinrichtung sich der Spiegel im Moment der Funkauslösung immer in der gleichen Lage befindet. —

---

[1] WAWILOFF, S. J. u. W. L. LEWSCHIN: Z. Phys. Bd. 35 (1926) S. 920. — WOOD, R. W.: Proc. roy. Soc., Lond. (A) Bd. 99 (1921) S. 362.

Besonders interessant ist eine Anordnung, die zuerst von WOOD[1] und von GAVIOLA[2] entwickelt worden ist. Bei dieser Methode kommt der fast trägheitsfreie elektronenoptische KERR-Effekt zur Anwendung. Bei der ersten von WOOD angegebenen Anordnung wurde ein durch die aperiodische Entladung eines Kondensators schnell abklingendes elektrisches Feld zwischen Platten einer mit Nitrobenzol gefüllten KERR-Zelle erzeugt, während GAVIOLA das elektrische Feld durch hochfrequente, ungedämpfte Schwingungen erzeugte. Die von GAVIOLA beschrie-

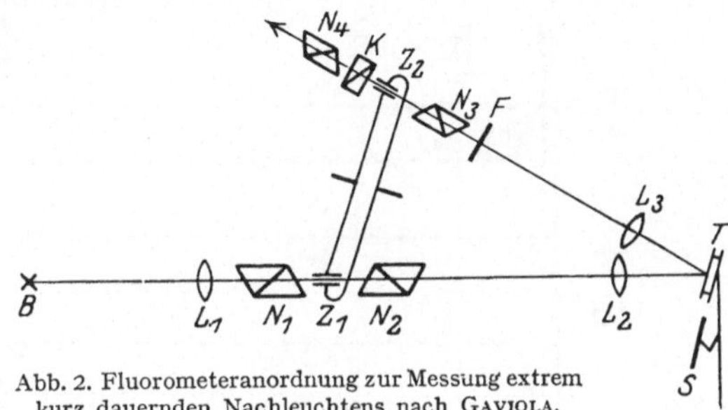

Abb. 2. Fluorometeranordnung zur Messung extrem kurz dauernden Nachleuchtens nach GAVIOLA.

bene Anordnung, die in ihrem Wesen eine verfeinerte Form des Phosphoroskops darstellt, hat folgenden Aufbau: Die beiden aus je zwei gekreuzten NICOLschen Prismen und einer KERR-Zelle gebildeten Systeme ($N_1Z_1N_2$ bzw. $N_3Z_2N_4$ in Abb. 2) treten an die Stelle der beiden rotierenden Scheiben: sie sind für die von B kommende erregende Strahlung bzw. das von T ausgehende Fluoreszenzlicht nur in den Augenblicken durchlässig, an denen ein Feld an Z_1 bzw. Z_2 liegt; die zeitliche Verschiebung zwischen den beiden Vorgängen, die beim gewöhnlichen Phosphoroskop durch die Versetzung der Segmente auf der Drehachse erreicht wurde, wird hier nur durch die Zeit hervorgerufen, die das Licht zur Zurücklegung der Strecke Z_1TZ_2 braucht; ist diese so groß wie die halbe Schwingungsdauer des elektrischen Wechselfeldes, so tritt keine Aufhellung für den durch N_4 blickenden Beobachter auf, außer wenn die Lichtemission von T eine Zeit r andauert, die nicht klein ist gegenüber der Periode des Feldes in den KERR-Zellen. Quantitative Messungen von r werden dadurch ermöglicht, daß man den Abstand Z_1TZ_2 kürzer wählt als den eben angenommenen und dann den Grad der elliptischen Polarisation des Lichtes nach Durchgang durch Z_2 mißt, einmal nach einem zeitlosen „Emissionsprozeß" (Reflexion des Primärlichtes an einem Spiegel S, der mit T ausgetauscht wird), das andere Mal nach dem Fluoreszenzprozeß mit der zeitlichen Halbwertperiode r; zur Messung der Elliptizität, die natürlich verschieden ausfallen muß je nach dem Moment, in dem das Licht (im Mittel) die Zelle Z_2 durchsetzt, dient in Abb. 3 das WOLLASTON-Prisma K. Auf diese Weise lassen sich — bei einer elektrischen Schwingungszahl von $5 \cdot 10^6$ ($\lambda = 15{,}5$ m) im KERR-Felde — mittlere Nachleuchtdauern $r \sim 10^{-9}$ s noch mit etwa 10% Genauigkeit feststellen. Eine sehr bedeutende technische und methodische

[1] WOOD, R. W.: Proc. roy. Soc., Lond. (A) Bd. 99 (1921) S. 362. — GOTTLING, P. F.: Phys. Rev. (2) Bd. 22 (1923) S. 566.

[2] GAVIOLA, E.: Z. Phys. Bd. 35 (1926) S. 748; Bd. 42 (1927) S. 853; Ann. Phys., Lpz. Bd. 31 (1926) S. 681.

Verbesserung des Fluorometers erfolgte durch SZYMANOWSKI [1]. — Ein völlig neuartiges Fluorometer, bei dem eine stehende Ultraschallwelle als Lichtunterbrecher (an Stelle der KERR-Zelle) dient, entwickelte O. MAERCKS [2].

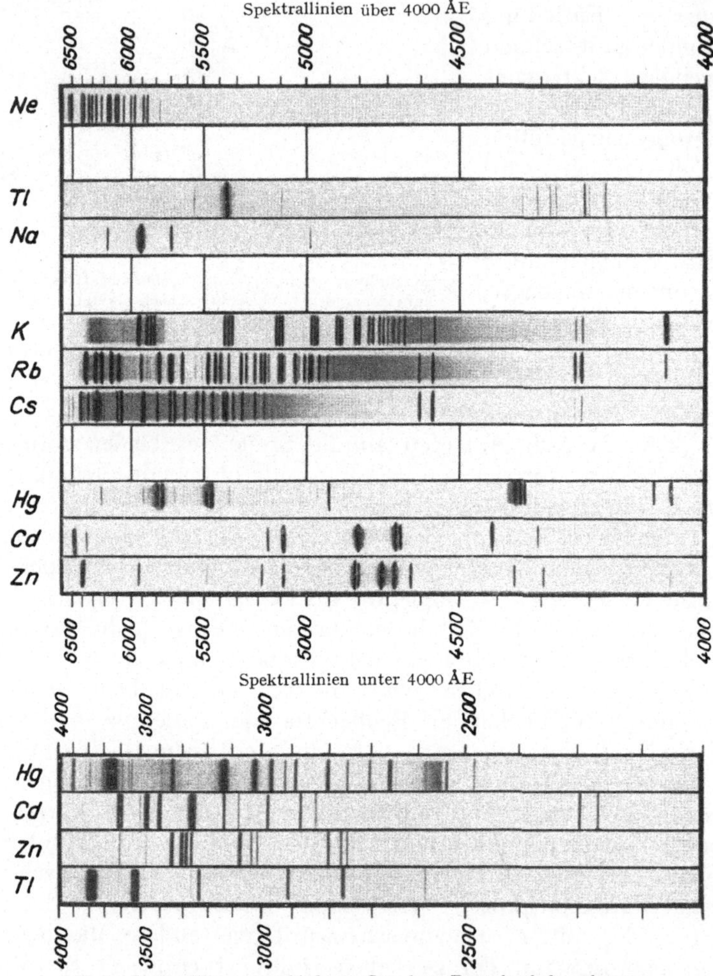

Abb. 3. Spektrallinien verschiedenen Gas- bzw. Dampfentladungslampen.

Auch eine von V. ARDENNE [3] beschriebene Methode ist zur Feststellung und Messung kürzester Nachleuchtzeiten geeignet. Bei ihr wird der Fluoreszenzstoff einem Kathodenstrahl hochfrequentgesteuerter Intensität ausgesetzt. Die durch das Nachleuchten bedingte Frequenzabhängigkeit des Schirmes läßt sich mit Hilfe eichfähiger Hochvakuum-Photo-

[1] SZYMANOWSKI: Z. Phys. Bd. 95 (1935) S. 440; vgl. auch F. DUSCHINSKY: Acta phys. polon. Bd. 5 (1936) S. 225.
[2] O. MAERCKS: Z. Phys. Bd. 109 (1938) S. 685.
[3] ARDENNE, V.: Die Kathodenstrahlröhre, S. 84. Berlin 1933.

zellen und besonderer Röhrenmeßgeräte bestimmen, wenn bei verschiedenen Frequenzen die Strahlenintensität, z. B. durch Ablenk-Lichtsteuerung, zu 100% moduliert wird. v. ARDENNE hat derartige Messungen an Kalziumwolframat durchgeführt. Die Messung zeigt, daß der Schwankungsanteil mit zunehmender Frequenz schnell abnimmt, sobald die Periodendauer der Modulationsfrequenz in die Größenordnung der Nachleuchtzeit rückt.

Hingewiesen sei auch noch auf die neueren Arbeiten von SCHLEEDE und BARTELS[1], bei denen die Leuchtsubstanz von einem rechteckigen Kathodenstrahlimpuls angeregt wird und die Ankling- sowie die Abklingkurve des Leuchtens oszillographisch aufgezeichnet werden. Diese Methode ist besonders auch hinsichtlich der Untersuchung des Anklingvorganges sehr instruktiv und erlaubt es auch, die Zusammenhänge zwischen Ankling- und Abklingvorgang zu studieren[2].

Bei allen phosphoroskopischen Messungen und bei den Folgerungen, die man aus solchen Messungen zieht, darf man die Tatsache nicht außer acht lassen, daß man es stets mit einer kurzzeitigen, stoßweisen Erregung zu tun hat. Es ist nicht das gleiche, ob man einen Phosphor längere Zeit erregt und sodann seine Abklingfunktion beobachtet oder ob man, wie es beim Phosphoroskop geschieht, den Phosphor durch kurzzeitige, intermittierende Bestrahlung erregt und die Abklingfunktion in den Zwischenpausen aufnimmt. Die phosphoroskopisch gemessene Abklingfunktion läßt sich nicht ohne weiteres auf den Abklingungsvorgang übertragen, den man erhält, wenn eine Erregung längerer Dauer vorangegangen ist (vgl. hierzu Kap. „Abklingung").

Eine besondere Methode zur Messung der Abklingung, die sich allerdings nur für die *Phosphoreszenz*abklingung eignet, hat neuerdings WOLLWEBER entwickelt[3]. Das Verfahren beruht auf der Tatsache, daß mit der Erregung der Phosphoreszenz eine Änderung der Dielektrizitätskonstante (innerer aktinodielektrischer Effekt) verbunden ist. Der Leuchtstoff wird in einen Kondensator gebracht, der im Schwingungskreis eines Meßsenders liegt. Die mit der Belichtung verbundenen Kapazitätsänderungen werden in einem zweiten Schwingungskreis in Spannungsschwankungen umgewandelt, die mit Hilfe eines BRAUNschen Rohres und einer rotierenden Filmtrommel registriert werden. WOLLWEBER hat sein neues Verfahren insbesondere auf die Abklingung der ZnCdSCu-Phosphore bei Erregung mit Elektronenstrahlen angewandt.

Zur Erregung von Lumineszenzstoffen werden Ultraviolettstrahlen verschiedener Wellenlängenbereiche verwendet, ferner auch kurzwelliges sichtbares Licht sowie α-Strahlen, β-Strahlen, Röntgen-, γ- und Kathodenstrahlen.

Für die Untersuchung der physikalischen Eigenschaften der Lumineszenz eignen sich insbesondere einerseits die Ultraviolettstrahlen,

---

[1] SCHLEEDE u. BARTELS: Z. techn. Phys. Bd. 19 (1938) S. 369.
[2] Vgl. hierzu auch W. DE GROOT: Physica, Haag Bd. 6 (1939) S. 275.
[3] WOLLWEBER, G.: Ann. Phys., Lpz. (5) 34 (1939) S. 29.

andererseits die Kathodenstrahlen. Auf die Methodik des Arbeitens mit Kathodenstrahlen braucht hier nicht eingegangen zu werden, da dies zu weit aus dem Rahmen des vorliegenden Buches führen würde und überdies derartige Untersuchungen vorzugsweise in eigens auf das Arbeiten mit Kathodenstrahlen eingestellten Laboratorien durchgeführt werden und durchgeführt werden können. Anders liegen die Dinge bei der Erregung durch Ultraviolett, da hier die Ultraviolettstrahlenquelle eine von den zu untersuchenden Lumineszenzstoffen getrennte Apparatur darstellt. Die Hilfsmittel und Strahlenquellen, die zur Erregung von Phosphoren durch Ultraviolett dienen, mögen daher näher beschrieben werden. In den letzten Jahren ist man bezüglich der Erzeugung von Ultraviolett durch die Fortschritte im Bau von Gas- und Dampfentladungslampen sehr schnell vorwärts gegangen. Es liegen heute verschiedenartige, technisch gut durchgearbeitete Ultraviolettstrahler vor. Diese seien in folgendem geschildert.

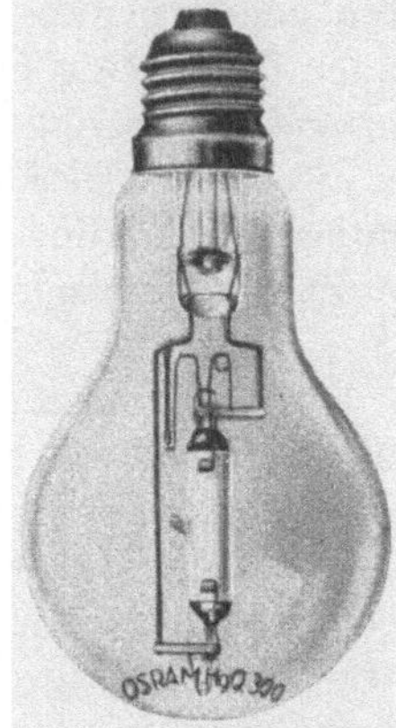

Abb. 4. Aufbauschema einer Hochdruckquecksilberlampe zur Erzeugung von langwelligem Ultraviolett (mit Schwarzglaskolben). (Der innere Kolben besteht aus Klarquarz.)

Die universellste Anwendung erlaubt die Hochdruckquecksilberlampe, die mit einem ultraviolettdurchlässigen Schwarz- bzw. Blauglaskolben versehen ist. Es handelt sich hierbei um die beiden in Deutschland unter der Bezeichnung HgQS 300 (Osram) und Meda 300 HQS (Pintsch) erhältlichen Typen für etwa 80 W Aufnahme sowie die für eine Aufnahme von 120 W bestimmten Typen HgQS 500 und Meda 500 HQS. Die Lampen werden an ein Wechselstromnetz von 220 V unter Vorschaltung einer Drosselspule angeschlossen. Unter Vorschalten eines Streufeldtransformators können sie auch an 110 V Wechselspannung gebrannt werden. Der Aufbau derartiger Lampen ist aus Abb. 4 ersichtlich. Die Lampen unterscheiden sich in ihrem Aufbau nicht von den heute üblichen Quecksilberdampflampen für Beleuchtungszwecke, außer, daß sie an Stelle eines Klarglaskolbens einen Blau- bzw. Schwarzglaskolben haben. Im wesentlichen emittieren diese Lampen das langwellige Ultraviolett um 365 mμ. Ein kleiner Prozentsatz der violetten Linie von 405 mμ wird von dem Violettglaskolben ebenfalls noch durchgelassen. Kurzwelliges bzw. mittelwelliges Ultraviolett unter 300 mμ senden diese Lampen nicht aus, da der Schwarzglaskolben für das kürzerwellige Ultraviolett nicht mehr durchlässig ist. Der Schwarzglaskolben besitzt neben der Durchlässigkeit im Ultraviolett noch eine gewisse Durchlässigkeit in Rot, und da die Quecksilberdampflampe auch im roten Teil des Spektrums eine gewisse schwache Emission besitzt, so muß man bei Untersuchungen, bei denen rote Strahlung stören könnte, darauf achten, diese durch Kupfersulfatfilter oder ähnliche Mittel zu beseitigen.

Neben dem Vorzug der großen Einfachheit besitzen die modernen Blau- bzw. Schwarzglasquecksilberlampen den Vorzug einer verhältnismäßig hohen Leuchtdichte, bzw. Ultraviolettstrahlendichte, so daß man durch Anwendung von Linsen bzw. Spiegeln einen Ultraviolettfleck größerer Intensität abbilden kann als bei Anwendung der bisher üblich gewesenen Hg-Quarzlampen, etwa den in der Therapie üblichen. Beim Arbeiten mit der langwelligen Ultraviolettstrahlung, die von den hier beschriebenen Lampen ausgesandt wird, ist die Anwendung von Quarzgefäßen, Quarzlinsen u. dgl. nicht notwendig, da das langwellige Ultraviolett von jedem beliebigen Glas, ja sogar vom Fensterglas praktisch ungeschwächt durchgelassen wird. Erst bei Arbeiten mit kürzer-

Abb. 5. Hanauer Analysenquarzlampe. Modell S 500.

welligen Ultraviolettstrahlen (von etwa 320 mμ abwärts), auf die weiter unten eingegangen wird, müssen Quarzoptiken bzw. Quarztröge u. dgl. angewendet werden.

Eine seit langem gebräuchliche Ultraviolettstrahlenquelle für Fluoreszenzuntersuchungen stellt die sog. Analysenlampe (Hanau) dar. Allgemein

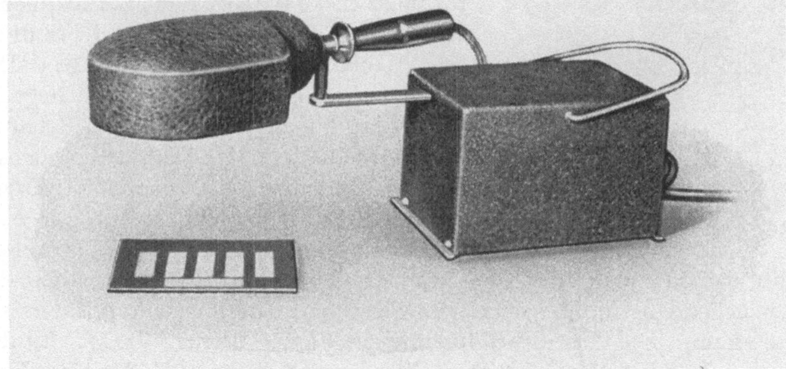

Abb. 6. Hanauer Klein-Analysen-Lampe S 100.

bekannt ist die ältere Type S 500 (Abb. 5). Die Möglichkeit, sowohl mit Ultraviolettfilter als auch ohne dieses zu arbeiten, bietet einen wesentlichen Vorteil der Lampe. In dieser Beziehung ist die neue Type S 100 (Abb. 6) besonders bemerkenswert. Bei dieser ist ein Auswechseln der Filter und auch die Benutzung von Flüssigkeitsfiltern (BÄCKSTRÖM-Kaliumchromat-Pikrinsäure-, HNO_3-Lösung) — einzeln und in Kombination — vorgesehen. Man kann hier also nicht nur den Bereich um 365 mμ, sondern auch die Bereiche 240—334, 240—280 oder 280—313 mμ herausfiltern, was bei der Prüfung der Erregung in verschiedenen Wellenlängenbereichen wichtig ist.

Bei Versuchen, bei denen es auf eine große Intensität der Ultraviolettstrahlen nicht ankommt, kann auch die sog. Blauflächenglimmlampe benutzt werden, die einen sehr geringen Stromverbrauch von nur 0,25 mA hat und an 220 V Gleich- oder Wechselstrom gebrannt wird. Diese Lampe gibt an und für sich so wenig Licht, daß man sie vielfach ohne Vorschaltung eines Schwarzglasfilters benutzen kann. Allerdings ist die absolute Menge an Ultraviolett, die diese Lampe hergibt, verhältnismäßig bescheiden, so daß man bei wissenschaftlichen Untersuchungen diese Lampe nur in besonders gelagerten Fällen anwenden kann. Dagegen ist sie bei praktischen Anwendungen der Lumineszenzstoffe, wie sie im weiteren (Kap. IX, 8) beschrieben sind, manchmal von großem Wert und zwar wegen ihrer Billigkeit und wegen ihres geringen Stromverbrauches (Abb. 7).

Abb. 7. Blauflächenglimmlampe. Die Ultraviolettstrahlung geht (bei Wechselstrom) von den beiden flächenförmigen Elektroden oder (bei Gleichstrom) von einer der beiden Elektroden aus (Osram).

Zu erwähnen ist ferner auch noch die von REGER und SUMMERER [1] beschriebene Quecksilberlampe für den Anschluß an 24 V. Diese Lampentype eignet sich auch weniger für wissenschaftliche Untersuchungen als für praktische Anwendungen, etwa dort, wo man nur 24 V Netzspannung zur Verfügung hat (Abb. 8).

Sehr wichtig hingegen ist für Laboratoriumszwecke die sog. Höchstdruckquecksilberlampe, die von ROMPE und THOURET beschrieben worden ist (vgl. Abb. 9) [2]. Die Bedeutung dieser Strahlenquelle liegt in ihrer sehr hohen Leuchtdichte. Schaltet man vor eine derartige Quecksilberhöchstdruckdampflampe ein ultraviolettdurchlässiges Schwarzglas vor, so hat man eine Ultraviolettstrahlenquelle hoher Strahlendichte, so daß man durch optische Abbildung des Bogens auf dem zu untersuchenden Lumineszenzstoff sehr hohe Erregungsintensitäten erhalten kann. Die Leistungsaufnahme der Lampe beträgt 500 W. Zu der Lampe gehört ein Vorschalt- bzw. Zündgerät. Etwa 10% der Strahlung der Quecksilberhöchstdrucklampe liegen in dem Bereich, der durch ein Ultraviolettfilter aus Schwarzglas hindurchgelassen wird (,,Filterultraviolett''). Die Lampe liefert etwa 36 W Filterultraviolett.

R. FRERICHS benutzte die hohe Leuchtdichte der Quecksilberhöchstdrucklampe, um hierauf eine Anordnung zur besonders intensiven Erregung von Leuchtstoffen aufzubauen. Hierzu wird der Lichtbogen dieser Lampe durch eine Anordnung von zwei Glasparabolspiegeln von je etwa 130° Öffnungswinkel auf den Leuchtstoff abgebildet. Zwischen den Parabolspiegeln wird ein großes Ultraviolett-Schwarzglasfilter angeordnet.

<hr>

[1] REGER u. SUMMERER: Licht Bd. 8 (1938) S. 112.
[2] ROMPE u. THOURET: Z. techn. Phys. 1936 S. 377.

Bei diesem Öffnungswinkel umfaßt der erste Hohlspiegel ungefähr 8 W dieser Strahlung, von der unter Berücksichtigung des Reflexionsvermögens des Spiegels für die Wellenlänge 3650 A (80%) etwa 7 W auf das Filter auffallen. Da das Filter ungefähr die Hälfte, 3,5 W, hindurchläßt, werden in dem zweiten Spiegel ungefähr 2 W Ultraviolettenergie im Brennpunkt gesammelt. — Wenn man bei dieser Anordnung in den Brennpunkt des zweiten Spiegels eine Papierfläche bringt, so bildet sich dort der Bogen der Quecksilberlampe in der bekannten lavendelgrauen Farbe des nahen Ultraviolett ab, und in kurzer

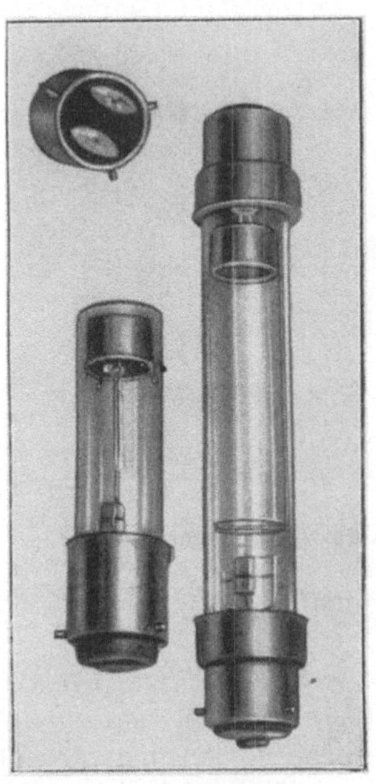

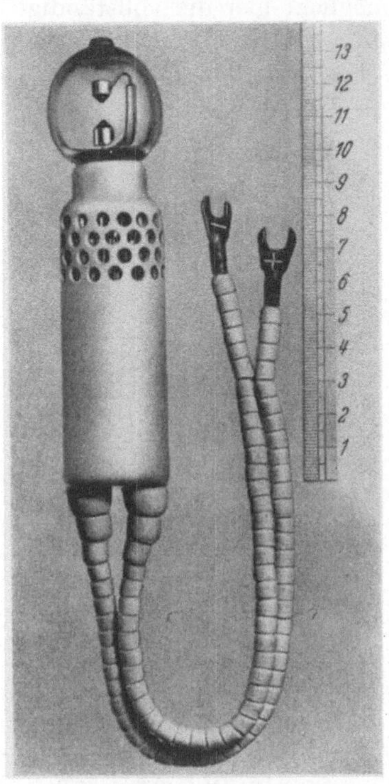

Abb. 8. Hg-Lampe nach REGER und SUMMERER für 24 V.

Abb. 9. Höchstdruckquecksilberlampe nach ROMPE und THOURET (Osram).

Zeit brennt die Ultraviolettstrahlung des Bogens die Papierfläche schwarz. Bei der Anregung mit derartigen Strahlungsdichten ist also eine intensive Kühlung des Leuchtstoffes notwendig, um die Erwärmung gering zu halten. Bei Anwendung dieser Anordnung erreicht die Intensität der Lumineszenz sehr hohe Werte. Bei einem grün leuchtenden Zinksulfid hat FRERICHS z. B. bei einer leuchtenden Fläche von 2×5 mm 10 HK horizontal gemessen; die erreichte Leuchtdichte beträgt daher im technischen Maß ungefähr 100 Stilb (HK/cm²). (Ein Wolframdraht besitzt bei 2300° K etwa 100 HK/cm².) Die beschriebene Anordnung ist erstens zur Untersuchung von Sättigungserscheinungen bei der Erregung von Leuchtstoffen geeignet (wobei allerdings zu bemerken ist, daß an dem erwähnten grünleuchtenden Zinksulfid trotz der großen

Energiedichte noch keine Sättigungen — im Leuchten *während* der Erregung — beobachtet werden konnten, d. h., daß die Intensität des Leuchtens der auffallenden Ultraviolettintensität proportional war; vgl. S. 64). Die große Lichtstärke dieser Anordnung ermöglicht ferner die Untersuchung der Spektren von Leuchtstoffen bei größter Dispersion, so ist es z. B. möglich, die Spektren der Uranylverbindungen bei der großen Dispersion eines 4 m-Gitters zu untersuchen. Die große Auflösung ermöglicht hier die vollständige Trennung der einzelnen Komponenten, so daß z. B. eine genaue Messung der Breite der einzelnen Komponenten als Funktion der Temperatur des leuchtenden Kristalls möglich ist.

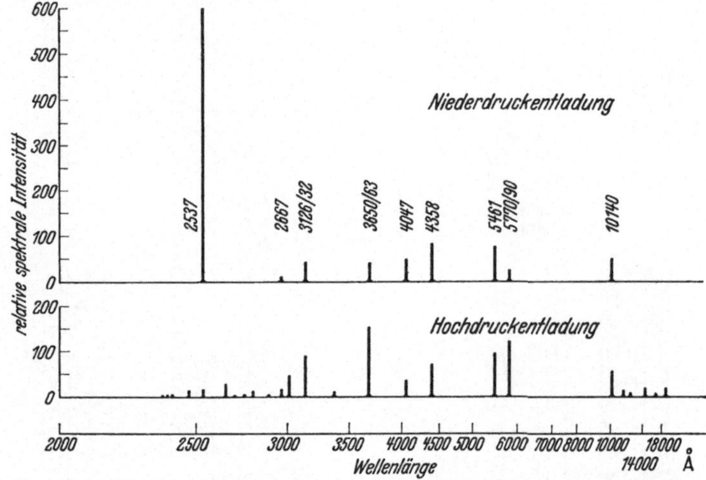

Abb. 10. Energieverteilung im Spektrum der Quecksilberniederdruck- und der Quecksilberhochdruck-Lampe bei gleicher Gesamtstrahlung des Gases.

Als Strahlenquelle für *kurzwelliges* bzw. *mittelwelliges* Ultraviolett so z. B. für die Resonanzlinie des Quecksilbers von 253,7 mμ wird meist die Quecksilberniederdruckentladung benutzt (vgl. Abb. 10). Durch Schwarz- oder Blaugläser läßt sich die Resonanzlinie nicht herausfiltern. Will man also die Resonanzlinie und das in ihrer Nähe liegende Ultraviolett isoliert von dem sichtbaren Licht der Hg-Entladung gewinnen, so muß man ein von BÄCKSTRÖM angegebenes Flüssigkeitsfilter[1] oder ein Chlor-Brom-Gasfilter vorschalten. Als Gefäß für diese Flüssigkeits- oder Gasfilter muß selbstverständlich Quarz dienen und auch die Hg-Entladungsröhre selbst muß aus Quarz gebaut sein. Daneben besteht natürlich noch die Möglichkeit der Isolierung der gewünschten Ultraviolett-Linie auf dem üblichen *spektralen* Wege.

Das kurzwellige und mittelwellige Ultraviolett, insbesondere die Resonanzlinie des Quecksilbers sind bei der Untersuchung von Silikaten und Wolframaten von großer Bedeutung, da diese Stoffgruppen besonders gerade durch diese Teile des Ultravioletts erregbar sind. Die Untersuchungen an Zink- und Zinkkadmiumsulfiden, sowie an den LENARD-Phosphoren

---

[1] BÄCKSTRÖM: Naturwiss. Bd. 21 (1933) S. 251.

können dagegen meist mit der gewöhnlichen Hochdruckquecksilberentladung, also mit den üblichen Hg-Lampen mit Schwarzglaskolben durchgeführt werden.

Wegen der Spektrallampen (Metall-Dampflampen), die sich für weitere hier in Frage kommende Zwecke eignen, sei auf die zusammenfassenden Berichte von H. KREFFT, K. LARCHÉ und M. REGER, sowie H. EWEST und K. LARCHÉ[1] verwiesen. Der Vollständigkeit halber sei auch noch auf die neuerdings von den Siemens-Reiniger-Werken herausgebrachte, an sich für medizinische Zwecke bestimmte Kadmiumentladungslampe hingewiesen.

Vermerkt sei, daß man bei vielen Leuchtstoffen die Lumineszenz auch mittels einer gewöhnlichen Glühlampe recht hell erregen kann, indem man vor die Glühlampe eines der üblichen ultraviolettdurchlässigen Schwarz- bzw. Violettgläser vorschaltet. So werden z. B. Zinksulfide, die ja vorwiegend durch langwelliges Ultraviolett erregbar sind, auf diese Weise zu recht starkem Leuchten erregt, besonders wenn man mittels einer Linse oder eines Spiegels die Ultraviolettstrahlung sammelt. Diese Erregungsmethode eignet sich besonders dort, wo man

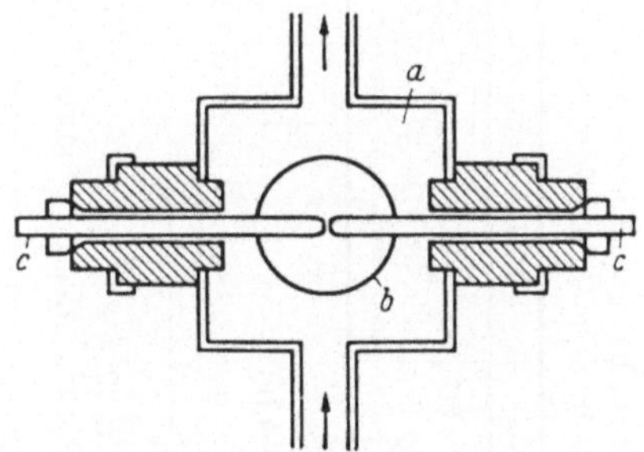

Abb. 11. Kammer für Unterwasserfunken.
a Wasserkammer, b Quarzfenster, c Elektroden.

es mit beschränkten apparativen Hilfsmitteln zu tun hat, wie etwa in Schulen u. dgl. Man bekommt beispielsweise mittels einer 500 W-Lampe (Projektionslampe oder auch gewöhnlichen Glühbirne) recht gute Effekte. Neuerdings werden auch Glühlampen hergestellt, die von vornherein einen ultraviolettdurchlässigen Schwarz- (Violett-) Glaskolben an Stelle des gewöhnlichen Klarglaskolbens haben.

Wichtig sind, insbesondere für die Bestimmung der spektralen Erregungsverteilung, Lichtquellen mit kontinuierlichem Ultraviolettspektrum (kontinuierliches Wasserstoffspektrum, Kohlebogen, Effektkohlebogen). In Abb. 11 ist beispielsweise eine Wolframwasserfunkenstrecke schematisch dargestellt, die ein fast kontinuierliches Spektrum bis unter 200 mμ liefert[2].

Unter den Farbglas*filtern* sind bei Arbeiten über Lumineszenz besonders die Blau- und Schwarzglasfilter von Bedeutung, die dazu dienen, den ultravioletten Teil des Spektrums abzufiltrieren und von der sichtbaren Strahlung der betreffenden Lichtquelle zu trennen. Hierzu eignen sich

---

[1] KREFFT, H., K. LARCHÉ u. M. REGER, E. EWEST u. K. LARCHÉ: Handbuch der Lichttechnik, herausgeg. von SEWIG. Berlin 1938.

[2] Vgl. hierzu W. FINKELNBURG: Kontinuierliche Spektren, Berlin 1938; Bericht von G. JOOS u. W. FINKELNBURG in Physik i. regelm. Ber. Bd. 4 (1936), sowie von W. FINKELNBURG in Physik i. regelm. Ber. Bd. 7 (1939). Vgl. ferner Handbuch der Experimental-Physik, Bd. XXI, Aufsatz G. Joos über Anregung der Spektren (1937).

Tabelle 1. Durchlässigkeitszahlen für die ultraviolettdurchlässigen Schwarzglasfilter. (Für die Filter UG 1, UG 2, UG 3, und UG 4 von Schott u. Gen.)

Durchlässigkeitszahlen D für: In each wavelength column, the upper value corresponds to the "ultraviolette und sichtbare" wavelength (first number) and the lower value to the "ultrarote" wavelength (second number); Wellen in mμ.

Glasart	Bemerkungen	Reflektionsfaktor R_d	Dickeneinheit e	281 / 850	302 / 950	312 / 1050	334 / 1150	366 / 1300	405 / 1450	436 / 1600	480 / 1800	509 / 2000	546 / 2200	578 / 2400	644 / 2600	700 / 2800	775 / 3000
UG 1	Dunkles Violettglas, für Ultraviolett und äußerst. Rot durchlässig	0,913	1,0	— / 0,22	0,1 / 0,11	0,37 / 0,07	0,60 / 0,0	0,85 / 0,04	0,08 / 0,04	— / 0,03	— / 0,04	— / 0,04	— / 0,06	— / 0,11	— / 0,15	0,01 / 0,19	0,34 / 0,17
UG 2	Wie UG 1 mit verminderter Violett-Durchlässigkeit	0,914	1,0	0,01 / 0,19	0,27 / 0,12	0,50 / 0,09	0,80 / 0,07	0,84 / 0,06	0,02 / 0,06	— / 0,06	— / 0,06	— / 0,06	— / 0,08	— / 0,11	— / 0,17	0,12 / 0,22	0,30 / 0,19
UG 3	Helleres Violettglas	0,901	1,0	— / 0,79	— / 0,93	0,04 / 0,97	0,55 / 0,98	0,91 / 0,99	0,85 / 0,99	0,50 / 0,99	0,17 / 0,99	0,12 / 0,99	0,15 / 0,99	0,21 / 0.98	0,35 / 0.96	0,46 / 0,92	0,64 / 0,86
UG 4	Ähnlich UG 1 mit hoher Wärmefestigkeit	0,925	1,0	— / 0,39	0,09 / 0,39	0,22 / 0,37	0,59 / 0,32	0,77 / 0,28	0,07 / 0,27	0,01 / 0,26	0,02 / 0,25	0,01 / 0,32	0,02 / 0,41	— / 0,51	— / 0,55	0,21 / 0,50	0,52 / 0,35

die von den Sendliger Optischen Glaswerken und von Schott u. Gen. hergestellten Schwarz- bzw. Violettgläser. Für die Schottschen Gläser sind in Tabelle 1 und Abb. 12 die Durchlässigkeitszahlen angegeben. Besonders sei auf das Glas UG 4 hingewiesen, das eine hohe Wärmefestigkeit besitzt, so daß hierdurch die Gefahr des Platzens infolge Überhitzung wesentlich vermindert ist. Das neuerdings entwickelte Glas UG 5 besitzt auch im kurzwelligen Ultraviolett eine hohe Durchlässigkeit.

Erwähnenswert sind auch die von Schott hergestellten Glasfilter BG 1 bis BG 8. Es sind dies farblose Gläser, deren Durchlässigkeit im Ultraviolett verschieden gestaffelt ist, derart, daß z. B. das Glas BG 1 keine Strahlung unterhalb 350 mμ durchläßt, das Glas BG 5 dagegen bei 325 mμ abschneidet usw. Diese Gläser sind in Verbindung mit anderen Filtern von Nutzen, wenn man einen bestimmten Teil des ultravioletten Spektrums ausfiltern will.

Hingewiesen sei noch darauf, daß unter

den sonstigen durchsichtigen Medien auch das Cellophan eine sehr hohe Durchlässigkeit für ultraviolette Strahlung besitzt[1]. Das Cellophan läßt das Ultraviolettspektrum bis rund 250 mμ hinab durch.

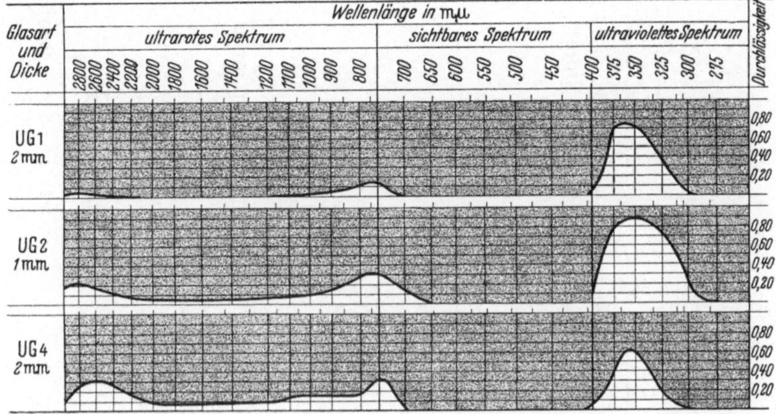

Abb. 12. Durchlässigkeitskurven der ultraviolettdurchlässigen Schwarzglasfilter UG 1, UG 2 und UG 4 von Schott u. Gen. (Ohne Berücksichtigung der Reflexionsverluste.) (Vgl. hierzu Tabelle 1.)

Bei der Bestimmung der Erregungsverteilung wurde früher vielfach die sog. „Methode der gekreuzten Spektren" verwendet. Diese bereits

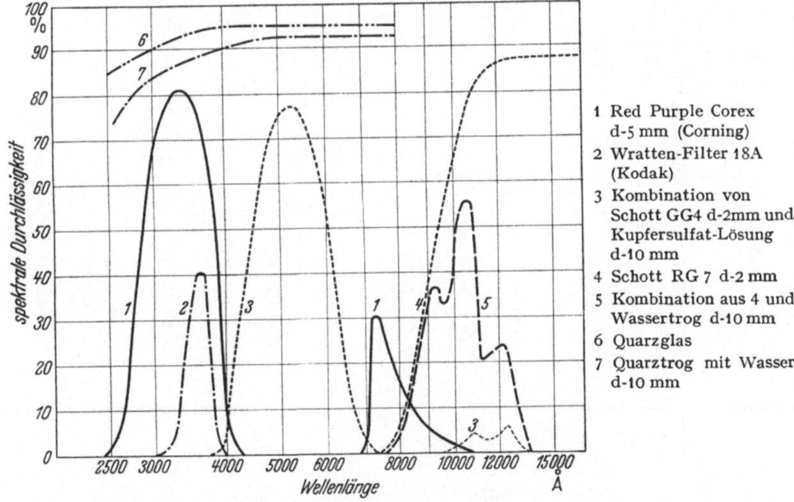

Abb. 13. Bei der Gesamtstrahlungsmessung zur Unterteilung des Spektrums geeignete Filter. (Nach H. Krefft u. M. Pirani.)

von Stokes angegebene Methode besteht darin, daß das Spektrum der erregenden Lichtquelle auf der lumineszierenden Fläche abgebildet wird. An den Stellen dieses Spektrums, die erregend wirken, tritt die

---

[1] Schmidt, P. Möller u. Dannmeyer: Klin. Wschr. Bd. 7 (1928) S. 1276.

Tabelle 2. Monochromatisch darstellbare Spektrallinien und dazu geeignete Filter.

Lampen-type	Wellenlänge ÅE	Filter	
		Zur Aussonderung der Spektrallinien	Zur Unterdrückung der Ultrarotstrahlung
Zn	3076	Corning Red Purple Corex (5 mm)[1,2] Lösung aus (303 g $NiSO_4$ + 86,5 g $CoSO_4$) in 1 l H_2O (20 mm)[1,2] Lösung aus 16 mg Pikrinsäure in 1 l H_2O (20 mm)[1]	
Hg	3126/32	Schott UG 2 (2 mm)[2] Lösung aus (150 mg K_2CrO_4) in 1 l H_2O (20 mm)[1]	Lösung aus (57 g $CuSO_4$ + 5 H_2O) in 1 l H_2O (10,mm)[1]
Cd	3261	Schott UG 2 (2 mm)[2] Lösung aus (303 g NiSO + 86,5 g $CoSO_4$) in 1 l H_2O (20 mm)[1,2] Lösung aus (150 mg K_2CrO_4) in 1 l H_2O (20 mm)[1]	
Hg	3341	Schott UG 2 (2 mm)[2] Lösung aus (303 g $NiSO_4$ + 86,5 g $CoSO_4$) in 1 l H_2O (20 mm)[1,2] Lösung aus 5 g HNO_3 (20 mm)[1]	
Zn	3282/303/345	Schott UG 2 (2 mm)[2] Lösung aus 150 mg K_2CrO_4 in 1 l H_2O (20 mm)[1,2] Lösung aus 5 g HNO_3 (20 mm)[1]	Lösung aus (57 g $CuSO_4$ + 5 H_2O) in 1 l H_2O (10 mm)[1]
Tl	3519/29	Schott UG 2 (2 mm)[2] Lösung aus (303 g $NiSO_4$ + 86,5 g $CoSO_4$) in 1 l H_2O (20 mm)[1,2,3]	
Hg	3650/63	Schott UG 2 (2 mm)[2] Schott BG 12 (2 mm)	H_2O (20 mm)[1]
Tl	3776	Schott UG 2 (2 mm)[2] Schott GG 2 (2 mm)	Schott BG 17 (6 mm)[2] Lösung aus (57 g $CuSO_4$ + 5 H_2O) in 1 l H_2O (10 mm)[1]
Hg	4047	Schott GG 4 (1 mm)[2] Corning Red Purple Ultra (2 mm)	Schott BG 17 (6 mm)[2] Lösung aus (57 g $CuSO_4$ + 5 H_2O) in 1 l H_2O (10 mm)[1]

Hg	4358	Zeiß c oder Schott GG 8 (1 mm)[2] Schott BG 12 (2 mm)	H_2O (20 mm)[1]
Cs	4555/93[2]	Schott GG 2 (2 mm)[2] Schott BG 12 (2 mm)	Lösung aus (57 g $CuSO_4$ + H_2O) in 1 l H_2O (10 mm)[2]
Cd	4678/800	Agfa 43	Schott BG 17 (6 mm)[2] Lösung aus (57 g $CuSO_4$ + 5 H_2O) in 1 l H_2O (10 mm)[1]
Zn	4680/722/811	Schott GG 8 (1 mm)[2] Schott BG 12 (2 mm)	H_2O (20 mm)[1]
Cd	5086	Schott GG 11 (2 mm) Agfa 44	Schott BG 17 (6 mm)[2] Lösung aus (57 g $CuSO_4$ + 5 H_2O) in 1 l H_2O (10 mm)[1]
Tl	5350	Agfa 44	Schott BG 17 (6 mm)[2] Lösung aus (57 g $CuSO_4$ + 5 H_2O) in 1 l H_2O (10 mm)[1]
Hg	5461	Zeiß B	Schott BG 17 (6 mm)[2] Lösung aus (57 g $CuSO_4$ + 5 H_2O) in 1 l H_2O (10 mm)[1]
Hg	5770/90	Schott OG 2 (2 mm) oder Zeiß A	Schott BG 17 (6 mm)[2] Lösung aus (57 g $CuSO_4$ + 5 H_2O) in 1 l H_2O (10 mm)[1]
Na	5890/96	Schott OG 2 (2 mm) oder Agfa 1031	Schott BG 17 (6 mm)[2] Lösung aus (57 g $CuSO_4$ + H_2O) in 1 l H_2O (10 mm)[1]
Zn	6362	Schott RG 1 (2 mm)	Schott BG 17 (6 mm)
Cd	6438	Schott RG 1 (2 mm)	Schott BG 17 (6 mm)
K	7665/699[2]	Schott UG 2 (2 mm)[2] Schott BG 17 (5 mm)	
Rb	7800/947[2]	Schott RG 2 (2 mm)[2] Schott BG 2 (2 mm)[2] Schott BG 17 (6 mm)	
Cs	8521/943[2]	Schott RG 7 (2 mm)[2] Schott BG 17 (16 mm)	

[1] Als Schichtdicke ist die lichte Weite der Küvette angegeben.   [2] Bei geringer Strombelastung.   [3] In halber Schichtdicke und Konzentration.

Tabelle 3. Natriumentladungslampe.
Dampfdruck etwa $5 \cdot 10^{-2}$ mm. Edelgas-Grundfüllung von einigen Millimetern. Stromdichte 1 A/cm². Verhältniszahlen für Intensität und Sichtbarkeit der Strahlung im sichtbaren Gebiet und für gefilterte Strahlung. In jeder Spalte ist der höchste Wert gleich 100 gesetzt.

λ in Angström	Verhältniszahlen für die Strahlung der nackten Lampe		Verhältniszahlen für die Intensität nach Durchgang durch Filter	
	Intensität	Lichtstärke	Agfa 1031	Agfa 36
4979—4983	0,2	0,09	—	—
5'49 — 5'54	0,1	0,08	—	—
5683—5688	1,2	1,5	0,1	0,03
5890—5896	100	100	100	100
6154—6161	0,3	0,17	0,03	0,4

Tabelle 4. Quecksilber-Niederdrucklampe.
Metalldampfdruck etwa $1 \cdot 10^{-2}$ mm. Edelgas-Grundfüllung von einigen Millimetern. Stromdichte 1 A/cm². Verhältniszahlen für spektrale Intensität und spektralen Lichtstrom der Strahlung im sichtbaren Gebiet und für gefilterte Strahlung. In jeder Spalte ist der höchste Wert gleich 100 gesetzt.

λ in Angström	Verhältniszahlen für die Strahlung der nackten Lampe		Verhältniszahlen für die Intensität nach Durchgang durch Filter						
	Intensität[1]	Lichtstärke	Corning Red Purple ultra	Zeiß C	Agfa 46 + Schott GG 3, 2 mm	Zeiß B	Agfa 73	Agfa 38	Zeiß A	Agfa 9
4047—78	60	0,046	100	1,5	1	0,1[2]	0,2[2]	0,1[2]	0,4[2]	0,5[2]
4358	100	1,9	8[2]	100	100	0,04[2]	0,5[2]	0,3[2]	0,02[2]	0,5[2]
4916[3]	1	0,02	0,01	0,04	0,3	0,01	0,1	0,1	0,01	**0,01**
5461	94	100	0	0,15	0,5[2]	100	100	100	0,02[2]	0,5[2]
5770—90	32	31	0	0,006	0,5[2]	0,04	1,5	4,8	100	100

Tabelle 5. Zink-Niederdrucklampe.
Metalldampfdruck etwa $1 \cdot 10^{-2}$ mm. Edelgas-Grundfüllung von einigen Millimetern. Stromdichte 1 A/cm². Verhältniszahlen für spektrale Intensität und spektralen Lichtstrom der Strahlung im sichtbaren Gebiet und für gefilterte Strahlung. In jeder Spalte ist der höchste Wert gleich 100 gesetzt.

λ in Angström	Verhältniszahlen für die Strahlung der nackten Lampe		Verhältniszahlen für die Intensität nach Durchgang durch Filter
	Intensität	Lichtstärke	Agfa 8 oder 9 oder Schott RG 1 oder Schott OG 3
4680	38	22	0,1
4722	68	47	0,2
4811	100	100	0,4
6362	30	42,5	100

[1] Nach H. KREFFT u. M. PIRANI: Z. techn. Phys. Bd. 14 (1933) S. 393—411.
[2] Bedeutet, die durchgelassene Intensität ist kleiner als die angegebene Zahl.
[3] Die Angaben für diese Linie sind obere Grenzwerte. Die Intensität ist so klein, daß eine genaue Messung des Wertes unmöglich ist.

Lumineszenzemission auf, die ihrerseits durch ein Spektrometer zerlegt werden kann. Eine für orientierende Prüfungen des Erregungsspektrums geeignete photographische Methode haben HEYNE und PIRANI[1] beschrieben. Das Verfahren beruht darauf, daß man das ultraviolette Spektrum auf

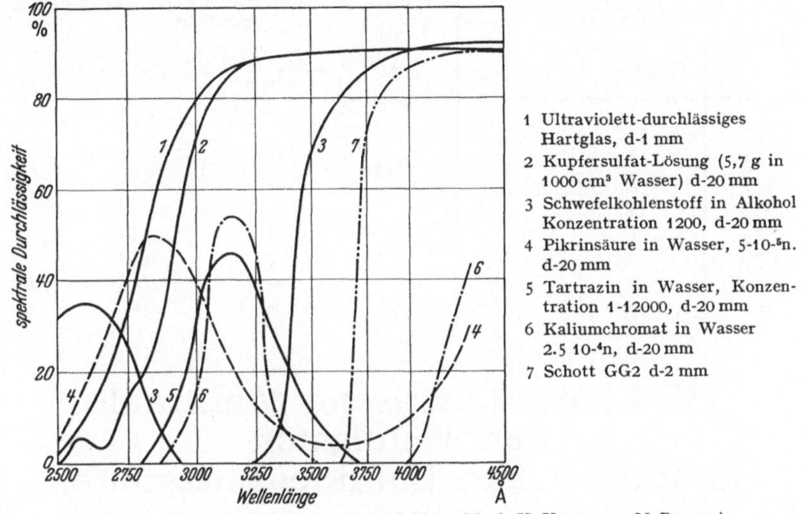

Abb. 14. Filter für das ultraviolette Gebiet. (Nach H. KREFFT u. M. PIRANI.)

einer mit dem zu untersuchenden Fluoreszenzstoff bestrichenen Glasplatte entwirft, die mit der photographischen Schicht hinterlegt ist. Die Glasplatte besteht aus einem ultraviolettundurchlässigen Glase.

Tabelle 6. Kadmium-Niederdrucklampe.

Metalldampfdruck etwa $1 \cdot 10^{-2}$ mm. Edelgas-Grundfüllung von einigen Millimetern. Stromdichte 1 A/cm². Verhältniszahlen für spektrale Intensität und spektralen Lichtstrom der Strahlung im sichtbaren Gebiet und für gefilterte Strahlung. In jeder Spalte ist der höchste Wert gleich 100 gesetzt.

λ in Angström	Verhältniszahlen für die Strahlung der nackten Lampe		Verhältniszahlen für die Intensität nach Durchgang durch Filter		
	Intensität[1]	Lichtstärke	Agfa 43	Agfa 44	Schott RG 1 (2 mm) oder Schott OG 3 (2 mm) oder Agfa 8 oder 9
4678	54	9,6	100	0,2	0,2[2]
4800	100	30,4	54	0,4	0,3[2]
5086	96	100	0,96	100	0,3[2]
6438	34	10,8	0,34	0,1	100

Demgemäß zeigt die photographische Platte nur an den Stellen des Spektrums eine Schwärzung, an denen eine Lumineszenzerregung stattgefunden hat[2].

[1] HEYNE u. PIRANI: Z. techn. Phys. Bd. 14 (1933) S. 31.

[2] Eine weitere Verbesserung dieser Methode haben G. HEYNE und M. SCHÖN beschrieben [Angew. Chem. Bd. 49 (1936), S. 784.]

Tabelle 7. Heliumlampe.

Verhältniszahlen für spektrale Intensität und spektralen Lichtstrom der Strahlung im sichtbaren Gebiet und für gefilterte Strahlung. In jeder Spalte ist der höchste Wert gleich 100 gesetzt.

λ in Angström	Verhältniszahlen für die Strahlung der nackten Lampe		Verhältniszahlen für die Intensität nach Durchgang durch Filter			
	Intensität[2]	Lichtstärke	Zeiß A	Schott BG 7 Agfa 8	Zeiß A + B	Agfa 46 + 8
4471	11	0,5	0,3	0,1	0,6	1[1]
4713	1	0,1				
4921	3	0,8				
3020	12	5,5				
5875	100	100	100	100	0,6[1]	
6678	35	1,6	0,3[1]	5	0,6[1]	1
7066	25	0,08	50	0,2	100	100
7281	10	0,008	20[2]	0,1[1]	40[3]	40[3]

IV. Charakteristische Merkmale der wichtigsten anorganischen Lumineszenzstoffe.

1. Zink- und Zinkkadmiumsulfide (und -oxyde).

Den Zink- und Zinkkadmiumsulfiden kommt heute eine besondere technische und wissenschaftliche Bedeutug zu. Das ZnSCu spielt schon seit Jahrzehnten eine Rolle als Hauptbestandteil radioaktiver Leuchtfarben. Die von GUNTZ 1923 erstmalig erhaltenen *Zinkkadmium*sulfide haben auch auf vielen anderen Gebieten große Bedeutung erlangt. So schlug RIEHL 1929 ein mit Cu aktiviertes Zinkkadmiumsulfid bestimmter Zusammensetzung für die Transformation des Lichtes von Quecksilberlampen vor, SCHLEEDE, RIEHL, W. LEVY und D. W. WEST führten die Ag-aktivierten bzw. zusatzfreien Zn-Cd-Sulfide als lumineszierende Substanzen für Röntgenschirme und für die Fernsehtechnik ein. Das ZnSCu hat in den letzten Jahren auch als nachleuchtende Farbe beträchtliche Bedeutung gewonnen. Neben diesen praktischen Anwendungen ist auch in rein wissenschaftlicher Hinsicht das Interesse für die Zinksulfide und Zinkkadmiumsulfide sehr groß geworden, da es sich hier um Stoffe mit gut definiertem Kristallbau handelt, die sich für die Klärung der grundsätzlichen Lumineszenzfragen gut eignen. Es ist daher berechtigt, die physikalischen Eigenschaften dieser Stoffgruppe eingehender zu betrachten.

---

[1] Bedeutet, die durchgelassene Intensität ist kleiner als die angegebene Zahl.

[2] Nach Messungen der Studiengesellschaft für elektrische Beleuchtung.

[3] Die Durchlässigkeitswerte sind nicht angegeben, sondern aus der Kurve extrapoliert.

Über die Emissionsspektren der Zinksulfidphosphore und die Zuordnung der Banden zu bestimmten Fremdmetallen lagen schon vor Jahren verschiedene Arbeiten vor, deren Ergebnisse jedoch teilweise nicht in Einklang zu bringen waren. Dies erklärt sich daraus, daß bei früheren Untersuchungen teilweise nicht hinreichend gereinigtes Ausgangsmaterial zur Verfügung stand, so daß die beobachteten Spektren nicht nur aus Banden des zugesetzten Fremdmetalles bestanden, sondern auch aus Emissionen von Spuren daneben noch vorhandener Metalle. Ferner wurde vielfach nicht berücksichtigt, daß auch das fremdmetallfreie Zinksulfid bzw. Zinkkadmiumsulfid selbst lumineszenzfähig ist. Die Lumineszenzfähigkeit des zusatzfreien Zinksulfides hat als erster SCHLEEDE[1] und später RIEHL[2] beschrieben. Diese Autoren stellten fest, daß — unabhängig von dem Weg der Reinigung — bei allen genügend gut gereinigten geglühten Zinksulfiden eine blaue Lumineszenz auftreten kann. Die Herstellung eines derartig reinen Zinksulfides stößt meist auf Schwierigkeiten, wenn man sie in laboratoriumsmäßigem Umfange, d. h. mit kleinen Substanzmengen, vornimmt. Leichter gelingt sie, wenn man von Anfang an mit größeren Mengen an Substanz arbeitet, so daß die Möglichkeit einer Verunreinigung aus den Gläsern, aus dem Schmelztiegel usw. verringert ist, da im letzteren Falle die Berührungsfläche zwischen dem Material und der Gefäßwandung (pro Gramm Substanz gerechnet) geringer ist. Es tritt hier der seltene Fall ein, daß die auf technischem Wege gewonnenen Materialien reiner sind als die bei noch so großer Sorgfalt im Laboratorium hergestellten. Hierauf dürfte es wohl zurückzuführen sein, daß die Lumineszenzfähigkeit des reinen, zusatzfreien Zinksulfides jahrelang übersehen wurde.

RIEHL untersuchte überdies auch die Nachleuchteigenschaften des zusatzfreien Zinksulfides und konnte feststellen, daß dieses Nachleuchten dieselben Eigenschaften — insbesondere *Temperatur*eigenschaften — zeigt, die auch bei der Phosphoreszenz LENARDscher Phosphore auftreten. Die Lichtsumme läßt sich durch Abkühlung einfrieren, durch Wärme wieder austreiben usw. RIEHL verglich das Spektrum dieser Phosphoreszenz mit dem des Leuchtens während der Erregung. Er konnte hierbei eine vollkommene Identität der beiden Spektra feststellen (vgl. Abb. 15).

SCHLEEDE und GLASSNER gaben später auch eine Deutung für die Lumineszenzfähigkeit des zusatzfreien Zinksulfides, indem sie diese auf einen kleinen Überschuß an Zink zurückführten. Beim Zinksulfid können also überschüssige Zinkatome selbst als Aktivatoren dienen[3].

Ebenso wie das zusatzfreie Zinksulfid sind auch die zusatzfreien Zinkkadmiumsulfide leuchtfähig. Wie bei den weiter unten beschriebenen phosphorogenhaltigen Zinkkadmiumsulfiden ist auch hier das

---

[1] SCHLEEDE: Z. angew. Chem. Bd. 48 (1935) S. 277.
[2] RIEHL: Ann. Phys., Lpz. (5) Bd. 29 (1937) S. 637.
[3] Vgl. J. GLASSNER: Diss. Berlin 1938. — SCHLEEDE, A: Angew. Chem. Bd. 50 (1937) 908.

Spektrum um so weiter nach langen Wellen verschoben, je höher der Kadmiumgehalt. Das Kadmiumsulfid ist bekanntlich mit dem Zinksulfid isomorph und bildet mit diesem eine lückenlose Mischkristallreihe.

Die Erkenntnis, daß phosphorogen*freie* Zinksulfide und Zinkkadmiumsulfide leuchtfähig und sogar phosphoreszenzfähig sind, ermöglichte einen Fortschritt in der Deutung der Spektra der phosphorogen*haltigen* Substanzen dieser Art [1]. So zeigt z. B. das Zinksulfid [2] bei jedem aktivierenden Metall eine blaue Bande, deren Wellenlängenmaximum zwischen 430 und 460 mμ liegt (vgl. ZnSMn, ZnSCu, ZnSAg, ZnSPb, ZnSBi und ZnSUr). Nachdem wir wissen, daß das reine Zinksulfid phosphoreszenzfähig ist, und zwar mit einem Wellenlängenmaximum, das gerade bei 430—460 mμ liegt, ist es naheliegend, anzunehmen, daß

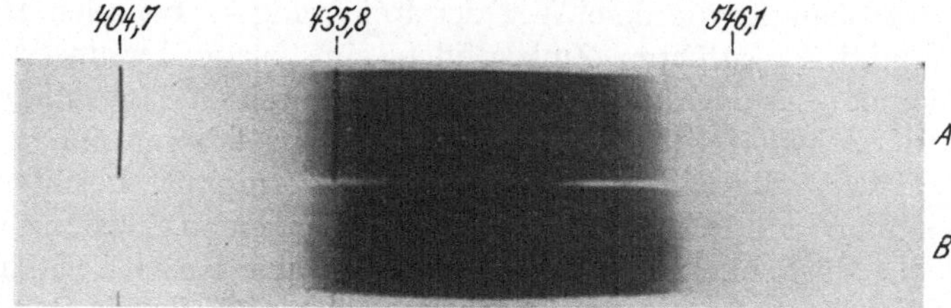

Abb. 15. Spektrum des phosphorogenfreien Zinksulfides während der Erregung (*A*)
und im Nachleuchten (*B*).

auch bei dem phosphorogenhaltigen Zinksulfid die blaue Bande dem Zinksulfid selbst und nicht dem Phosphorogen zuzuschreiben ist. Diese blaue Bande muß, wie in allen einschlägigen Arbeiten betont wird, „herauspräpariert“ werden, d. h. sie tritt besonders intensiv nur bei bestimmten Präparationsbedingungen auf. Dies entspricht aber völlig der Tatsache, daß auch das Eigenleuchten des reinen Zinksulfides nicht unter allen Umständen eintritt, sondern abhängig ist von der thermischen Behandlung des Materials.

RIEHL hat die Bedingungen für das Auftreten der blauen Eigenbande des ZnSCu bei Vorhandensein eines Phosphorogens näher untersucht und konnte feststellen, daß die blaue Bande um so stärker ist, je geringer der Gehalt an Kupfer. Setzt man z. B. zu einem extrem gereinigten Zinksulfid etwa nur $^1/_{1000000}$ Kupfer zu, so tritt zwar ganz deutlich das grüne Nachleuchten des Kupfers auf, aber das Leuchten während der Erregung ist blau. Mit steigendem Kupfergehalt wird diese kurz nachleuchtende blaue Bande des reinen Zinksulfides immer mehr zurückgedrängt und durch das grüne Leuchten des Kupfers ersetzt. Man kann sich also von den hier obwaltenden Verhältnissen folgendes Bild machen: Die Lumineszenz des reinen Zinksulfides ist blau; durch steigende Mengen des Phosphorogens wird sie zurückgedrängt, und zwar um so mehr, je größer die Phosphorogenmenge ist. Bei Zinksulfiden mit sehr wenig

[1] RIEHL: Ann. Phys., Lpz. (5) Bd. 29 (1937) S. 638.
[2] Vgl. Handbuch der Experimentalphysik, Bd. 22, S. 386—398.

Phosphorogen tritt die blaue Bande ganz intensiv und auffallend auf, bei mittleren Mengen ist sie nur noch durch Spektralaufnahmen nachweisbar, bei sehr großen Phosphorogenmengen findet man sie nicht mehr. Man kann also sagen, daß die Stellen des Kristalls, die zum blauen Leuchten des zusatzfreien Zinksulfides Veranlassung geben, durch das Phosphorogen ersetzt werden.

S. ROTHSCHILD[1] führte eingehende Messungen der Emissionsmaxima von zusatzfreiem Zinksulfid bzw. Kadmiumsulfid durch. Auf Grund seiner Messungen liegt das Maximum der blauen Bande des zusatzfreien ZnS bei 466 mμ. Die blaue Bande ist sehr breit, sie erstreckt sich über einen großen Teil des sichtbaren Spektrums. Das reine ZnS zeigt daher ein weißlichblaues Leuchten. Die Verschiebung des Spektrums mit zunehmendem Kadmiumgehalt ist aus der Abb. 16 zu ersehen. Unter den zusatzhaltigen Zink- bzw. Zinkkadmiumsulfiden sind die mit *Kupfer*, *Silber* oder Mangan aktivierten bekannt. Das mit Kupfer und mit Silber aktivierte Zink bzw. Zinkkadmiumsulfid hat die größte Bedeutung gewonnen. Die übrigen in der

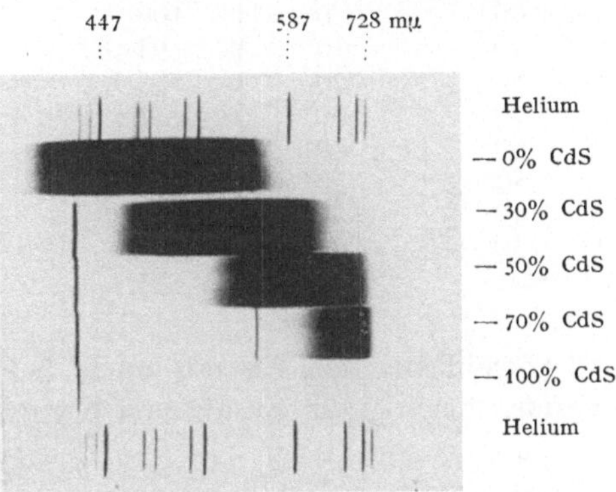

Abb. 16. Emissionsspektren von ZnS und ZnSCdS-Phosphoren *ohne* Fremdmetallzusatz.

Literatur beschriebenen „phosphorogenhaltigen" Zinksulfide, beispielsweise das ZnSPb, das ZnSNi, ZnSBi usw. dürften aller Wahrscheinlichkeit nach nicht existieren. Bei Blei und bei Wismut konnte RIEHL[2] ganz sicher nachweisen, daß diese beiden Elemente weder als Phosphorogene bei Zinksulfid wirksam sind, noch überhaupt in das Zinksulfidgitter eingebaut werden können. Alle früheren Autoren haben vermutlich die Emission des zusatzfreien Zinksulfides selbst, die damals noch nicht bekannt war, sowie die Emission zufällig anwesender anderer Zusätze für die des zu untersuchenden Zusatzes gehalten. Auch die Existenz eines ZnSSm-Phosphors konnten weder SCHLEEDE noch RIEHL (nach unveröffentlichten Versuchen) bestätigen. Auch die Metalle der Eisengruppe, das Eisen, Kobalt und Nickel vermögen zwar die Leuchtfähigkeit der Zinksulfide herabzusetzen, sind jedoch als Phosphorogene nicht wirksam. Speziell hierauf gerichtete Untersuchungen von S. ROTHSCHILD[1] zeigten, daß Hg und Tl mit ZnS keine Phosphore ergibt.

Es mögen zunächst die Spektren und sonstigen Eigenschaften der mit *Kupfer* und mit *Silber* aktivierten Zink- bzw. Zinkkadmiumphosphore

[1] ROTHSCHILD, S.: Z. Phys. Bd. 108 (1937) S. 24.
[2] RIEHL: Ann. Phys., Lpz. (5) Bd. 29 (1937) S. 656.

beschrieben werden, da diese einerseits eine gewisse Verwandtschaft miteinander aufweisen und andererseits am meisten zur Anwendung gelangen. Das manganhaltige ZnS bedarf einer gesonderten Betrachtung, da es in vielerlei Hinsicht einen Sonderfall darstellt.

Tabelle 8. Maxima der Emissionsbanden von ZnSCdSAg- und ZnSCdSCu-Phosphoren.

Gewichtsprozente		Molprozente		Ag	Cu
ZnS	CdS	ZnS	CdS	λ	λ
100	0	100	0	460 mμ	523 mμ
90	10	93	7	474	544
80	20	85,4	14,6	492	579
70	30	77,5	22,5	514	
60	40	68	32	541	
50	50	59,7	40,3	563	
40	60	50	50	600	
30	70	38,9	61,1	630	
25	75	33,1	66,9	655	

Sowohl bei den Cu- als auch bei den Ag-haltigen Zinkkadmiumsulfiden bewirkt der Zusatz von Kadmium an Stelle des Zinks eine Verschiebung des Spektrums nach langen Wellen. Kadmiumfreies ZnS mit Cu als Aktivator leuchtet grün, das Leuchten des zinkfreien Kadmiumsulfids dagegen liegt im Ultrarot. Das mit Silber aktivierte kadmiumfreie ZnS leuchtet blau, während die Emission des CdS wiederum im Ultrarot liegt.

Aus der Tabelle 8 und den Abb. 17 und 18 sind die Maxima der Emissionsbanden von ZnCdSAg und ZnCdSCu-Phosphoren in Abhängigkeit vom Kadmiumgehalt zu ersehen.

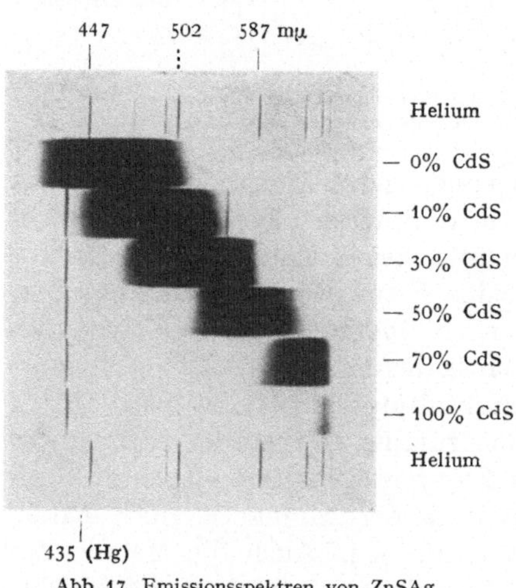

Abb. 17. Emissionsspektren von ZnSAg und ZnSCdSAg-Phosphoren.

Bemerkenswert ist, daß die Maxima des ZnSAg und des zusatzfreien ZnS fast zusammenfallen; ersteres liegt bei 460 mμ, letzteres bei 466 mμ, dennoch unterscheiden sich, wie schon die unmittelbare Beobachtung ohne Spektroskop zeigt, die Emissionen dieser beiden Phosphore. Die Lumineszenz des ZnSAg erscheint violetter und intensiver als die blaue Lumineszenz des zusatzfreien ZnS. Die Maxima der Banden beider Phosphore liegen zwar in großer Nähe, jedoch ist die Intensität und

Intensitätsverteilung innerhalb der Banden verschieden, und zwar ist die Bande des zusatzfreien ZnS wesentlich breiter. Die spektrale Inten-

sitätsverteilung an ZnCdSAg-Phosphoren wurde von SCHLEEDE und KÖRNER[1] sowie von KAMM[2] untersucht. ROTHSCHILD[3] studierte speziell die Abhängigkeit der Lage der Bandenmaxima vom Cd-Gehalt. — Bei den Ag-haltigen Phosphoren ist der kurzwellige Anteil der Bande stets stärker ausgeprägt und die Intensität größer als bei den zusatzfreien ZnCdS-Phosphoren.

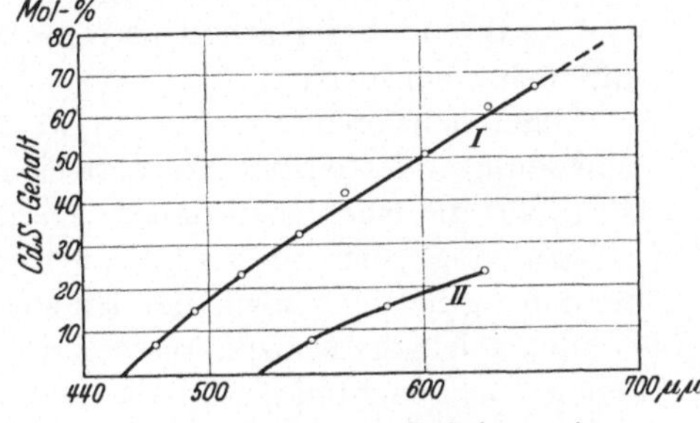

Abb. 18. Verschiebung der Emissionsmaxima durch Zusatz von CdS.
I ZnSCdSAg, *II* ZnSCdSCu.

Die Abhängigkeit des Spektrums von der Phosphorogenkonzentration hat ROTHSCHILD an ZnCdSCu (mit 30% CdS) untersucht (vgl. hierzu Abb. 19). Man sieht, daß — entsprechend den Befunden von RIEHL — mit zunehmender Cu-Konzentration die Bande des Eigenleuchtens (die hier infolge des hohen Cd-Gehalts nicht blau, sondern grün ist) von der gelbroten Cu-Bande verdrängt wird.

Die genaue Lage und Emissionsverteilung der Spektren der ZnS und ZnCdS-Phosphore mit und ohne Aktivator ist auch bis zu einem gewissen Grade von der Art der Anregung abhängig. Ganz sicher ist es dann der Fall, wenn zwei Banden im Spektrum vorliegen, z. B. also die blaue Bande des Eigenleuchtens von ZnS sowie die grüne Cu-Bande. KAMM hat beispielsweise die Emission der ZnSCu und ZnCdSCu-Phosphore während der Erregung mit Licht und Kathodenstrahlen beobachtet und gefunden, daß bei verschiedener Erregung auch verschiedene Banden

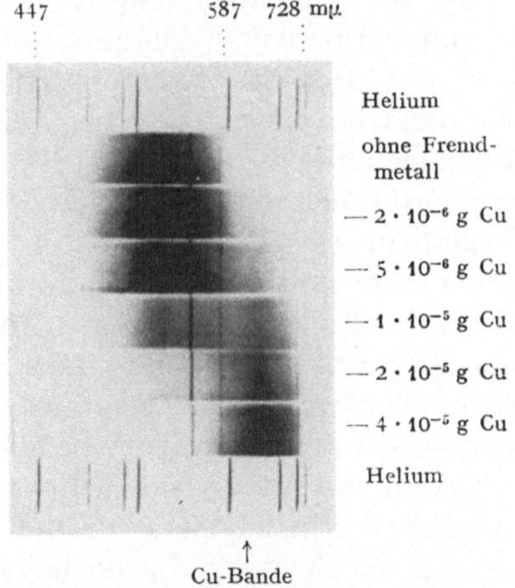

Abb. 19. Emissionsspektren von ZnSCdSCu-Phosphoren mit verschiedener Cu-Konzentration. CdS-Gehalt: 30%. (Mit zunehmender Cu-Konzentration wird die grüne Bande des Eigenleuchtens von der gelbroten Cu-Bande verdrängt.)

auftreten können. So fand KAMM z. B., daß bei ZnSCu-Phosphoren bei Erregung mit Licht die grüne Bande stärker hervortritt, während bei Erregung mit Kathodenstrahlen die blaue Bande stärker ist. KAMM stellte ferner fest, daß der Verlauf der Bandenverschiebung bei CdS-

---

[1] SCHLEEDE u. KÖRNER: Angew. Chem. Bd. 48 (1935) S. 277.
[2] KAMM: Ann. Phys., Lpz. (5) Bd. 30 (1937) S. 333.
[3] ROTHSCHILD: Vgl. S. 27.

Zusatz je nach der Erregung verschieden ist. Auch aus den Untersuchungen von ROTHSCHILD ergibt sich, daß dieser Unterschied dadurch bedingt ist, daß bei Lichterregung die grüne Cu-Bande stärker erregt wird, während bei Kathodenstrahlerregung die Bande des zusatzfreien ZnS mehr hervortritt.

Abgesehen von den spektralen Eigenschaften unterscheiden sich die verschieden aktivierten bzw. zusatzfreien Zinkkadmiumsulfide auch noch in bezug auf die Nachleuchtdauer. Die echte Phosphoreszenz (vgl. Kapitel „Abklingung") ist nur bei ZnSCu bzw. ZnCdSCu sehr stark ausgeprägt. Bei den Ag-haltigen sowie bei den zusatzfreien Zink- oder Zinkkadmiumsulfiden spielt die Phosphoreszenz neben dem Momentanleuchten („spontanem Nachleuchten") nur eine ganz untergeordnete Rolle. Immerhin hat auch dieses schwache, viele Minuten lang währende Nachleuchten alle Eigenschaften einer echten Phosphoreszenz, es läßt sich einfrieren, durch Hitze austreiben usw.[1]

Nicht nur die Emission, sondern auch die Körperfarbe ist von der Anwesenheit und Art des Phosphorogens bei den Zinkkadmiumsulfiden abhängig. Die Farbe des reinen Zinksulfides als solche ist bekanntlich weiß. Mit zunehmendem Kadmiumgehalt wird sie immer gelber und nimmt bei reinem Kadmiumsulfid einen tiefgelben bzw. einen rotgelben Ton an. Bei den lumineszenzfähigen Zinkkadmiumsulfiden wird die Körperfarbe allerdings zum Teil durch das von ihnen ausgestrahlte Lumineszenzlicht überdeckt. Das ZnSCu beispielsweise, das entsprechend der Farbe des reinen Zinksulfides rein weiß ist, sieht — besonders bei Tageslicht — grünweißlich aus, weil zu der weißen Körperfarbe die grüne Emission des Phosphors hinzukommt, die durch das kurzwellige Licht des Tageslichtes erregt wird. Sieht man von dieser „Verfälschung" der Körperfarbe durch die hinzukommende Lumineszenz ab, so ergeben sich außerdem noch Unterschiede, die durch die Anwesenheit von Phosphorogenen bedingt sind. Hierbei ist die Körperfarbe der zusatzfreien Zinkkadmiumsulfide am hellsten; durch Zusatz von Silber wird der gelbliche Farbstich etwas vertieft; durch Zusatz von Kupfer ist die Vertiefung der Körperfarbe noch viel größer.

Mit zunehmendem CdS-Gehalt verschiebt sich, wie schon GUNTZ feststellte, die Erregungsverteilung der ZnSCdSCu-Phosphore nach längeren Wellen. Auf Grund der von LENARD gefundenen Beziehungen zwischen der Lage der Banden erregenden Absorption und der Dielektrizitätskonstante war zu erwarten, daß die Dielektrizitätskonstante der ZnSCdS-Phosphore mit zunehmendem Gehalt an CdS größer wird. Dies konnte auch durch Messungen mit Hilfe der Methode der Überlagerung elektrischer Schwingungen bestätigt werden (ROTHSCHILD). Mit der-

---

[1] Eine interessante Beobachtung machte RIEHL (nach unveröffentlichten Versuchen) an Schirmen aus ZnSAg. Bei diesen läßt sich die Phosphoreszenz dadurch auslöschen, daß man den Schirm mit einem Lappen oder noch besser mit einem Katzenfell reibt. Offenbar hängt dieser Effekt mit der Auslöschung durch elektrische Felder zusammen. Jedenfalls läßt sich die Phosphoreszenz dieser Schirme in vollem Sinne des Wortes wegwischen.

selben Methode wurde festgestellt, daß der von GUDDEN und POHL[1] an ZnSCu-Phosphoren beobachtete Effekt der Zunahme der Dielektrizitätskonstanten bei Belichtung auch bei ZnCdSCu-Phosphoren vorhanden ist. Entsprechend dem schnelleren Abklingen des Leuchtens der ZnSCdSCu-Phosphore sinkt die Größe der Dielektrizitätskonstante dieser Phosphore nach Aufhören der Erregung rascher als bei den ZnSCu-Phosphoren wieder auf den Anfangswert zurück. In Übereinstimmung mit den Ergebnissen von GUDDEN und POHL konnte der Dielektrizitätskonstanteneffekt nur an Cu-haltigen Phosphoren beobachtet werden. Zusatzlose, silber- oder manganhaltige, jedoch Cu-freie Phosphore zeigten keinerlei Veränderung der Dielektrizitätskonstanten bei Belichtung.

Die mit *Mangan* aktivierten Zinksulfidphosphore zeigen in vielerlei Hinsicht ein anderes Verhalten als die mit Cu oder Ag aktivierten. Besonders auffallend ist hierbei, daß man beim manganaktivierten Zinksulfid gar keine Verschiebung der Bande durch Zusatz von Kadmium erhalten kann. Es tritt hierbei zwar eine Verdunkelung des Leuchtens mit zunehmendem Kadmiumgehalt ein, die spektrale Emissionsverteilung aber wird nicht beeinflußt[2]. Das mit Mangan aktivierte ZnS zeigt nach TOMASCHEK[3] im wesentlichen eine gelbrote Bande mit einem Maximum bei 577 mμ. Nach unveröffentlichten Versuchen von RIEHL und auch denen von S. ROTHSCHILD[4] besteht beim manganaktivierten ZnS nur eine Bande mit einem Maximum bei 587 mμ. Neben dieser wichtigsten gelbroten Bande beobachtete TOMASCHEK auch noch eine gelegentlich auftretende blaue Bande bei 460 mμ, die wir ohne Zweifel dem Eigenleuchten des ZnS zuschreiben müssen, und noch eine schwache rote Bande, deren Deutung noch aussteht. TIEDE wies darauf hin, daß man es bei dem mit Mangan aktivierten Zinksulfid wahrscheinlich mit anderen Bedingungen zu tun hat als bei der Aktivierung von ZnS mit Cu oder Ag. Allem Anschein nach wird das Mangan, wenigstens teilweise, isomorph (mischkristallartig) in das ZnS eingebaut. Auffallenderweise sind auch die Gehalte an Mn, die man zur Erzielung der gelbroten Mn-Lumineszenz wählen muß, wesentlich höher als der Gehalt an Cu oder Ag-Zusatz. Während der Gehalt an Cu bei den hellsten ZnSCu-Phosphoren meist um 10^{-4} liegt und der Ag-Gehalt noch viel kleiner ist, bedarf es zur Erzielung des Mn-Leuchtens eines Gehaltes von einigen Prozent. Dieser Umstand sowie die Unabhängigkeit des Spektrums vom Kadmiumzusatz und einige andere Tatsachen sprechen für einen besonderen Mechanismus des Einbaus, und zwar dürfte es sich gemäß der Anschauung von TIEDE hier um einen mischkristallartigen Einbau handeln. Es ist daher vielleicht zweckmäßiger, den mit Mn aktivierten Zinksulfidphosphor nicht als ZnSMn, sondern als ZnMnS zu bezeichnen. Technische Anwendungen hat das manganaktivierte Zinksulfid bisher

[1] GUDDEN, B. u. R. POHL: Z. Phys. Bd. 1 (1920) S. 365.
[2] RIEHL: Fundamenta Radiologica Bd. 4 (1939) S. 6.
[3] TOMASCHEK: Ann. Phys., Lpz. Bd. 65 (1931) S. 204.
[4] ROTHSCHILD, S.: Vgl. S. 27.

noch nicht gefunden, obzwar seine Lumineszenzhelligkeit eine sehr gute ist. (Über den Einfluß von Mn auf die Absorption des Zink- und Zinkcadmiumsulfids s. F. A. Kröger[1]).

Sehr interessant sind noch die auslöschenden Effekte, die man bei Zink- und Zinkkadmiumsulfid-Phosphoren durch Zusatz von *Eisen*, *Nickel* oder *Kobalt* erhält. Durch Zusatz von Spuren von Nickel zu ZnS-Leuchtstoffen wird die Phosphoreszenz sehr stark herabgesetzt. Das Momentanleuchten (spontanes Nachleuchten) wird weniger geschwächt. Der Effekt tritt bereits bei einem Gehalt von $5 \cdot 10^{-7}$ und darunter auf. Die spektrale Emission der Phosphoreszenz wird im Blauen etwas stärker geschwächt als im Roten. Zusatz von $5 \cdot 10^{-7}$ Eisen übt nur ein schwache Wirkung aus, durch 10^{-6} Eisen wird das Momentanleuchten beträchtlich unterdrückt, während die Phosphoreszenz nicht merklich beeinflußt wird. Durch Kobalt wird ebenfalls die Momentanintensität herabgesetzt, die Phosphoreszenz dagegen nur im kurzwelligen Ende der Emissionsbande geschwächt. Die obigen Angaben gelten speziell für die Röntgenstrahlanregung, doch sind grundsätzlich die gleichen Effekte auch bei anderen Arten von Anregung vorhanden. Nach Riehl muß man sich den Einfluß von Nickel, Kobalt und Eisen so vorstellen, daß die vom Kristall aufgenommene Anregungsenergie statt von den Phosphorogenatomen von den Fe-, Ni- oder Co-Atomen übernommen und von diesen in Wärme umgewandelt wird.

Bezüglich der Lumineszenz von Zink*oxyden* sei auf das Kap. IX, 2 verwiesen, wo auf die Erregung des Zinkoxyds durch Kathodenstrahlen und auf die besonderen Eigenschaften dieses Stoffes eingegangen wird. Das Zinkoxyd ist neuerdings besonders von Schleede und seinen Schülern eingehend untersucht worden. Es zeigte sich hierbei, daß beim Zinkoxyd ebenso wie beim Sulfid eine Aktivierung durch Überschuß von Zink möglich ist. Besonders charakteristisch ist für das Zinkoxyd seine kurze Nachleuchtdauer. Über die lumineszenzfähigen Zinkoxyde und die damit zusammenhängenden Fragen hat auch A. Kutzelnigg eine Reihe von Arbeiten durchgeführt[2].

Betreffend die chemische Zersetzung von Zinksulfid durch Ultraviolett vgl. A. Schleede u. M. Herter (Z. Elektrochem. 1923, S. 411) sowie Gmelin-Kraut, Bd. „Zink". (Siehe auch S. 181).

2. Silikate.

Die Lumineszenzeigenschaften der Silikate wurden in den vergangenen Jahrzehnten nur wenig beachtet. Erst innerhalb der letzten Jahre, in denen sich die große technische Bedeutung der Silikate für die

---

[1] Kröger, F. A.: Physica Bd. 6 (1939) S. 779; Bd. 6 (1939) S. 369; Bd. 7 (1940) S. 92.

[2] Kutzelnigg, A.: Z. anorg. allg. Chem. Bd. 201 (1931) S. 324, Bd. 208 (1932) S. 29, Bd. 221 (1934) S. 46, Bd. 223 (1935) S. 251; Wien. Ber. Bd. 142 (1933) S. 715. — Beutel, E. u. A. Kutzelnigg: Wien. Ber. Bd. 146 (1937) S. 297., Bd. 141 (1932) S. 437.

Lichttechnik zur Umwandlung des Lichtes von Quecksilberentladungs-röhren erwiesen hat, hat man dieser Stoffgruppe erhöhte Aufmerksamkeit zugewendet. In Form von Willemit ist das Zink-Orthosilikat ($2\,ZnO \cdot SiO_2$) schon lange bekannt. Hierbei ist die Lumineszenzfähig-keit des *natürlichen* Willemits — z. B. des aus New-Jersey stammenden — vielfach eine sehr gute und liegt in derselben Größenordnung wie die der künstlichen Präparate. Als Aktivator dient bei Zinksilikat sowie auch bei den meisten anderen zu erwähnenden Silikaten das *Mangan*. Der zur Erzielung bester Präparate notwendige Aktivatorgehalt (Mn-Gehalt) ist wesentlich höher als die bei den Sulfiden üblichen Konzen-trationen; er liegt in der Größenordnung von 1%. Zusatzfreies Zink-silikat besitzt nach den bisherigen Erfahrungen scheinbar praktisch keine Lumineszenzfähigkeit.

Charakteristisch und technisch wesentlich für die Silikate ist ihre große chemische Beständigkeit. Zur Lumineszenz erregt werden die Silikate sowohl durch Röntgen- oder Kathodenstrahlen als auch durch Ultraviolett. Das Nachleuchten ist nur gering; eine echte *Phosphoreszenz* ist allerdings bei den Silikaten auch meist vorhanden, doch ist die speicher-bare Lichtsumme gering und die Phosphoreszenzhelligkeit dement-sprechend äußerst schwach. Besonders typisch und für die lichttechnische Anwendung der Silikate wichtig ist der Umstand, daß ihr stärkstes Erregungsgebiet im Gegensatz zu den Sulfiden nicht im langwelligen (nahen) Ultraviolett liegt, sondern im kurzwelligen, in der Nähe der Resonanz-Quecksilberlinie 253,7 mμ. Interessant ist ferner auch noch die Tatsache, daß gewisse Silikate sich auch durch SCHUHMANN-Strahlung erregen lassen, sowie durch Elektronen geringster Geschwindigkeit (10 V).

Das am längsten bekannte, mit Mangan aktivierte *Zink-Orthosilikat* leuchtet grün. Das Bandenmaximum liegt je nach Herstellungsart um 550 mμ, die Bandenbreite reicht über einen Bereich von über 100 mμ. Im Gegensatz zum Zinksulfid läßt sich die Emission des Zinksulfides durch Zusatz von Kadmium nicht nach längeren Wellen hin verschieben, wohl aber existiert ein sehr gut leuchtfähiges reines *Kadmiumsilikat* (mit ebenfalls Mangan als Aktivator), das eine gelbe Emission hat. Eine Verschiebung der spektralen Emission des Zinksilikates beobachteten zuerst E. TIEDE und A. GRUHL[1], wobei sie aus ihren Versuchen den Schluß zogen, daß das Leuchtspektrum maßgebend von der Abkühlungs-geschwindigkeit des Materials nach dem Glühprozeß bestimmt ist. Je schneller die Abkühlung, um so röter waren die von TIEDE und GRUHL erhaltenen Produkte, so daß auf diese Weise sich sowohl grünleuchtendes als auch gelb bzw. orange leuchtendes Zinksilikat ergab. RIEHL und THIEME[2], die bei ihren Arbeiten von technischen Erfordernissen aus-gingen, fanden eine Methode, gelbes Zinksilikat in einwandfrei repro-duzierbarer, beliebig großer Menge herzustellen. Sie bedienten sich

---

[1] GRUHL, A.: Diss. Berlin 1923.
[2] RIEHL u. THIEME: Nach unveröffentlichten Versuchen.

hierbei ganz anderer Methoden und konnten die von Tiede und Gruhl gefundenen Ergebnisse nicht bestätigen, was vermutlich durch andere Ausgangsprodukte und durch andere chemische und thermische Vorbehandlung des Materials zu erklären ist. Das manganhaltige leuchtfähige Zinksilikat liegt also in mindestens zwei Modifikationen vor, und zwar in einer *grün*leuchtenden und in einer *gelb*leuchtenden. Daneben besteht das bereits erwähnte Kadmiumsilikat mit einer orangegelben Emission.

Betont sei, daß die heute üblichen, insbesondere die technisch gebräuchlichen Zinksilikate meist sehr stark von der Formel des Zink-Orthosilikates abweichen und zwar im Sinne eines höheren Kieselsäuregehaltes.

Während die meisten heute bekannten Zinksilikate sowie das Kadmiumsilikat vorwiegend durch das Ultraviolettgebiet um 253,7 mμ erregbar sind und in gewissem, geringerem Umfange auch noch durch das langwellige Ultraviolett, sind Riehl und Thieme auch zu einem Produkt gelangt, das auch eine starke Erregbarkeit durch Schumann-Strahlung aufweist, wie Rüttenauer gezeigt und eingehend untersucht hat[1]. Die gleichen Sonderprodukte zeigen auffallenderweise auch eine sehr gute Erregbarkeit gegenüber ganz langsamen Elektronen von beispielsweise 10 V.

Die Quantenausbeute ist — besonders bei Erregung mit der Resonanzlinie des Quecksilbers (253,7 mμ) — bei den Silikaten ebenso groß wie bei den Zink- und Zinkkadmiumsulfiden, d. h. sie liegt normalerweise um 0,5 herum und kann (nach neuesten, mündlich mitgeteilten Meßergebnissen von Rüttenauer) sogar bis praktisch 1 steigen. Die sehr günstige Quantenausbeute spricht — neben einigen anderen Tatsachen — dafür, daß man die Silikate zu der Gruppe der *Kristallphosphore* rechnen kann, daß man also bei diesen — ebenso wie bei den Sulfiden — den Erregungsprozeß in das Kristallgitter des Grundmaterials verlegen muß und daß die im Gitter absorbierte Energie nach dem Vorgang von Riehl über eine große Anzahl von Netzebenen auf die Aktivatoratome übertragen wird (vgl. Kapitel „Theorie der Lumineszenz").

Nach Untersuchungen von M. Schön[2] geben die für Erregung durch Schumann-Ultraviolett geeigneten Zinksilikate bei Erregung durch die Resonanzlinie des Neons bei 73,6 und 74,4 mμ ebenfalls eine recht hohe Quantenausbeute und zwar eine solche von 0,25.

Bezüglich der Abklingungseigenschaften der Zinksilikatphosphore vgl. R. P. Johnson[3].

Die spektralen Emissionseigenschaften dieser Leuchtstoffe hat u. a. F. A. Kröger[4] untersucht. Dabei hat Kröger auch diese Absorptions- und Erregungseigenschaften näher geprüft und so z. B. gefunden, daß

[1] Rüttenauer: Z. techn. Phys. Bd. 17 (1936) S. 384.
[2] Schön, M.: Verh. dtsch. phys. Ges. (3) .Bd. 18 (1937) S. 8.
[3] Johnson, R. P.: Phys. Rev. (2) Bd. 55 (1939) S. 881.
[4] Kröger, F. A.: Physica, Haag Bd. 6 (1939) S. 764.

die Grundgitterabsorption des Zink-Orthosilikates, die bei 200 mμ beginnt, durch den Zusatz von Mn nicht beeinflußt wird. Eine gewisse Verstärkung der Absorption im langwelligen Ausläufer der Grundgitterabsorption tritt jedoch durch die Anwesenheit des Mn auf. Es liegen hier offenbar ähnliche Verhältnisse vor wie bei den Zinksulfiden, so daß auch in dieser Hinsicht Grund besteht, den Mechanismus der Erregung hier und dort als ähnlich anzusehen und die Zink- und ähnlichen Silikate zu den Kristallphosphoren im eigentlichen Sinne des Wortes zu rechnen (auch bei Zinksulfiden wird der langwellige Ausläufer der Grundgitterabsorption durch die Anwesenheit des Phosphorogens verstärkt bzw. verbreitert).

Über den chemischen und kristallchemischen Aufbau der leuchtfähigen Silikate, insbesondere solcher mit erhöhtem Kieselsäuregehalt, besteht noch keine Klarheit, trotz einiger bereits durchgeführter röntgenographischer Untersuchungen an diesem Stoff. Wahrscheinlich ist jedoch, daß die bekannte tetraedrische Anordnung der Atome bei den Silikaten dafür verantwortlich ist, daß das Phosphorogenatom in die zwischenatomaren Räume (Zwischengitterraum) einzudringen vermag (vgl. Kapitel VIII). Das sog. Metasilikat, das der Formel $ZnSiO_3$ ($ZnO \cdot SiO_2$) entspricht und das in der chemischen Zusammensetzung den in letzter Zeit entwickelten Zinksilikatphosphoren nahe kommt, scheint nach den Untersuchungen nach G. R. FONDA[1] sowie BUNTING[2] nicht zu existieren. Vielmehr muß wohl eine andere Struktur der kieselsäurereichen Zinksilikate angenommen werden, deren Art sich nicht durch stöchiometrische Formeln, sondern durch eine kristallchemische Auffassungsweise darstellen lassen wird.

G. R. FONDA hat kürzlich eine ausführliche Untersuchung über die Zinksilikate und Kadmiumsilikate ausgeführt[3]. Er hat unter anderem auch die Quantenausbeute bei Erregung mit der Resonanzlinie des Quecksilbers gemessen, und zwar an zwei Phosphoren der Zusammensetzung Zn_2SiO_4 und $CdSiO_3$ (vgl. Tabelle 9). Die spektrale Verteilung für die beiden erwähnten Leuchtstoffe (nach Messungen von FONDA) ist in Abb. 20 dargestellt[4].

Tabelle 9. Quantenausbeuten zweier Silikat-Leuchtstoffe bei Erregung mit der Linie 253,7 mμ.

Leuchtstoff	Quantenausbeute
Zn_2SiO_4	0,77
$CdSiO_3$	0,56

Die Gruppe der Silikatphosphore ist in letzter Zeit durch die von SCHLEEDE und SCHMIDT gefundenen, von RIEHL und THIEME eingehend weiter untersuchten Silikate bereichert worden, die als Kationen *Zink*, *Beryllium* und *Mangan* enthalten. Diese Stoffgruppe ist in ihren typischen

---

[1] FONDA, G. R.: J. phys. Chem. Bd. 43 (1939) S. 561.
[2] BUNTING: J. Res. Nat. Bur. Stand. Bd. 4 (1934) S. 134.
[3] FONDA, G. R.: J. phys. Chem. Bd. 43 (1939) S. 561.
[4] Eine ausführliche Untersuchung über Zinksilikate veröffentlichte neuerdings F. A. KRÖGER [Physica Bd. 6 (1939) S. 764]. Vgl. ferner Kap. IX, 6.

Erregungseigenschaften den Zink- und Kadmiumsilikaten sehr ähnlich. Sie zeichnet sich neben guter Erregbarkeit durch Kathodenstrahlen insbesondere durch die starke Erregungsfähigkeit gegenüber der Quecksilberresonanzlinie und dem benachbarten kurzwelligen Teil des Ultra-

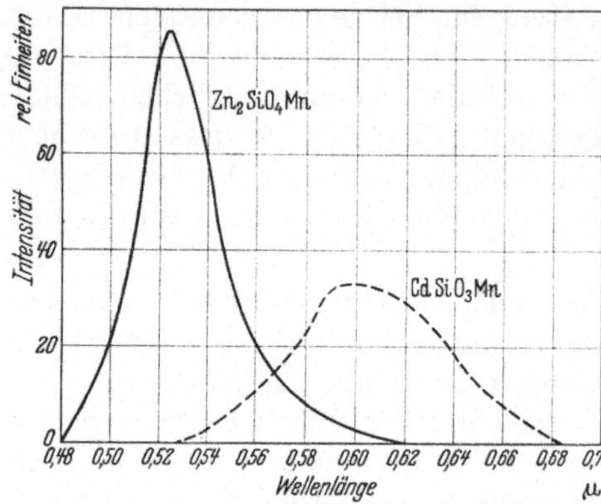

Abb. 20. Spektrale Intensitätsverteilung eines Zinksilikat-(Orthosilikat)- und Kadmiumsilikat-Leuchtstoffes. (Nach Fonda.)

violett aus. Diese sog. Zinkberyllsilikate sind besonders dadurch bemerkenswert, daß man durch Variation das Verhältnis Zink : Beryll, insbesondere aber durch die Variation des Mangangehaltes das Emissionsspektrum in weiten Grenzen von grün bis rot variieren kann. (Der Mn-Gehalt muß hierzu bis zu mehreren Prozent und mehr gesteigert werden). Es handelt sich hier jedoch nicht um die Verschiebung *einer* Bande (wie etwa bei Variation des Cd-Gehaltes von ZnCdS), sondern um die Veränderung des Intensitätsverhältnisses von mindestens zwei Banden unveränderlicher Wellenlänge (einer grünen und einer roten)[1]. Diese sehr interessanten Phosphore sind technisch bisher vorwiegend bei einigen Typen von Leuchtstoffröhren zur Anwendung gelangt.

Weitere Angaben über die Spektren und Lichtausbeuten der Silikatleuchtstoffe finden sich im Kapitel „Leuchtstoffröhren" (IX, 6).

3. Wolframate und Molybdate.

Die meisten *Erdalkali*wolframate und Molybdate zeigen bei Erregung mit kurzwelligem Ultraviolett, Kathodenstrahlen oder Röntgenstrahlen ein kurzdauerndes Leuchten. Neben den eigentlichen Erdalkaliwolframaten sind auch die *Zink-* und *Kadmium*wolframate sehr gut leuchtfähig. Unter den natürlich vorkommenden Wolframaten ist das *Scheelit* (Kalziumwolframat) zu erwähnen, das manchmal in leuchtfähiger Form gefunden wird.

Wegen der technischen Bedeutung der Wolframate sei auf die Kapitel „Leuchtstoffröhren" und „Röntgenverstärkerfolien" verwiesen. In der Röntgentechnik spielt das Kalziumwolframat die wichtigste Rolle. In der Leuchtstoffröhrentechnik findet neben dem Kalziumwolframat vor allem das *Magnesiumwolframat* Verwendung.

Nach Swindells[2] erhalten die Wolframate eine gewisse *Nachleuchtfähigkeit* beim Zusatz von rund ¹/₁₀% von Wismut, Kupfer, Blei, Mangan,

---

[1] Kröger, F. A.: Diss., Amsterdam 1940, S. 25—26.
[2] Swindells: J. opt. Soc. Amer. Bd. 23 (1933) S. 129.

Antimon, Arsen sowie einiger seltener Erden. Schmelzmittel erhöhen die Helligkeit des Nachleuchtens nicht. (Ohne auf die Darstellungsmethoden der Wolframate einzugehen, die teils in mehr chemisch orientierten Werken geschildert sind und teils auf Geheimverfahren beruhen, sei vermerkt, daß Wolframate sowohl mit Schmelzmitteln als auch ohne diese hergestellt werden.)

Bei ultravioletter Erregung liegt das Haupterregungsgebiet in der Nähe der Quecksilberresonanzlinie 253,7 mμ. Durch langwelliges Ultraviolett werden die Wolframate schlecht erregt.

Das Kalziumwolframat leuchtet blau, wobei das Maximum der Bande bei rund 450 mμ liegt. Das Kadmiumwolframat hat ein längerwelliges Maximum bei rund 480 mμ, alle anderen Wolframate leuchten ebenfalls blau in verschiedenen Tonarten. Das Magnesiumwolframat zeichnet sich durch eine besonders große Breite seiner Emissionsbande aus. Das Leuchten dieses Stoffes ist daher nicht rein blau, sondern bläulichweiß. Daher auch seine besondere Bedeutung als Bestandteil der Leuchtstoffröhren.

Sowohl technisch wie auch wissenschaftlich ist die Frage von großer Bedeutung, ob die Wolframate und Molybdate infolge irgendeines aktivierenden Zusatzes ihre Leuchtfähigkeit haben, oder ob sie auch in zusatzfreier Form leuchtfähig sind. Die bisherigen präparativen Erfahrungen sprechen dafür, daß das Letztere der Fall ist, daß man es also hier mit Reinstoffphosphoren zu tun hat. RIEHL[1] hat sich die Frage gestellt, ob beim Kalziumwolframat jedes Molekül des Kalziumwolframats ein lumineszenzfähiges Gebilde darstellt, oder ob hier — ebenso wie bei Sulfiden — nur einzelne ausgewählte Stellen des Gitters eine Emissionsfähigkeit besitzen. Diese Frage ist schon jetzt zu entscheiden, und zwar auf Grund der Beobachtungen von TIEN-HUAN TSAO[2]. Er hat verschiedene Zusätze zum Kalziumwolframat hinzugefügt in der Hoffnung, ein Phosphorogen für dieses System zu finden. Wenn er auch keinen Aktivator für das Kalziumwolframat fand, so beobachtete er, daß einige Elemente eine fast vollkommene Auslöschung der Fluoreszenz bewirken, und zwar genügt z. B. schon ein Zusatz von $^1/_{2700}$ Chrom oder $^1/_{900}$ Mangan. Diese Beobachtungen von TIEN-HUAN TSAO, die RIEHL noch durch weitere Versuche ergänzt und nachgeprüft hat, bedeuten bereits eine Klärung der oben aufgeworfenen Frage, denn wenn jedes Kalziumwolframatmolekül fluoreszenzfähig wäre, so würde es nicht möglich sein, diese Fluoreszenzfähigkeit durch einen so winzigen Zusatz zu vernichten. Bedenkt man, daß bei den Versuchen von TIEN-HUAN TSAO das Kalziumwolframat mit *Röntgen*strahlen erregt wurde und die Absorption der Röntgenstrahlen bzw. die Bremsung der sekundären Elektronen (Photo- und COMPTON-Elektronen) bestimmt nicht an irgendwelchen bevorzugten Atomen, sondern an allen Atomen des Gitters stattfindet, so folgt, daß zunächst

---

[1] RIEHL: Ann. Phys., Lpz. (5) Bd. 29 (1937) S. 661.
[2] TIEN-HUAN TSAO: Diss. Greifswald 1929.

die erregende Energie nicht von vereinzelten Kalziumwolframatmolekülen, sondern von jedem beliebigen Atom des Gitters aufgenommen wird. Diese Energie wird dann praktisch verlustfrei an die leuchtfähigen (emissionsfähigen) Stellen des Gitters fortgeleitet, denn die Energieausbeute bei Erregung des Kalziumwolframats ist fast ebenso hoch wie bei Zinksulfid. Es ist also anzunehmen, daß die Energie zunächst von jedem beliebigen Kalziumwolframatmolekül aufgenommen werden kann und daß sie dann, in ähnlicher Weise wie beim Zinksulfid, über viele Netzebenen hinweg zu einem der wenigen emissionsfähigen Atome wandert. (Diese Wanderung erfolgt beim Kalziumwolframat allerdings in sehr kurzen Zeiten.) Ohne Annahme eines solchen Energiewanderungsmechanismus kommt man wohl kaum aus. Denn selbst, wenn man unterstellen wollte, daß entgegen dem eben gesagten *jedes* Kalziumwolframatmolekül emissionsfähig sei, so müßte man zur Klärung der auslöschenden Wirkung der geringen Zusätze dennoch annehmen, daß die an beliebiger Stelle des Gitters aufgenommene Energie irgendwie zu den Verunreinigungsatomen hingelangt. Das heißt auch hier wäre man zu der Annahme einer Energiewanderung gezwungen. Doch ist die Annahme, daß jedes Kalziumwolframatmolekül emissionsfähig sei, sehr unwahrscheinlich. Denn es ist allgemein bekannt, daß man die Lumineszenz von Stoffen, deren einzelne Moleküle an und für sich leuchtfähig sind, meist nicht durch geringe Beimengungen von Fremdstoffen auslöschen kann. Der vorerst geschilderten Vorstellung ist also unbedingt Vorzug zu geben. Die Wirkungsweise der auslöschenden Beimengung ist als wesensgleich mit der Wirkung der ,,Killer" bei Sulfiden und anderen Luminophoren anzusehen (vgl. S. 96—97). Setzt man kleine Mengen von Verunreinigungen hinzu, so werden entweder die emissionsfähigen Atome ihrer Emissionsfähigkeit beraubt oder aber die gespeicherte Erregungsenergie wird an die wenigen verunreinigenden Atome abgeliefert und somit den emissionsfähigen Atomen entzogen. — Wir sind also auch beim Kalziumwolframat gezwungen, einen ähnlichen Mechanismus der Erregung anzunehmen wie bei den anderen bisher erwähnten Kristallphosphoren. Diese Sachlage ergibt die Berechtigung, die Wolframate und Molybdate zu der Gruppe der Kristallphosphore zu rechnen.

Ungeklärt ist noch die Frage, welche bevorzugten Punkte des Gitters es sind, die bei Wolframaten als leuchtfähige Systeme auftreten und somit die Rolle von Phosphorogenatomen übernehmen. Möglicherweise sind im leuchtfähigen Wolframat doch noch aktivierende Zusätze enthalten, die man jedoch bisher noch nicht erkannt hat. So hat z. B. SERVIGNE [1] Beobachtungen gemacht, die darauf hinzudeuten schienen, daß dem Silber die Rolle eines Aktivators im Kalziumwolframat zukommt. RIEHL und THIEME [2] konnten allerdings diese Vermutung nicht bestätigen.

---

[1] SERVIGNE: C. r. Acad. Sci., Paris Bd. 200 (1935) S. 2015—2017, Bd. 203 (1936) S. 1247—1249, Bd. 207 (1938) S. 905—907, Bd. 209 (1939) S. 210—212.
[2] RIEHL u. THIEME: Nach unveröffentlichten Versuchen.

Es ist nicht unwahrscheinlich, daß bei den Wolframaten und Molybdaten ähnliche Aktivierungsursachen vorliegen wie bei dem zusatzfreien Zinksulfid, daß hier also ein gewisser Überschuß einer der Komponenten zur Verwendung als Phosphorogen auftritt, in derselben Weise wie beim zusatzfreien Zinksulfid nach SCHLEEDE das Zink selbst als Aktivator auftreten kann.

Bemerkenswert und auch technisch wichtig sind einige Erfahrungen die man beim Zusatz von seltenen Erden und Blei zum Kalziumwolframat gemacht hat. Beim Zusatz von Samarium zu Kalziumwolframat tritt ein gut beobachtbares rotes Leuchten des Samariums (neben der blauen Fluoreszenz des Wolframats) auf. Bei Zusatz von Blei dagegen tritt keine neue Bande auf, sondern das normale blaue Leuchten des Wolframats wird nennenswert verstärkt (jedoch nur bei Erregung durch Ultraviolett). Diese Verstärkung dürfte ihre Ursache darin haben, daß durch das Blei die Absorptionsfähigkeit des Wolframats für Ultraviolett verbreitert oder vertieft wird. Der Einfluß des Bleis wäre also demnach nicht eine Verstärkung der Fluoreszenz als solcher, sondern eine Verstärkung der erregenden Absorption. Dem Blei käme also die Rolle eines Sensibilisators zu. Bemerkenswerterweise tritt bei gleichzeitigem Zusatz von Blei und Samarium eine gegenseitige Verstärkung des Leuchtens auf. Insbesondere das Samariumleuchten wird durch Anwesenheit von Blei sehr auffallend verstärkt. Man hat es hier also mit einem typischen Fall sensibilisierter Lumineszenz zu tun (vgl. Kapitel „Sensibilisierte Lumineszenz").

4. Erdalkalisulfide und Oxyde (LENARD-Phosphore).

Die Erdalkalisulfide stellen die am längsten bekannte Gruppe von Phosphoren dar. Sie werden meist als LENARD-Phosphore bezeichnet, da sie das Hauptobjekt der präparativen und physikalischen Arbeiten LENARDs über die Phosphoreszenz bildeten. Die über die Erdalkalisulfide und Oxyde erschienene Literatur ist — im Gegensatz zu den anderen Kristallphosphoren — außerordentlich umfangreich[1]. Es sind auch schon mehrere gründliche zusammenfassende Darstellungen hierüber erschienen. Die Beschreibung der LENARD-Phosphore kann daher hier auf eine kurze Übersicht beschränkt, und wegen aller Einzelheiten auf die erwähnten zusammenfassenden Darstellungen verwiesen werden. Eine besondere Berechtigung hierzu gibt die Tatsache, daß in den letzten Jahren die Erdalkaliphosphore etwas an Interesse verloren haben, und zwar erstens deswegen, weil ihre technische Bedeutung im Gegensatz zu den anderen Kristallphosphoren sich als gering erwiesen hat, und zweitens deswegen, weil die Erdalkalisulfide wegen ihres komplizierten,

---

[1] Vgl. insbesondere P. LENARD, F. SCHMIDT und R. TOMASCHEK: Handbuch der Experimentalphysik, Bd. 23 (1928), ferner Aufsatz von R. TOMASCHEK: Handbuch der Arbeitsmethoden in der anorganischen Chemie, Bd. 4 (1926) und L. VANINO: Die Leuchtfarben, Stuttgart 1935.

unübersichtlichen Aufbaues auch für rein wissenschaftliche Untersuchungen im heutigen Stadium der Lumineszenzforschung nicht besonders geeignet sind. Hieran liegt es, daß die meisten wesentlichen Erkenntnisse über Kristallphosphore in den letzten Jahren nicht an den klassischen Erdalkalisulfiden, sondern an Zinksulfiden, Silikaten u. dgl. gefunden wurden, da diese einerseits einen übersichtlicheren Aufbau, andererseits eine größere technische Bedeutung besitzen.

Charakteristisch für die Erdalkaliphosphore, insbesondere die Sulfide, ist der durch präparative Umstände bedingte chemische Aufbau dieser Stoffe. Bei den phosphoreszenzfähigen Erdalkalisulfiden hat man es fast nie mit reinen Sulfiden zu tun, sondern mit einem in seiner Struktur noch nicht geklärten Konglomerat von Sulfid, Sulfat, zugesetztem Schmelzmittel usw. Wegen der Wasserempfindlichkeit der Erdalkalisulfide läßt sich das bei der Präparation hergestellte Schmelzmittel nicht auswaschen und verbleibt daher im Präparat. Der Sulfatgehalt ist meist ebenfalls durch präparative Umstände bedingt. Stellt man beispielsweise Kalziumsulfid nach der Methode von LENARD und KLATT durch Glühen von Oxyd mit Schwefel dar, so verläuft die Reaktion nach der Gleichung

$$4\,CaO + 4\,S = 3\,CaS + CaSO_4,$$

so daß man es im fertigen Präparat mit einem beträchtlichen Sulfatgehalt zu tun hat. Die Bedingungen liegen jedoch nicht etwa so, daß das Sulfat eine grundsätzliche Bedingung für die Phosphoreszenzfähigkeit der Erdalkalisulfidphosphore darstellt. TIEDE und RICHTER[1] gelang es, auch phosphoreszenzfähige Phosphore herzustellen, die fast nur aus Sulfid bestanden. Hierzu leiteten sie über die Sulfate oder Oxyde der betreffenden Erdalkalimetalle bei hoher Temperatur Schwefelkohlenstoff, der einem indifferenten Gasstrom (Stickstoff oder Edelgas) zugemischt war. Das Schmelzmittel und das Phosphorogen waren bereits vorher zugesetzt. Sie erhielten so lumineszenzfähige Präparate, die z. B. bis 96% Kalziumsulfid enthielten.

Im Gegensatz zum Zink- bzw. Zinkkadmiumsulfid sind die Erdalkalisulfide und Oxyde nur dann leuchtfähig, wenn sie einen als Phosphorogen wirkenden Fremdmetallzusatz enthalten. Zumindest lassen sich die phosphorogenfreien Erdalkalisulfide nicht durch Ultraviolett erregen. Durch Kathodenstrahlen lassen sich allerdings auch die phosphorogenfreien Präparate zum Leuchten bringen, sie zeigen hierbei jedoch keine Phosphoreszenz.

Als Phosphorogenmetall ist besonders wichtig Wismut, Kupfer, Blei und Mangan, daneben auch Silber, Eisen, Nickel, Kobalt, Zink und Zinn. Auch mehrere seltene Erden (insbesondere das Samarium, aber auch Praseodym, Neodym, Gadolinium und Ytterbium) ergeben in Erdalkaliphosphoren leuchtfähige Präparate. Allerdings dürften die mit seltenen Erden aktivierten Erdalkaliphosphore nicht zu den Kristallphosphoren

---

[1] TIEDE u. RICHTER: Chem. Ber. Bd. 55 (1922) S. 69.

zu rechnen sein. Die Menge an Phosphorogen, mit der man leuchtfähige Erdalkaliphosphore erhält, ist überaus gering. Schon bei einem Gehalt von 10^{-5} ($^1/_{1000}$%) tritt bei manchen Erdalkaliphosphoren Lumineszenzfähigkeit auf. Die besten Präparate erhält man meist bei einem Phosphorogengehalt von rund $^1/_{100}$ bis zu $^1/_{10}$%. Die Dauer des Nachleuchtens ist bei geringerem Phosphorogengehalt größer als bei größerem Gehalt (vgl. Abb. 24 in Kap. V, 2).

Typisch für die Erdalkalisulfide ist ihre verhältnismäßig große Empfindlichkeit gegenüber chemischen Einflüssen, so insbesondere gegenüber Wasser, sowie ihre Verfärbbarkeit durch Licht[1] und durch Mörsern[2].

Ebenso wie bei den Zink- und Zinkkadmiumphosphoren bedarf es bei der Herstellung gut lumineszierender Erdalkaliphosphore einer weitgehenden Fernhaltung von Verunreinigungen, insbesondere von Schwermetallen.

Von den bekanntesten Erdalkalisulfidphosphoren sind erstens das CaSBi zu erwähnen, das im Handel unter der Bezeichnung „Balmainsche Farbe" erhältlich ist, sowie das SrSBi. Das blaugrünleuchtende SrSBi gibt von allen bisher bekannten Phosphoren die größte aufspeicherbare Lichtsumme. Auch seine Nachleuchtdauer ist sehr groß. Ein voll erregtes Präparat gibt noch nach Tagen eine leicht mit dem Auge feststellbare Nachleuchthelligkeit.

In Tabelle 10 sind die wichtigsten Erdalkalisulfid- und Oxydphosphore mit den dazu gehörigen, als Phosphorogen wirksamen Metallzusätzen zusammengestellt. Auch Selenide und Telluride der Erdalkalien ergeben lumineszenzfähige Präparate.

Tabelle 10.
Übersicht über die lumineszenzfähigen Erdalkalisulfide bzw. Oxyde und die in ihnen wirksamen Phosphorogenmetalle.

Grundmaterial	Wirksames Metall																	
	Cr	Mn	Fe	Co	Ni	Cu	Zn	Ag	Sn	Sb	Pr	Nd	Sm	Gd	Tb	Pb	Bi	U
CaS . . .	−	+	+	−	+	+	+	+	+	+	+	+	+	−	+	+	+	−
SrS . . .	−	+	+	−	+	+	+	+	−	+	+	+	+	−	+	+	+	−
BaS . . .	−	−	−	−	−	+	−	−	−	−	−	−	+	−	−	+	+	−
MgS . . .	−	+	−	−	−	+	−	+	−	+	+	−	+	+	−	+	+	−
BeS . . .	−	−	−	−	−	−	−	−	−	+	−	−	−	−	−	−	+	−
CaO . . .	−	+	+	−	−	+	+	+	−	−	+	+	+	+	+	+	+	−
SrO . . .	−	+	−	−	−	+	−	−	−	−	+	+	+	−	+	+	+	−
BaO . . .	−	−	−	−	−	+	−	−	−	−	−	−	+	−	−	+	+	−
MgO . . .	+	−	−	−	−	−	−	−	−	−	−	−	+	−	−	−	−	−
BeO . . .	−	−	−	−	−	−	−	−	−	−	−	−	+	−	−	−	−	−

+ Bedeutet Leuchtfähigkeit.
− Kein Leuchten bzw. bei bisherigen Untersuchungen keines gefunden.

---

[1] Vgl. hierzu z. B. S. Rothschild: Z. phys. Chem. Abt. A Bd. 172 (1935) S. 188.
[2] Vgl. hierzu Kapitel „Druckzerstörung und Druckverfärbung".

Erwähnenswert sind die Kalziumoxydphosphore, die mit Mn, Fe, Cu, Zn, Ag oder Bi aktiviert sind und ein im Ultraviolett liegendes Fluoreszenzspektrum[1] ergeben, das bis unter 270 mµ hinabreicht (z. B. bei CaOFe).

ROTHSCHILD[2] beobachtete die Bildung von Erdalkalisulfidphosphoren mit Kadmiumsulfidzusatz, wobei das Kadmiumsulfid nicht etwa als Phosphorogen wirksam war, sondern sich durch Verschiebung der Emission des Phosphors nach langen Wellen bemerkbar machte. Der Zusatz von CdS zum Phosphor kann mehrere Prozent betragen. Der Effekt wurde sowohl an CaSCu als auch an CaSBi beobachtet. Auch bei Zusatz von ZnS ergab sich ein ähnlicher Effekt.

Wegen der Möglichkeit, für die Spektra der Erdalkaliphosphore Seriengesetze aufzustellen, sei auf die Arbeiten von F. SCHMIDT verwiesen[3].

5. Sonstige anorganische Lumineszenzstoffe.

Außer den oben besprochenen Luminophoren existieren noch mehrere weitere anorganische lumineszenzfähige Stoffgruppen. Wenn auch diese im allgemeinen nicht zu den „Kristallphosphoren" zu rechnen sind, so finden sich bei ihnen dennoch viele der in diesem Buch besprochenen physikalischen Phänomene. Überdies ist es durchaus noch nicht in allen Fällen endgültig klargestellt, ob ein bestimmter Stoff zu den Kristallphosphoren zu rechnen ist oder nicht. Bei einzelnen Stoffen wird man erst auf Grund näheren Studiums der Erregungsvorgänge die Zuordnung treffen können. Es ist daher zweckmäßig, die Grenze zwischen den Kristallphosphoren und den übrigen lumineszenzfähigen anorganischen Substanzen nicht allzu voreilig zu ziehen, um nicht durch voreingenommene Einstellung die Forschung in falsche Bahnen zu lenken. Aus all den Gründen erscheint es notwendig, im Rahmen dieses, hauptsächlich „Kristallphosphore" behandelnden Buches auch eine kurze Übersicht über die sonstigen anorganischen Luminophore zu geben. Technische Bedeutung haben diese Stoffe bisher noch nicht erlangt, doch war das Studium ihrer physikalischen Eigenschaften zum Teil sehr aufschlußreich.

a) Halogenidphosphore. Das am längsten bekannte lumineszenzfähige Halogenid ist das Kalziumfluorid (Flußspat, Fluorit). Den an diesem Stoff beobachteten Leuchterscheinungen verdankt das Wort „Fluoreszenz" seine Entstehung. Als Aktivatoren sind beim Kalziumfluorid vor allem die seltenen Erden wirksam, daneben aber auch Schwermetalle und bituminöse Verunreinigungen. Bei vielen Flußspat-Mineralexemplaren dürften die Leuchtzentren durch Einwirkung von γ-Strahlen entstanden sein. Die Farbe des Leuchtens ist meist hell-

---

[1] SCHELLENBERG, O.: Ann. Phys., Lpz. (5) Bd. 11 (1931) S. 94.
[2] ROTHSCHILD: Z. Phys. Bd. 108 (1937) S. 36.
[3] SCHMIDT, F.: Ann. Phys., Lpz. Bd. 64 (1921) S. 713; Bd. 74 (1924) S. 362; Bd. 83 (1927) S. 213; Bd. 12 (1932) S. 211.

grün bis blau, es kommen jedoch auch violett leuchtende Varietäten vor. Die sehr zahlreichen Untersuchungen über die Fluoreszenz des Kalziumfluorids beziehen sich sowohl auf künstlich hergestellte Präparate als auch auf die sehr verbreiteten natürlich vorkommenden leuchtfähigen Flußspate. Der leuchtfähige Flußspat findet sich vielfach auch in Form gut gewachsener großer Kristalle. Erregbar ist das Kalziumfluorid sowohl durch langwelliges und kurzwelliges Ultraviolett als auch durch Röntgen- und Kathodenstrahlen. Wegen der Einzelheiten sei auf die sehr zahlreiche Literatur verwiesen[1].

Von ganz besonderem Interesse sind die Halogenide der Alkalien, an denen hauptsächlich POHL, HILSCH und ihre Mitarbeiter eine Reihe sehr aufschlußreicher Untersuchungen durchgeführt haben. Das besonders Interessante an den Alkalihalogeniden ist der Umstand, daß man sie in Form großer klarer Kristalle gewinnen kann, so daß an dieser Substanzgruppe sehr saubere Messungen der Absorption möglich sind (im Gegensatz zu den sonstigen Lumineszenzstoffen, die fast alle nur in Pulverform erhalten werden können, so daß die für die Theorie so überaus wichtigen Messungen der Absorption mit großen Schwierigkeiten verbunden und daher lange Zeit vernachlässigt worden sind). Eine besondere Methode zur Herstellung von Alkalihalogenideinkristallen hat S. KYROPOULOS beschrieben[2].

Wegen der physikalischen Eigenschaften der Alkalihalogenide sei in erster Linie auf die eingehenden grundlegenden Untersuchungen von POHL, HILSCH und ihren Mitarbeitern verwiesen[3]. Hier sei nur kurz auf das Wesentliche dieses Erscheinungsgebietes hingewiesen. Die Lumineszenzerscheinungen treten nicht an jedem beliebigen Steinsalz oder KCl auf, vielmehr nur an solchen Präparaten, bei denen durch entsprechende Vorbehandlung neue, dem normalen NaCl oder KCl nicht eigene Absorptionsbanden erzeugt worden sind. Diese Absorptionsbanden können einmal durch Bestrahlen mit Röntgen- oder Kathodenstrahlen

---

[1] Insbesondere K. PRZIBRAM u. Mitarbeiter: Wiener Berichte, zahlreiche Veröffentlichungen.

[2] KYROPOULOS, S.: Z. anorg. u. allg. Chem. Bd. 154 (1926) S. 308.

[3] POHL u. HILSCH: Z. Phys. Bd. 44 (1927) S. 860. — FORRO, M.: Z. Phys. Bd. 56 (1929) S. 235. — HILSCH, R. u. R. W. POHL: Z. Phys. Bd. 57 (1929) S. 145, Bd. 59 (1930) S. 812. — LORENZ, H.: Z. Phys. Bd. 46 (1928) S. 556. — SMAKULA, A.: Z. Phys. Bd. 45 (1927) S. 1. — HILSCH: Phys. Z. Bd. 38 (1937) S. 1031. — Verwiesen sei auch auf die Untersuchungen von K. PRZIBRAM und seinen Mitarbeitern (zahlreiche Veröffentlichungen in den Wiener Berichten), sowie auf die hauptsächlich den lichtelektrischen Effekt betreffenden älteren Arbeiten von GUDDEN und POHL: Z. Phys. Bd. 1 (1920) S. 365, Bd. 2 (1920) S. 192, Bd. 3 (1920) S. 98, 101; Bd. 4 (1921) S. 206, Bd. 16 (1923) S. 42, 170, Bd. 21 (1923) S. 1, Bd. 31 (1926) S. 881, Bd. 5 (1926) S. 176, Bd. 31 (1925) S. 651, Bd. 3 9 (1926) S. 636. — BÜNGER, W.: Z. Phys. Bd. 66 (1930) S. 314. — HILSCH, R.: Proc. phys. Soc., Lond. Bd. 49 (1937) S. 40. — HONRATH, W.: Verh. dtsch. phys. Ges. (3) Bd. 18 (1937) S. 8; Ann. Phys., Lpz. (5) Bd. 29 (1937) S. 421. — POHL, R. W.: Acta phys. polon Bd. 5 (1936) S. 349. — Schließlich sei auf den zusammenfassenden Bericht von R. W. POHL in Phys. Z. Jg. 1938 aufmerksam gemacht.

hervorgerufen werden (Färbung erster Art). Außerdem können Absorptionsbanden durch Einbau kleiner Mengen von Schwermetallen erzeugt werden (Färbung zweiter Art). Beim Einbau von Schwermetallen tritt Lumineszenz auf. Als Aktivatoren eignen sich insbesondere Tallium, Blei, Zinn sowie Kupfer, Silber, Mangan und auch seltene Erden. Eine weitere Möglichkeit der Aktivierung von Alkalihalogeniden besteht in der Erzeugung eines stöchiometrischen Überschusses des Kations. Diesen Überschuß kann man beispielsweise dadurch erzeugen, daß der Kristall in Alkalimetalldämpfen erhitzt wird. Wir haben es hier also mit einem ähnlichen Fall zu tun wie bei der Lumineszenz des phosphorogenfreien Zinksulfides, bei dem ein Überschuß des eigenen Kations aktivierend wirkt (vgl. Kap. IV, 1).

Sehr aufschlußreich waren die Untersuchungen von Fromherz und seinen Mitarbeitern[1], die insbesondere die durch Einbau von Schwermetallen entstehenden Absorptionsbanden und die Ursache für das Auftreten dieser Banden studierten. Die Tatsache, daß die im allgemeinen stark deformierenden Schwermetallionen große Neigung zur Bildung komplexer Halogenverbindungen besitzen, veranlaßte Fromherz zu der Vermutung, daß ähnlich wie bei der unter Komplexbildung verlaufenden Auflösung vieler Schwermetallhalogenide in konzentrierten Alkalihalogenidlösungen auch in den kristallinen Alkalihalogenidphosphoren das Schwermetall in Form gesättigter Komplexverbindungen vorliegt. Den Nachweis solcher koordinativ gesättigter Komplexe im kristallinen schwermetallhaltigen Alkalihalogenid erbrachte Fromherz durch Vergleich der Ultraviolettabsorption des kristallinen schwermetallhaltigen Halogenids einerseits mit der Ultraviolettabsorption der entsprechenden wäßrigen Lösung andererseits. Fromherz konnte zeigen, daß die wäßrigen Lösungen von Alkalihalogeniden mit geringem Zusatz des entsprechenden Halogenides eines Schwermetalles charakteristische Absorptionsbanden im langwelligen Ultraviolett aufweisen, welche bestimmten Schwermetallkomplexen von der allgemeinen Form $(MeHal_x)$ zuzuordnen sind. Diese Absorptionsbanden stimmen hinsichtlich ihrer spektralen Lage und ihrer Form mit den von Hilsch und Pohl gemessenen Absorptionsbanden der entsprechenden einkristallinen Halogenidphosphore überein. Die Übereinstimmung im Absorptionsbandensystem von wäßriger Lösung und kristallinem Leuchtstoff zeigte sich für alle von Pohl und seinen Mitarbeitern untersuchten Alkalihalogenidleuchtstoffe. Somit ist sichergestellt, daß die für die Erscheinungsformen der Absorption und Emission verantwortlichen Leuchtzentren in den bisher untersuchten Alkalihalogenidleuchtstoffen den aus einem Schwermetall als Zentralion und mehreren in „innerer Sphäre" gebundenen Halogenionen bestehenden Komplexen ähnlich sind. Freilich ist damit die Frage der Unterbringung dieser Komplexionen im Grundgitter noch

---

[1] Fromherz, H.: Z. Phys. Bd. 68 (1931) S. 233. — Fromherz, H. u. Kun-Hou-Lih: Z. phys. Chem. Abt. A Bd. 153 (1929) S. 321. — Fromherz, H. u. W. Menschick: Z. phys. Chem. Abt. B Bd. 3 (1929) S. 1.

offen. Von kristallographischen Betrachtungen ausgehend nimmt SEIFERT[1] einen Einbau der Komplexionen nach der Art der Bildung anomaler Mischkristalle an. Verwiesen sei in diesem Zusammenhang auch auf die interessante Untersuchung von H. KÄDING[2], der den komplexartigen Einbau von Blei in Alkalihalogenidkristalle mittels des radioaktiven Bleiisotops Thor B studierte. — Wenn auch der nähere Absorptions- und Emissionsmechanismus bei den Alkalihalogenidphosphoren offen ist, so bieten doch diese Leuchtstoffe dank ihrer besonderen Einfachheit in optischer Hinsicht ein besonders günstiges Objekt für die Untersuchung der Erregungs- und Leuchtvorgänge. In jüngster Zeit führte J. RUDOLPH[3] eine sehr eingehende und interessante Untersuchung über die Absorption und Emission von einkristallinen zinnhaltigen Kaliumhalogenidphosphoren durch. Er verglich die Absorptionsverteilung mit der spektralen Erregungsverteilung und fand zwischen beiden eine gute Übereinstimmung in der Form und in der Lage der Banden. Er bestimmte ferner die spektrale Erregungsverteilung für eine Reihe weiterer pulverförmiger Halogenidleuchtstoffe und zwar für einige mit Sn aktivierte Halogenide des Li˙, Na˙, Rb˙, Cs˙, NH$_4$˙ und Ca˙˙. Die spektrale Erregungsverteilung ist für alle Stoffe hinsichtlich ihrer Form ähnlich, nur ihre Lage im Spektrum ist von der Art des Grundstoffes abhängig. Variiert man bei den Halogeniden die Art des Anions und ersetzt man das Chlor durch Brom bzw. durch Jod, so verschiebt sich die Erregungsverteilung nach langen Wellen. Variiert man dagegen das Kation, indem man Li˙ durch Na˙ bzw. K˙ ersetzt, so tritt eine kleine Verschiebung nach kurzen Wellen auf. Die Untersuchung zeigt ferner, daß das Absorptionsspektrum der geringe Mengen Sn˙˙ enthaltenen, höchstkonzentrierten Alkalihalogenidlösungen im wesentlichen den gleichen Aufbau wie die Erregungsverteilung der entsprechenden Leuchtstoffe besitzt. Da die Absorption der Lösungen durch komplexe Sn-Halogenionen der Art (SnHal$_4$)'' verursacht wird, ist auch der Bau der Leuchtzentren in den Sn-haltigen, kristallinen Leuchtstoffen im Sinne dieser koordinativ gesättigten Komplexverbindungen anzunehmen. Aus der Größe des Extinktionskoeffizienten der wäßrigen Lösungen im Vergleich mit der Extinktion der festen Stoffe wird die Zahl der Leuchtzentren im Leuchtstoffkristall bestimmt. Der Sn-Gehalt ergibt sich zu 10^{-5} Mol.

Durch die erwähnten Untersuchungen kann also die Art des kristallchemischen Einbaues der phosphorogenartigen Schwermetallzusätze in Alkalihalogenide als grundsätzlich geklärt gelten[4].

---

[1] SEIFERT: Fortschr. Mineral. Kristall. u. Petrogr. Bd. 22 (1937) Nr. 3 S. 375.

[2] KÄDING, H.: Z. phys. Chem. (A) Bd. 162 (1932) S. 174.

[3] RUDOLPH, J.: Diss. Berlin 1939.

[4] Vgl. hierzu die in jüngster Zeit erschienene Arbeit von P. PRINGSHEIM und H. VOGELS [Physica Bd. 7 (1940) S. 225] über die Fluoreszenz von Schwermetallkomplexen in wäßriger Lösung.

Zu den Halogenidluminophoren gehören auch die von A. KUTZELNIGG[1] entdeckten sog. Schichtengitterluminophore. Ausgehend von der Vorstellung, daß Stoffe mit Schichtengitterstruktur eine besondere Veranlagung zur Bildung von Luminophoren haben müssen, fand KUTZELNIGG, daß zahlreiche Halogenide mit Schichtengitterstruktur bei Zusatz bestimmter Metalle intensive Lumineszenz ergeben. Es sind hierbei insbesondere die Jodide, Bromide und Chloride des Kadmiums mit Mangan, Blei, Quecksilber als Aktivatoren sowie auch Zinkjodide und Chloride und Kalziumjodid, ebenfalls mit Mangan als Aktivator, zu erwähnen. Außer den genannten Stoffen hat KUTZELNIGG auch noch zahlreiche andere Substanzen mit Schichtengitterstruktur bei Anwesenheit geeigneter Zusätze als lumineszenzfähig befunden. Nachleuchten tritt bei den bisher untersuchten KUTZELNIGG-Phosphoren nicht auf. Wie weit es bei diesen Luminophoren allein auf die Schichtengitterstruktur ankommt und wie weit zwischen ihnen und den durch Komplexbildung mit Schwermetallen zustande gekommenen sonstigen Halogeniden eine Verwandtschaft besteht, bedarf wohl noch einer näheren Untersuchung. KUTZELNIGG weist auf Argumente hin, die gegen Beteiligung der Komplexbildung am Zustandekommen der von ihm gefundenen Lumineszenzstoffe sprechen. Da jedoch einzelne Stoffe mit Schichtengitterstruktur wie z. B. das Eisenchlorid keinerlei Lumineszenz zeigen, so ist es denkbar, daß die Lumineszenzfähigkeit aller leuchtfähigen Halogenide einschließlich der KUTZELNIGGschen doch noch auf einer gemeinsamen Ursache beruht.

b) Nitride. Der von E. TIEDE und H. TOMASCHEK[2] entdeckte lumineszenzfähige Borstickstoff stellt einen sehr interessanten Leuchtstoff dar. Besonders bemerkenswert ist dabei, daß beim Borstickstoff kein Metall, sondern Kohlenstoff als Phosphorogen wirksam ist. Auffallend ist bei diesem Leuchtstoff seine gute Erregbarkeit durch Kathodenstrahlen. Das Emissionsspektrum ist charakterisiert durch mehrere breite Banden, die zusammen über das ganze sichtbare Spektrum reichen. Jede der Banden zeigt in sich noch eine Struktur. Die Ausbildung der einen oder anderen Bande ist stark vom Kohlenstoffgehalt abhängig. Großer Kohlenstoffgehalt ergibt gelbes Leuchten, während bei geringem Gehalt die blaue Bande überwiegt. Das Nachleuchten ist nur kurz; seine Dauer übersteigt nicht einige wenige Minuten. Bei Erregung mit Kathodenstrahlen leuchtet Borstickstoff weißlich.

Hervorzuheben ist, daß Kohlenstoff auch beim Siliziumsulfid als Phosphorogen wirkt und ein Bandenspektrum ergibt, das dem des Borstickstoffes ähnlich ist.

---

[1] KUTZELNIGG, A.: Angew. Chem. Bd. 49 (1936) S. 267, Bd. 50 (1937) S. 366.

[2] TIEDE, E. u. H. TOMASCHEK: Z. Elektrochem. Bd. 29 (1923) S. 303; Z. anorg. u. allg. Chem. Bd. 147 (1925) S. 111.

Neben dem Borstickstoff hat sich auch das Berylliumnitrid als lumineszenzfähig erwiesen, und zwar kann dieses sowohl mit Kohlenstoff als auch mit Silizium aktiviert werden. SHUNICHI SATOH hat festgestellt, daß die Aktivierung des Berylliumnitrids auch durch Aluminium erfolgen kann[1].

c) Borsäurephosphore. Eine sehr interessante, von TIEDE entdeckte Sondergruppe der Phosphore sind die Borsäurephosphore[2]. Als Grundmaterial dient bei diesen teilweise entwässerte Borsäure mit einer Zusammensetzung, die zwischen $B(OH)_3$ und B_2O_3 liegt; in dieses Grundmaterial werden Spuren organischer Verbindungen wie z. B. Fluoreszein, Phenolphthalein, Terephthalsäure usw. eingebettet. Die Borsäurephosphore zeichnen sich durch ein sehr intensives Nachleuchten unmittelbar nach Abschaltung der Erregung aus, jedoch zeigen sie auffallenderweise meist keine Aufspeicherung von Lichtsummen bei tiefen Temperaturen. Sie unterscheiden sich hierdurch also grundsätzlich von den Kristallphosphoren, LENARD-Phosphoren und ähnlichen Lumineszenzstoffen. Durch Kathoden- und Röntgenstrahlen werden Borsäurephosphore überhaupt nicht erregt. Diese und andere Eigenschaften der Borsäurephosphore sowie ihre chemische Struktur legen den Gedanken nahe, daß man sie überhaupt nicht zu den anorganischen Lumineszenzstoffen rechnen sollte, sondern, daß sie eine besondere Form der organischen Luminophore bilden, indem bei ihnen — ähnlich wie bei den WIEDEMANN-Phosphoren — die organischen Moleküle durch feine Verteilung in der Borsäuremasse in einen nachleuchtfähigen Zustand versetzt werden.

Eine gewisse Verwandtschaft mit den Borsäurephosphoren haben auch die von TRAVNIČEK[3] entdeckten „Zementphosphore", die durch Einlagerung organischer Stoffe in wasserhaltigen anorganischen Grundmaterialien entstehen. Unter Zement versteht man bekanntlich durch Brennen geeigneter Ausgangsstoffe und darauf folgende Mahlung erhaltene Produkte, welche die Fähigkeit besitzen, bei Wasserzusatz oder unter anderen ähnlichen Einflüssen zu erhärten. TRAVNIČEK verwendete hierbei Mörtel aus MgO, ZnO und BeO mit Lösungen der Chloride, Nitrate oder Sulfate dieser Basen. Eingebaut wurden die bekannten fluoreszenzfähigen organischen Verbindungen. Wohlgemerkt zeigen die Zementphosphore ebenso wie Borsäure- und WIEDEMANN-Phosphore eine sehr ausgesprochene Nachleuchtfähigkeit.

Hingewiesen sei auch noch auf die Phosphoreszenzfähigkeit der zu derselben Gruppe gehörenden, von TRAVNIČEK gefundenen Phosphore

---

[1] SATOH, SHUNICHI: Bull. Inst. phys. chem. Res., Tokio Bd. 14 (1935) S. 920.; Sci. Pap. Inst. phys. chem. Res., Tokio Bd. 29 (1936) S. 41.

[2] TIEDE, E. u. F. BÜSCHER: Chem. Ber. Bd. 53 (1920) S. 2206. — TIEDE, E. u. R. TOMASCHEK: Ann. Phys., Lpz. Bd. 67 (1922) S. 612. — TIEDE, E. u. P. WULFF: Chem. Ber. Bd. 55 (1922) S. 588.

[3] TRAVNIČEK: Ann. Phys., Lpz. (5) Bd. 17 (1933) S. 654.

aus Aluminiumsulfathydrat als Grundmaterial mit leuchtfähigen organischen Verbindungen als Zusatz. An Stelle des Aluminiums konnte TRAVNIČEK auch mit Beryllium, Zirkonium, Thorium und statt der Schwefelsäure auch mit Selensäure hochaktive Phosphore herstellen.

d) **Gläser.** Es gibt überaus zahlreiche Arten von Gläsern, die mehr oder weniger fluoreszenzfähig sind. Am bekanntesten sind die Urangläser, doch auch seltene Erden vermögen dem Glas Lumineszenzfähigkeit zu verleihen[1]. Wirksam sind ferner auch die sonst als Phosphorogene üblichen Schwermetalle[2]. So sind Kupfer, Mangan und andere Metalle wirksam. Zur Erzeugung eines guten Nutzeffektes des Leuchtens ist weitestgehende Fernhaltung von Verunreinigungen durch Eisen erforderlich. Die Technik der Präparation lumineszenzfähiger Gläser hat in letzter Zeit besonders durch die Arbeiten von H. FISCHER[3] beträchtliche Fortschritte gemacht, so daß sogar eine technische Anwendung lumineszierender Gläser möglich geworden ist, und zwar insbesondere für die Herstellung fluoreszierender Gasentladungsröhren für Zwecke der Lichttechnik.

Von der theoretisch-wissenschaftlichen Seite sind in den letzten Jahren die fluoreszierenden Gläser von M. CURIE[4], WEYL (s. weiter unten) u. a.[5] untersucht worden.

e) **Mit seltenen Erden aktivierte Luminophore.** Die seltenen Erden vermögen bei verschiedensten Grundmaterialien aktivierend zu wirken. Sie werden im vorangehenden und im folgenden öfter als Aktivatoren erwähnt. Dennoch ist es berechtigt, die seltenen Erden einmal besonders hervorzuheben, da die mit ihnen aktivierten Luminophore besondere Eigenheiten aufweisen, die sie von den anderen Lumineszenzstoffen, insbesondere auch von den Kristallphosphoren, unterschiedlich machen. Die mit seltenen Erden aktivierten Phosphore sind nicht zu den Kristallphosphoren zu rechnen, auch dann nicht, wenn sie etwa in Erdalkalisulfid eingebaut sind, d. h. in das gleiche Grundmaterial, das mit einem anderen Aktivator einen Kristallphosphor ergibt. Während bei den typischen Kristallphosphoren die Lumineszenzfähigkeit erst durch ganzheitliches Zusammenwirken von Phosphorogen und Grundmaterial zustande kommt, sind seltene Erden vielfach auch an und für sich schon lumineszenzfähig, z. B. in Form von reinen Salzen oder wäßrigen Lösungen. Auch noch in einer anderen Hinsicht nehmen die seltenen Erden eine Sonderstellung ein. Infolge der besonders isolierten Lage ihrer Leuchtelektronen ergeben die seltenen Erden ein Lumineszenz-

---

[1] Vgl. z. B. DEUTSCHBEIN: Z. Phys. Bd. 102 (1936) S. 777.

[2] SCHLÖMER, A.: J. prakt. Chem. Bd. 137 (1933) S. 40.

[3] FISCHER, H.: Vgl. z. B. Z. techn. Phys. Bd. 17 (1936) S. 337.

[4] CURIE, M.: C. r. Acad. Sci., Paris Bd. 203 (1936) S. 996; J. Chim. physique Bd. 35 (1938) S. 143.

[5] Zum Beispiel P. GILLARD, L. DU BRUL u. D. CREPSIN: Verre Silicates Ind. Bd. 9 (1938) S. 253.

spektrum, das im Gegensatz zu anderen Luminophoren keine Banden-struktur, sondern eine Linienstruktur aufweist. Der linienhafte Auf-bau der Emission der seltenen Erdphosphore macht diese für physi-kalische Untersuchungen besonders wertvoll. Während bei den sonstigen Phosphoren exakte Aussagen über Termschemen u. dgl. infolge der ver-waschenen bandenförmigen Spektren sehr schwierig sind, sind derartige Probleme bei den seltenen Erden viel leichter zu untersuchen. Der linienhafte Charakter der Emission erlaubt es insbesondere auch, aus den Veränderungen an einer bestimmten Linie auf die Wechselwirkungen zwischen dem seltenen Erdatom und den ihn umgebenden Atomen des Grundmaterials zu schließen. Das Gebiet der seltenen Erdphosphore ist in den letzten 10 Jahren durch eine Anzahl ausgezeichneter Unter-suchungen von TOMASCHEK und seinen Mitarbeitern intensiv bearbeitet worden[1]. TOMASCHEK hat im Laufe seiner Untersuchungen sich ins-besondere auch der Aufgabe zugewandt, aus der Beeinflussung der Emissionslinien der seltenen Erden durch das Grundmaterial Rück-schlüsse auf die Art der Wechselwirkung zwischen Grundmaterialatomen und dem Atom der seltenen Erde zu ziehen bzw. auf die Art, in der das seltene Erdatom innerhalb der Grundsubstanzatome gelagert ist[2]. Ins-besondere ist es auch nach TOMASCHEK möglich, durch Studium der Fluoreszenzspektra von in Gläsern eingebauten seltenen Erden Aus-sagen bezüglich der Struktur der betreffenden Gläser zu machen. Es handelt sich bei dieser Forschungsrichtung um eine weitere Verfeinerung der von WEIDERT begonnenen Untersuchungen über die *Absorptions*-spektren von seltenen — erdhaltigen Gläsern als Kriterium für die Natur und Struktur dieser Gläser[3]. Aus der Beeinflussung der Absorptions-linien z. B. des Neodyms durch das Grundglas können Aussagen über die Struktur dieses Grundglases gemacht werden.

Hervorzuheben sind auch die Arbeiten von HABERLANDT über die Fluoreszenz von seltenen Erden in Mineralien[4]. Hingewiesen sei ferner

---

[1] TOMASCHEK, R.: Z. Elektrochem. 1930 Heft 9 S. 737. — DEUTSCH-BEIN, O.: Ann. Phys., Lpz. (5) Bd. 14 (1932) S. 712; Z. Phys. Bd. 77 (1932) S. 489, Bd. 102 (1936) S. 772. — DEUTSCHBEIN, O. u. R. TOMASCHEK: Ann. Phys., Lpz. (5) Bd. 29 (1937) S. 311. — GOBRECHT, H.: Ann. Phys., Lpz. (5) Bd. 31 (1938) S. 600, 181, 755. — LANGE, H.: Ann. Phys., Lpz. (5) Bd. 32 (1938) S. 361. — TOMASCHEK, R.: Nature, Lond. Bd. 130 (1932) S. 740. — TOMASCHEK, R. u. O. DEUTSCHBEIN: Phys. Z. Bd. 34 (1933) S. 374. Z. Phys. Bd. 82 (1933) S. 309; Ann. Phys., Lpz. Bd. 84 (1927) S. 329, 1047, (5) Bd. 16 (1933) S. 930. — TOMASCHEK, R. u. E. MEHNERT: Ann. Phys., Lpz. (5) Bd. 29 (1937) S. 306. — PRINGSHEIM u. SCHLIVITCH: Z. Phys., Bd. 61 (1930) S. 297.

[2] TOMASCHEK, R.: Trans. Faraday Soc., Luminescenz-Tagungsheft 1938. — TOMASCHEK, R. u. O. DEUTSCHBEIN: Glastechn. Ber. Bd. 16 (1938) S. 155.

[3] WEIDERT, F.: Z. wiss. Photogr. Bd. 21 (1922) S. 254. — ROSEN-BAUER, K. u. F. WEIDERT: Glastechn. Ber. Bd. 16 (1938) S. 51. — WEI-DERT, F. u. K. ROSENBAUER: Angew. Chem. Bd. 40 (1936) S. 154.

[4] HABERLANDT: Vgl. z. B. Naturwiss. Bd. 27 (1939) S. 275.

auf die Arbeiten von M. Travniček, die sich zum Teil ebenfalls mit seltenen Erdphosphoren beschäftigen[1].

f) Sonstige lumineszenzfähige anorganische Substanzen. Neben den gesondert aufgeführten Lumineszenzstoffarten sind noch zahlreiche sonstige Verbindungen als lumineszenzfähig bekannt. Zunächst sind hier Oxyde zahlreicher Metalle zu erwähnen, von denen insbesondere das Aluminiumoxyd hervorzuheben ist[2]. Besonders ist hier das mit Chrom aktivierte rotleuchtende Aluminiumoxyd (Rubin) zu nennen. Aluminiumoxyde lassen sich jedoch auch mit anderen Schwermetallen aktivieren (vgl. Kap. VIII). Neben den Oxyden[3] sind auch andere Metallverbindungen, so insbesondere Sulfate, Phosphate und Borate[4] als lumineszenzfähig bekannt. Bei den Sulfaten dient vorwiegend Mangan als Aktivator. Der Lumineszenz von Boraten dürfte sogar technische Bedeutung zukommen. Sehr zahlreich sind die lumineszenzfähigen Stoffe auch im Mineralreich vertreten, wobei hier besonders die Mineralien aus der Gruppe der Karbonate (Erdalkalikarbonate wie Kalkspat oder Strontianit) sowie der Silikate und der Aluminiumsilikate (z. B. das sehr hell gelb leuchtende Wernerit) hervorzuheben sind. — Als allgemein bekannte lumineszenzfähige Stoffe sind noch die Uranylsalze sowie die Doppelsalze von der Form $Me\ Pt(CN)_4 + 4\ H_2O$ z. B. Bariumplatincyanür zu erwähnen. Diese Stoffe sind lumineszenzphysikalisch von den Kristallphosphoren völlig verschieden. Die Lumineszenzfähigkeit stellt hier eine Eigenschaft des Moleküls selbst dar, so daß die Darstellung dieses Gebietes nicht in den Rahmen des vorliegenden Buches gehört.

Ausgehend von der Vorstellung, daß viele Stoffe durch Überführung in einen molekular- oder atomardispersen Zustand lumineszenzfähig werden, hat W. Weyl eine Anzahl interessanter Beobachtungen über neue lumineszenzfähige Systeme durchgeführt[5]. So hatte er die Fluoreszenzerscheinungen am Silberglas eingehend untersucht und dabei festgestellt, daß eine atomare Verteilung des Silbers im Glas zur Lumineszenzfähigkeit führt. Atomar verteiltes Silber kann dadurch im Glas erhalten werden, daß die vorhandenen Silberionen durch Wasserstoff bei Temperaturen von 100 bis 150° zu metallischem Silber reduziert werden. Interessant ist die Feststellung Weyls, daß solche Silberatome auch dann fluoreszenzfähig sind, wenn sie in einem ganz anderen Medium, beispielsweise in NaCl oder KCl statt im Glase eingelagert sind oder überhaupt nur adsorbiert sind (etwa in Aluminiumoxyd).

---

[1] Travniček, M.: Vgl. z. B. Ann. Phys., Lpz. (4) Bd. 84 (1927) S. 823.

[2] Vgl. z. B. O. Deutschbein: Ann. Phys., Lpz. Bd. 14 (1932) S. 712, Bd. 20 (1934) S. 828; Z. Phys. Bd. 77 (1932) S. 489. — Thosar, B. V.: Phys. Rev. (2) Bd. 54 (1938) S. 233; Phil. Mag. (7) Bd. 26 (1938) S. 380, 878.

[3] Erwähnt sei in dem Zusammenhang eine neue Untersuchung von E. Tiede [Ber. dtsch. chem. Ges. (B) Bd. 72 (1939) S. 611] über MgO und LiF-Phosphore. Die Bedeutung dieser Arbeit geht allerdings über rein präparative Fragen hinaus.

[4] Vgl. z. B. D. H. Kabakjian: Phys. Rev. (2) Bd. 51 (1937) S. 365.

[5] Weyl, W.: Sprechsaal 1937 Heft 46.

Mit steigender Temperatur tritt eine Aggregation ein, wobei sich die Silberatome zu nicht mehr fluoreszenzfähigen Kristallkeimen zusammenlagern. (Die Beobachtungen WEYLs erlauben auch interessante Anwendungen und Schlußfolgerungen für die Glastechnik. So kann man z. B. an Hand der Reduktion der Silberatome und der hierbei auftretenden Fluoreszenz als Indikator die Diffusionsgeschwindigkeit des Wasserstoffes im Glas verfolgen.) Sehr interessant ist auch die Beobachtung WEYLs, daß Kadmiumsulfid in molekularer Verteilung eine Fluoreszenz (im *sichtbaren* Spektrum) zeigt. WEYL beschreibt hierfür zwei Beispiele. Der eine Fall ist die molekulare Verteilung von Kadmiumsulfid im Glas. Das zweite, noch wesentlich drastischere Beispiel ist die Fluoreszenzfähigkeit des Kadmiumsulfids im adsorbierten Zustand. Tränkt man beispielsweise Aluminiumoxydpulver oder Papier mit einer Kadmiumsalzlösung geeigneter Konzentration und leitet Schwefelwasserstoff über, so zeigt das hierbei entstehende, im molekulardispersen adsorbierten Zustand befindliche Kadmiumsulfid lebhafte Fluoreszenz im sichtbaren Spektrum. Diese Beobachtungen dürften auch für das Studium der Fluoreszenz kristallisierter Zink- und Zinkkadmiumsulfide von Interesse sein.

Erwähnt sei noch, daß bei vielen anorganischen Salzen auch das Kristallwasser als Aktivator wirksam ist[1].

RANDALL fand, daß auch reine Mangansalze leuchtfähig sind[2].

V. Physik der Lumineszenz von „Kristallphosphoren" und verwandten Leuchtstoffen.

1. Erregung und erregende Absorption.

Die Erregung der Lumineszenz mit kurzwelligem Licht bzw. Ultraviolett findet nicht in allen Spektralbezirken mit gleicher Stärke statt, vielmehr sind bei jedem Lumineszenzstoff besondere, meist sehr breite Spektralbezirke vorhanden, in denen die Erregung besonders intensiv auftritt.

Folgende beide schon in Kap. II erwähnte Grundbedingungen müssen hierbei erfüllt sein. *Erstens* muß die erregende Strahlung der STOKESschen Regel gehorchen, d. h. sie muß kürzerwellig sein als das emittierte Lumineszenzlicht. Nur in vereinzelten Fällen wird die STOKESsche Regel ein wenig verletzt, nämlich dort, wo sich zum erregenden Quant noch ein Energiebetrag aus der Schwingungsenergie der Atome addiert. Hier treten die sog. Anti-STOKESschen Linien auf, die etwas kürzerwellig sind als die erregende Strahlung[3]. Dies ist jedoch nur ein Ausnahmefall.

---

[1] EWLES, J.: Nature, Bd. 125 (1930) S. 706; TRAVNIČEK: Ann. Phys., Lpz. Bd. 17 (1933) S. 654.

[2] RANDALL: Proc. roy. Soc., Lond. Bd. 170 (1938) S. 272.

[3] So wird z. B. die blaue Bande des CaSBi-Phosphors, die sich von 400 bis 500 mμ erstreckt, über ihre ganze Breite durch die Hg-Linie 435 mμ erregt, obschon man nach der STOKESschen Regel erwarten sollte, daß der zwischen 400 und 435 mμ liegende Teil der Bande unerregt bleibt [SCHMIDT, F. u. W. ZIMMERMANN: Ann. Phys., Lpz. Bd. 82 (1927) S. 191]. Es handelt sich hier wohlgemerkt um eine *Phosphoreszenzbande*.

Die *zweite* Bedingung, die stets erfüllt sein muß, ist die, daß die eingestrahlte Strahlung von dem betreffenden Stoff absorbiert wird.

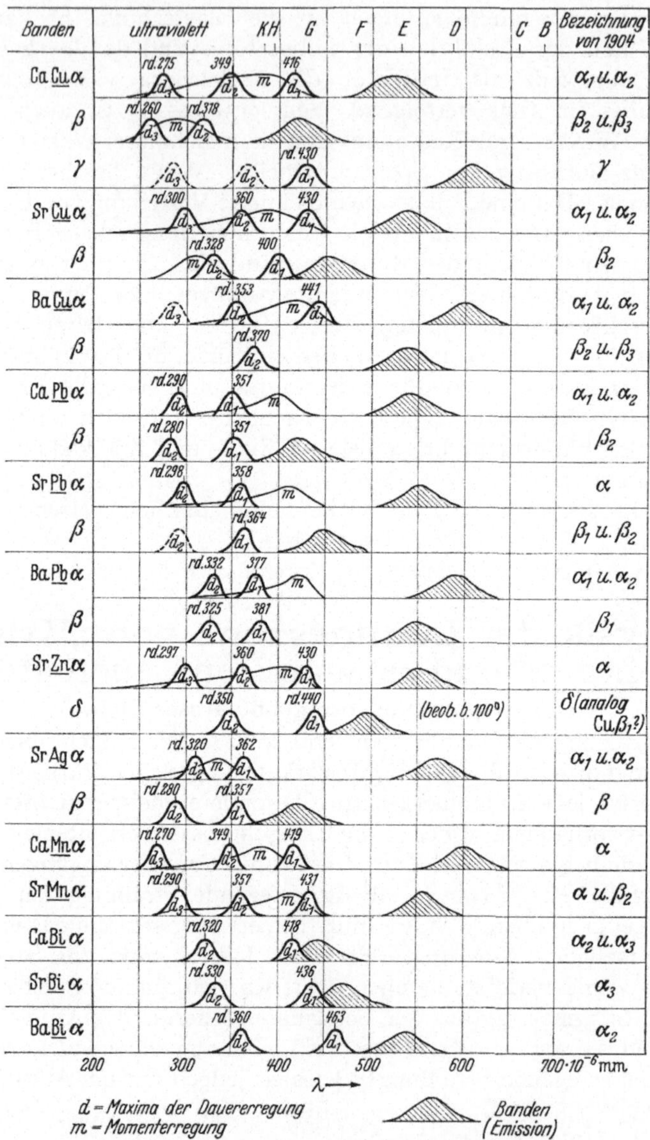

Abb. 21. Erregungsverteilungen der Phosphoreszenzbanden.

Die älteren, von LENARD stammenden Untersuchungen über die spektrale Erregungsverteilung sind fast ausschließlich an Erdalkalisulfiden durchgeführt. Die für Erdalkaliphosphore geltenden Resultate

LENARDs sind in Abb. 21 dargestellt. Man sieht, daß die „Erregungsbanden" eine Breite von etwa 50 mμ haben. Diese Banden beziehen sich auf die Erregung der *Phosphoreszenz*. Daneben bestehen auch noch sehr viel breitere Banden von etwa 150 mμ Breite, die für die Erregung des „Momentanleuchtens" (in unserer Terminologie: spontanen Nachleuchtens) verantwortlich sind. Um die späteren Ergebnisse anderer Autoren schon jetzt vorwegzunehmen, sei gesagt, daß ganz allgemein die Erregungsgebiete der Phosphoreszenz stets viel schmaler sind als die Erregungsgebiete, in denen das spontane Nachleuchten erregt wird (näheres weiter unten). Unberücksichtigt blieb bei den Untersuchungen von LENARD die Frage, welche *Absorptionsfähigkeit* die untersuchten Materialien für die in Frage kommende erregende Strahlung besaßen. Eine systematische Untersuchung der Absorptionseigenschaften der Luminophore in ihrer Beziehung zur lumineszenzerregenden Absorption hat bis vor wenigen Jahren fast völlig gefehlt. Dabei kommt — wie wir sehen werden — dieser Frage eine sehr große Bedeutung zu. So stellt die Untersuchung des Absorptionskoeffizienten der Luminophore für verschiedene Gebiete des kurzwelligen Spektrums eine wichtige Aufgabe für die nächste Zukunft dar.

Derartige Untersuchungen sind allerdings experimentell dadurch erschwert, daß die meisten Luminophore pulverförmige, kleinkristalline Stoffe sind. Nur die POHLschen Alkali-Halogenidphosphore sind in Form von schönen, großen Kristallen gewonnen worden. Hier liegen auch seitens POHL und seiner Mitarbeiter ausführliche Messungen der Absorptionsfähigkeit vor. Doch sind derartige Messungen auch bei einem pulverförmigen Stoff keineswegs undurchführbar. Es ist hierzu lediglich notwendig, die neben der Absorption auftretende Streuung mit zu berücksichtigen. Man muß also den Lichtstrom messen, der nach allen Seiten von dem Luminophor gestreut wird, d. h. die Messung in einer ULBRICHTschen Kugel oder einer ähnlichen, integrierenden Apparatur vornehmen[1].

Sehr bemerkenswert sind die Ergebnisse von SCHMIEDER[2] über den Energieausbeutekoeffizienten bei Erregung der Phosphoreszenz von Phosphoren. SCHMIEDER fand, daß bei der Phosphoreszenz für je *ein* erregtes Lichtquant gerade wieder *ein* emittiertes Lichtquant erscheint. Besonders wichtig ist hierbei die Tatsache, daß der Ausbeutekoeffizient ganz unabhängig davon ist, ob das erregende Licht innerhalb einer Erregungsbande liegt oder einem anderen Spektralbezirk angehört (vgl. Tabelle 11). Das Licht, das keiner Erregungsbande angehört, wird offenbar vom Phosphor zwar wenig absorbiert, aber die geringere Zahl der aufgenommenen Energiequanten wird dennoch vollständig in Quanten des Emissionslichtes übergeführt. Dies Ergebnis zeigt, daß den sog. Erregungsbanden von LENARD lediglich die Bedeutung von Absorptionsbanden zukommt. Darüber hinaus besitzt der Begriff „Erregungsbande" keinerlei physikalische Bedeutung. Dieser Umstand steht übrigens auch

---

[1] Vgl. z. B. GISOLF: Trans. Faraday Soc., Tagungsband 1938, S. 91.
[2] SCHMIEDER, F.: Ann. Phys., Lpz. Bd. 77 (1925) S. 381.

Tabelle 11. Ausbeutekoeffizienten von Phosphoren
bei Erregung von Phosphoreszenz.

Phosphor	Erregende Wellenlänge mμ	Schwerpunkt der Emissionsbande mμ	Ökonomiekoeffizient	
			Beobachtet	Theoretischer Höchstwert bei Quantenausbeute
CaSBi. . . .	366	440	0,82	0,83
	435		0,97	0,99
CaSCu . . .	366	525	0,64	0,70
	435		0,76	0,85
ZnSCu . . .	366	515	0,73	0,71
	435		0,84	0,85

in voller Übereinstimmung mit den weiter unten besprochenen Ergebnissen von WALTER. (Näheres über das Zustandekommen der „Dauererregungsbanden" s. S. 112.)

Eine Änderung der Lage auch in bezug auf die theoretische Durchdringung des Erregungsvorganges ergab sich durch die Untersuchungen von RIEHL[1], der beim Studium des Erregungsvorganges auch auf die *absolute* absorbierte Menge an erregender Strahlung Rücksicht nahm. Diese Ergebnisse mögen nunmehr zuerst dargestellt werden, da sie ermöglichen, einen neuen Gesichtspunkt für die Betrachtung des Erregungsvorganges zu gewinnen. RIEHL stellte sich bei seinen Untersuchungen die folgenden drei Fragen: Findet die erregende Absorption

1. an den Fremdstoffatomen, die zur Aktivierung des Grundmaterials dienen und emissionsfähig sind, oder

2. im gesamten Gitter des Grundmaterials, oder

3. an bestimmten, bevorzugten Stellen des Gitters, etwa Lockerstellen statt?

Eine Antwort auf diese Fragen ergibt sich in folgender Weise. Die Untersuchungen über die Ökonomie der Erregung von Cu-aktivierten Zinksulfiden mit α-*Strahlen* haben ergeben, daß etwa 80% der kinetischen Energie eines α-Teilchen vom Zinksulfid in Licht umgewandelt werden[2]. Nun wird aber ein α-Teilchen, welches das ZnS-Gitter durcheilt, nicht nur von den wenigen Cu-Atomen, die im ZnS verstreut sind, gebremst, sondern jedes in der Nähe der α-Teilchenbahn gelegene Zink- oder Schwefelatom wird zur Bremsung des Teilchens etwas beitragen und etwas Energie von ihm aufnehmen. Da aber die Energie — wie eben gesagt — fast 100%ig in Licht umgesetzt wird, so heißt das, daß jedes oder fast jedes Zink- oder Schwefelatom in einer solchen Weise Energie vom α-Teilchen aufnehmen kann, daß diese der Lumineszenzerregung zugute kommt. Mit anderen Worten: Die Absorption der erregenden Energie findet nicht an den Kupferatomen statt, sondern jedes Zink- oder

---

[1] RIEHL: Ann. Phys., Lpz. Bd. 29 (1937) S. 636.
[2] WOLF, P. M. u. N. RIEHL: Ann. Phys., Lpz. (5) Bd. 11 (1931) S. 108.

Schwefelatom des ZnS-Gitters ist imstande, diese Energie aufzunehmen und dem leuchtenden System, dem Phosphorogenatom, zuzuführen [1].

Dies Ergebnis gilt nicht nur für die Erregung durch α-Strahlen, sondern auch für die *Erregung durch Ultraviolett*. Die Untersuchungen von RIEHL haben gezeigt, daß die Absorptionsfähigkeit im langwelligen Ultraviolett (366 mμ) bei ZnCdSCu fast unabhängig von der Anwesenheit des Phosphorogens ist. Die Absorptionsfähigkeit für das langwellige Ultraviolett, das sich gerade besonders zur Erregung der Lumineszenz eignet, ist also eine Eigenschaft, die nicht dem Phosphorogen oder dem Leuchtzentrum zukommt, sondern dem Grundgitter (im vorliegenden Falle ZnCdS-Gitter) selbst. Die eingestrahlte Energie wird vom gesamten Gitter absorbiert und erst dann auf die leuchtfähigen Gebilde, d. h. auf die Atome des Phosphorogens, übertragen. Die Energieausbeute ist bei Erregung mit Ultraviolett fast ebenso quantitativ wie bei Erregung mit α-Strahlen, d. h. auf jedes absorbierte Lichtquant kommt ein emittiertes. Wir haben hier also denselben Mechanismus wie bei der Erregung durch α-Strahlen: Absorption der eingestrahlten Energie durch das gesamte Gitter, Übertragung dieser Energie auf bestimmte bevorzugte Stellen des Gitters, in denen die Phosphorogenatome sitzen, Emission der Energie durch das Phosphorogenatom.

Es soll hiermit natürlich nicht gesagt sein, daß die Erregung *nur* im Grundgitter stattfinden kann. Wie in Kap. VI u. VII ausgeführt, findet speziell die Erregung durch ganz langwelliges Ultraviolett bzw. durch blaues Licht an den gestörten Stellen des Gitters und nicht im gesamten Gitter statt. Die langwellige Absorption, die den „Erregungsbanden" von LENARD entspricht, ist von der Absorption des Grundgitters streng zu unterscheiden. Die „Störstellenabsorption" ist — entsprechend der geringen Konzentration der Störstellen — sehr viel schwächer ausgeprägt als die Grundgitterabsorption. Sie liegt im langwelligen Ausläufer der Absorptionskurve eines Phosphors (vgl. die von GISOLF gemessene Absorptionskurve in Abb. 22 auf S. 59). Während durch die „Störstellenabsorption" wie wir sehen werden, die Phosphoreszenz erregt werden kann, ist die im vorigen Absatz erörterte Grundgitterabsorption hauptsächlich für die Erregung des (meist sehr viel intensiveren) „Spontanleuchtens"(Momentanleuchtens) verantwortlich. Das äußerste langwellige Ende der Störstellenabsorption vermag hingegen kein Spontanleuchten zu erregen.

In diesem Zusammenhang kann noch die Frage 3, die wir oben erwähnten, besprochen und entschieden werden. Es wäre denkbar, daß die Absorption doch nicht an jedem Schwefel- oder Zinkatom stattzufinden vermag, sondern nur an irgendwelchen bevorzugten Zink- oder Schwefelatomen, etwa in den SMEKALschen Lockerstellen. Diese Annahme würde insofern diskutabel sein, als man dann annehmen könnte,

---

[1] Ausdrücklich betont sei, daß sich dieser Schluß auch dann ableiten läßt, wenn man annehmen wollte, daß das α-Teilchen den Phosphor nicht direkt erregt, sondern durch Vermittlung der von ihm ausgelösten Sekundärteilchen.

daß die Phosphorogenatome sich bei ihrem Einbau ebenfalls an die Lockerstellen begeben und so in der Nähe der Absorptionsstelle liegen, so daß man sich dann einen Übertragungsmechanismus von der Absorptionsstelle auf das Phosphorogenatom leicht vorstellen könnte. Diese Annahme ist jedoch — zumindest in der allgemeinen Form — nicht haltbar. Erstens würde diese Vermutung nur für den Fall der Erregung durch Licht oder ultraviolettes Licht Geltung haben, denn bei Erregung mit α-Strahlen besteht ja gar kein Zweifel, daß alle Atome des Gitters am Absorptionsakt teilzunehmen vermögen, da ja jedes in der Nähe der α-Teilchenbahn liegende Zink- oder Schwefelatom zur Bremsung des α-Teilchens etwas beiträgt. Aber noch eine weitere Tatsache spricht gegen die oben angedeutete Vermutung. Wenn die Absorptionsfähigkeit durch die Lockerstellen bedingt wäre, so müßte sie stark von der thermischen Vorgeschichte des Materials abhängen (d. h. von Erhitzungstemperatur, Abkühlungsgeschwindigkeit, Schmelzmittel usw.), da ja die Zahl der Lockerstellen von diesen Faktoren zweifelsohne abhängig ist. Eine derartige Abhängigkeit ist jedoch nicht zu beobachten.

Energiewanderung im Gitter[1]. Es ist sehr interessant, sich zu vergegenwärtigen, daß jedes Kupferatom von etwa 10000 Zink- oder Schwefelatomen umgeben ist. Die Kantenlänge eines Zinksulfidwürfels, der einem Kupferatom zugeordnet werden kann, beträgt etwa 20 Netzebenenabstände. Absorbiert wird die erregende Energie im allgemeinen Fall von allen Zink- oder Schwefelatomen. Die so verschluckte Energie muß also auf irgendeine Weise einen Weg von etwa 20 (bzw. 10) Netzebenenabständen zurücklegen, um zum Phosphorogenatom (Kupferatom) zu gelangen.

Man könnte vermuten, daß diese Übertragung durch Strahlung stattfindet. Denn, wie die Arbeiten von SCHLEEDE und RIEHL gezeigt haben, ist auch das phosphorogenfreie Zinksulfid leuchtfähig. Es wäre also denkbar, daß die im Zinksulfid selbst erregte Strahlung sich innerhalb des Kristalles ausbreitet, von den darin verteilten Kupferatomen aufgefangen und so für die Emission verwertet wird. Eine solche Vermutung ist jedoch nicht haltbar. Die Eigenstrahlung des Zinksulfides liegt im Gebiet zwischen 425 und 523 mμ. Die Emission des Phosphorogens liegt aber bei manchen der untersuchten Phosphore bei kürzeren Wellenlängen so z. B. beim ZnSAg. Die vom Zinksulfid selbst eingestrahlten Lichtquanten sind also zu energiearm, um das Phosphorogenatom (Silberatom) zu erregen. Außerdem müßte ein mit einem Phosphorogen versetztes Zinksulfid eine beträchtliche Absorptionsfähigkeit für das zwischen 425 und 525 mμ liegende blaue Licht aufweisen. Es müßte infolgedessen auch eine gelbe Körperfarbe besitzen. Von einer derartigen Absorptionsfähigkeit in dem erwähnten Spektralbezirk ist aber keine Spur vorhanden.

Es besteht also kein Zweifel, daß — wenigstens bei Zinksulfid — die absorbierte Energie über eine Anzahl von Gitterebenen strahlungslos zum Phosphorogenatom zu wandern vermag. Dieses Ergebnis ist sehr interessant und greift weit über den Interessenkreis der eigentlichen Lumineszenzforschung hinaus. Die an den Luminophoren gefundene

---

[1] RIEHL, N.: Ann. Phys., Lpz. (5) Bd. 29 (1937) S. 640.

Energiewanderung steht übrigens nicht vereinzelt da, sondern es sind etwa gleichzeitig auf zwei ganz anderen Gebieten ähnliche Erscheinungen gefunden worden. — Einmal ist bei der Kohlensäureassimilation gefunden worden[1], daß die Energien von verschiedenen in einem Komplex von etwa 2000 Chlorophyllmolekülen absorbierten Lichtquanten an einer Stelle des Komplexes zusammenwirken müssen, zweitens wurden auch innerhalb von Chromosomen[2] bei Strahlungsmutationen Erscheinungen beobachtet, die eine derartige Energiewanderung sehr wahrscheinlich machen. Auch bei organischen Farbstoffen (Pseudoisozyaninen) fanden SCHEIBE[3] und Mitarbeiter Erscheinungen, die sich ebenfalls nur durch Energiewanderungen der oben geschilderten Art erklären lassen. F. MÖGLICH und M. SCHÖN[4] haben in allerjüngster Zeit darauf hingewiesen, daß eine derartige Energiewanderung an Kristallen und an anderen Komplexen gleichartiger Moleküle keineswegs unverständlich sei. Denn wie schon die Ausbildung der Energiebänder zeigt, treten innerhalb der Kristalle die Elektronen miteinander in Austausch, so daß es nicht möglich ist, die Elektronen in den ausgebildeten Bändern innerhalb eines Kristalles zu lokalisieren. Bei jeder Lichtabsorption, bei der ein Elektron aus einem Energieband in ein anderes gehoben wird, wird der ganze Kristall angeregt und nicht etwa nur ein einzelnes seiner Atome. Da diese Einheit durch den quantenmechanischen Austausch bedingt ist, gelten diese Überlegungen ganz allgemein in sämtlichen Fällen, in denen Wechselwirkungen an Atom- und Molekülgesamtheiten auftreten, was man für den Chlorophyllkomplex, für die polymerisierten Farbstoffe und wohl auch für die fraglichen Genkomplexe annehmen kann. (Vgl. die zusammenfassende Darstellung dieses Gebietes von RIEHL in „Naturwissenschaften" 1940.) Die weitere Frage ist, wie es kommt, daß die Energie nach ihrer Wanderung an bestimmten Stellen im Kristall oder im Molekülkomplex lokalisiert wird. Diese Stellen sind in irgendeiner Weise von dem übrigen Gitter ausgezeichnet (vgl. Kapitel „Theorie der Lumineszenz").

Die geschilderten Verhältnisse geben im wesentlichen die Sachlage sowohl bei den Zink- und Zinkkadmiumsulfiden als auch bei den Silikaten wieder. Hinsichtlich der Erdalkalisulfide ist eine vollständige Klarheit noch nicht geschaffen, nicht zuletzt deswegen, weil bei den Erdalkalisulfiden es sich um besonders schwierige kristallchemische Verhältnisse handelt (vgl. Kap. VIII). RIEHL hat auch an Erdalkaliphosphoren einige Versuche vorgenommen, die entscheiden sollten, ob hier die Absorption am Phosphorogenatom selbst oder in der Masse des Phosphors vor sich geht. Hierzu wurden unter völlig gleichen

---

[1] GAFFRON, H. u. K. WOHL: Naturwiss. Bd. 24 (1936) S. 81.

[2] TIMOFÉEFF-RESSOVSKY, N. W. u. H. DELBRÜCK: Z. ind. Vererbungslehre Bd. 61 (1936) S. 331.

[3] Vgl. z. B. G. SCHEIBE, A. SCHÖNTAG u. F. KATHEDER: Naturwiss. 1939 S. 499.

[4] MÖGLICH, F. u. M. SCHÖN: Naturwiss. Bd. 26 (1938) S. 199.

Verhältnissen zwei Proben Strontiumsulfid hergestellt, von denen die eine Wismut als Phosphorogen enthielt, die andere dagegen phosphorogenfrei war. Es wurde die Absorptionsfähigkeit der beiden Proben für langwelliges Ultraviolett verglichen. Der Versuch zeigte, daß die Absorptionsfähigkeit des phosphorogenhaltigen SrS sehr viel größer war als die des phosphorogenfreien. Also liegen die Verhältnisse bei den Erdalkaliphosphoren anders als bei den ZnCdS-Phosphoren. Hier tritt die Absorption im langwelligen Ultraviolett erst dann auf, wenn ein Phosphorogen zugegen ist, zumindest wird die Absorptionsfähigkeit durch die Anwesenheit des Phosphorogens sehr verstärkt. Auf Grund der Ergebnisse von LENARD über den Absorptionsquerschnitt der „Zentren" und derer von TOMASCHEK[1] muß man zwar annehmen, daß die Absorption des erregenden Lichtes bei Erdalkaliphosphoren auch nicht am Phosphorogenatom selbst, sondern in seiner Umgebung, in der Masse des Sulfides, stattfindet. Doch nach dem oben mitgeteilten Ergebnis ist die Masse des Erdalkalisulfides nur dann fähig, Licht- oder Ultraviolettstrahlen zu absorbieren, wenn in ihr Phosphorogenatome enthalten sind. Es ist also wohl anzunehmen, daß die Phosphorogenatome Störungen im Erdalkalisulfid hervorrufen, die zum Auftreten von neuen Absorptionsbanden bzw. zur Vertiefung schon vorhandener Absorptionsbanden führen.

Tabelle 12. Wellenlängen der Maxima der Dauererregung von Erdalkaliphosphoren.

		d_1	d_2	d_3
Ca	Cu	416	349	etwa 275
	Pb	—	351	,, 290
	Mn	419	349	,, 270
	Bi	418	etwa 320	—
Sr	Cu	430	360	etwa 300
	Pb	—	358	,, 298
	Ag	—	362	,, 320
	Mn	431	357	,, 290
	Zn	430	360	,, 297
	Bi	436	etwa 330	—
Ba	Cu	441	etwa 353	(285)
	Pb	—	377	etwa 332
	Bi	463	etwa 360	—

Der Unterschied zwischen Erdalkali- und ZnS-Phosphoren ist scheinbar nicht prinzipieller, sondern nur quantitativer Natur. Hier wie dort kann die erregende Absorption außerhalb des Phosphorogens stattfinden. Der Unterschied liegt nur darin, daß die Absorptionsbanden des Grundmaterials bei Erdalkaliphosphoren stärker durch die Anwesenheit des Phosphorogens vertieft werden als bei ZnS-Phosphoren.

Die eben beschriebenen Ergebnisse an Strontiumsulfid entsprechen auch den älteren Resultaten von B. WALTER[2], wonach das Auftreten starker Absorptionsbanden bei Erdalkalisulfiden an die Anwesenheit von Phosphorogen gebunden ist. Man muß jedoch hierbei auch noch einen anderen wichtigen Punkt berücksichtigen, auf den WALTER hinweist. Wie Tabelle 12 zeigt, liegen die Absorptionsmaxima und auch die

[1] TOMÁSCHEK: Sitzgsber. Ges. Naturwiss. Marburg Bd. 63 (1928) S. 128.
[2] WALTER, B.: Phys. Z. Bd. 13 (1912) S. 6.

Erregungsmaxima der sämtlichen Phosphore eines und desselben Erdalkalimetalls stets annähernd an derselben Stelle des Spektrums und sind also unabhängig von der Art des wirksamen Metalls. Auch dieser Hinweis spricht dafür, daß es sich um eine Absorption im Grundgitter der betreffenden Erdalkalisulfide handelt. Noch nicht vollständig geklärt ist die Frage, warum diese Absorptionsgebiete bei den Erdalkalisulfiden erst durch die Anwesenheit des Phosphorogens stark in Erscheinung treten.

In allerletzter Zeit hat GISOLF eingehende Untersuchungen über die Absorption der erregenden Strahlung an Zink- und Zinkkadmiumsulfid ausgeführt und hat hierbei die folgenden Ergebnisse erhalten: Das charakteristische Bild des Absorptionsspektrums von ZnS ist in allen Fällen das gleiche: Eine Absorption, die im Violett oder im nahen Ultraviolett beginnt, allmählich nach kürzeren Wellenlängen hin zunimmt und dann plötzlich zu einem viel höheren Wert ansteigt (vgl. Abb. 22). Die Wellenlänge, bei der der plötzliche Anstieg eintritt, liegt bei reinem Zinksulfid bei etwa $335\,m\mu$. Steigender Zusatz von Kadmium (an Stelle von Zink) bewirkt eine Verschiebung dieser Grenze nach langen Wellen. Bei manganaktiviertem Zinksulfid sind

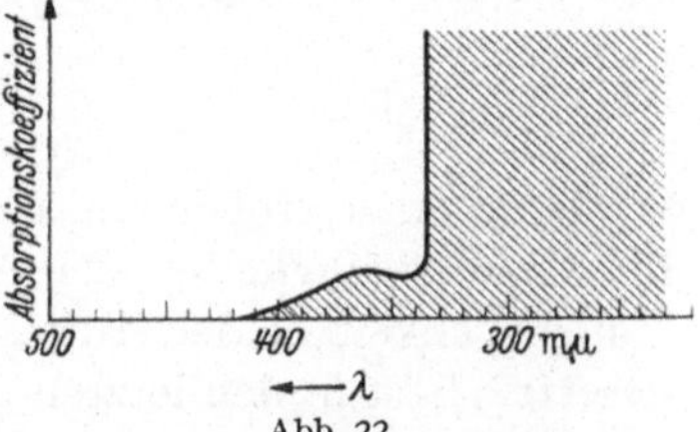

Abb. 22.
Verlauf des Absorptionskoeffizienten von ZnS. (Schematisch.) (Nach GISOLF.)

die Absorptionsverhältnisse komplizierter, was sicher damit zusammenhängt, daß gemäß TIEDE und WEISS[1], RIEHL[2] sowie KRÖGER[3] das Mangan teilweise im Grundmaterial das Zink mischkristallartig ersetzt. Interessant ist ferner die Feststellung GISOLFs, daß bei Wellenlängen unterhalb $335\,m\mu$ die Phosphoreszenz kaum noch angeregt wird und der Hauptteil der Emission von kurzer Nachleuchtdauer ist, d. h. also als Spontanleuchten anzusehen ist.

Eine eingehende Untersuchung über die Absorption in Silikaten insbesondere in mit Mangan aktivierten Zink- und Zinkberyllsilikaten hat neuerdings F. A. KRÖGER durchgeführt[4]. Um den Einfluß des Manganzusatzes auf die Absorption klarzustellen, erhöhte KRÖGER absichtlich den Mangangehalt weit über das Übliche hinaus. Auf diese Weise prägt sich der Einfluß des Mangans stärker in der Absorption aus als bei den gewöhnlichen Präparaten mit geringem Mangangehalt. Bei diesem Verfahren findet KRÖGER, daß bei einem Mangansilikatgehalt von 0—50% die Absorption in drei verschiedenen Gebieten auftritt. Das erste Absorptionsgebiet entspricht dem des reinen Zinksilikates und ist als eine Kristallabsorption aufzufassen. Das zweite Absorptionsgebiet tritt nur bei Einführung von Mangan auf, hat aber auch die Eigenschaften

[1] TIEDE und WEISS: Chem. Ber. Bd. 65 (1932) S. 364.
[2] RIEHL: Fundamenta Radiologica Bd. 4 (1939) S. 3.
[3] KRÖGER, F. A.: Z. Kristallogr. A, Bd. 100 (1939) S. 543; Bd. 102 (1939) S. 132.
[4] KRÖGER, F. A.: Physica, Haag Bd. 6 (1939) S. 764.

einer Kristallabsorption. Das dritte ist ein System von Banden; jeder liegt ein Elektronenübergang im Mn^{++}-Ion zugrunde. Einstrahlung in alle oben genannten Absorptionsgebiete ruft eine Lumineszenz hervor, die KRÖGER Elektronensprüngen im Mn^{++}-Ion zuschreibt. Einstrahlung in die zwei Kristallabsorptionsgebiete gibt neben Spontanleuchten auch Phosphoreszenz, bei Einstrahlung in die charakteristischen Manganabsorptionsbanden tritt eine Phosphoreszenz jedoch nicht auf.

Über den Einfluß von Manganzusatz auf die Absorption von ZnS vgl. eine ebenfalls in letzter Zeit erschienene Arbeit von KRÖGER[1].

Wie bereits in Kap. II angedeutet, läßt sich die Lumineszenzerregung durch Absorption im Grundgitter und die damit verbundene Energiewanderung aus den RIEHL-SCHÖNschen Vorstellungen[2] über das Modell des Lumineszenzvorganges erklären (vgl. hierzu näheres im Kap. VI).

2. Abklingung.

Trotz einer großen Anzahl von experimentellen Untersuchungen über die Gesetzmäßigkeiten der Abklingung herrschte bis vor kurzem keine Einheitlichkeit in der Auffassung über die grundlegenden Abklingungsgesetze. Erst in den letzten Jahren ist eine gewisse — zumindest grundsätzliche — Klärung auf diesem Gebiet angebahnt worden. Die Verschiedenartigkeit der früher erhaltenen Resultate über die Abklingung hängt vor allem damit zusammen, daß die Untersuchungen verschiedener Autoren meist an verschiedenen fluoreszierenden Stoffen oder zumindest an Stoffen verschiedener Provenienz ausgeführt wurden und daß ferner auch die Erregungsbedingungen von Fall zu Fall verschieden waren. Dabei spielt aber die Art und Intensität der erregenden Strahlung für die Form der Abklingungsfunktion eine sehr maßgebliche Rolle. Im folgenden sollen die verschiedenen Abklingungsformeln, die in den vergangenen Jahrzehnten zur Darstellung der experimentellen Abklingungskurven aufgestellt worden sind, nicht alle aufgeführt werden, da sie zumeist nur historisches Interesse haben, vielmehr soll versucht werden, auf Grund neuerer Arbeiten die grundlegenden Gesetzmäßigkeiten der Abklingung darzustellen. Hierbei beschränken wir uns gemäß dem Thema des Buches ausschließlich auf Kristallphosphore. Es sei betont, daß bei anderen fluoreszierenden Substanzen, etwa bei den fluoreszenzfähigen organischen Farbstoffen, ganz andere Verhältnisse als bei den Kristallphosphoren herrschen.

Bei der Besprechung der Abklingung muß man zwischen der langdauernden, von LENARD eingehend untersuchten Phosphoreszenz und dem kurzdauernden, bei Abschaltung der erregenden Strahlen praktisch sofort verschwindenden Leuchten unterscheiden. Es herrschte lange Zeit keine Klarheit über die Grundsätze, nach denen man zwischen dem

---

[1] KRÖGER: Physica, Haag Bd. 6 (1939 S. 369 und 779, Bd. 7 (1940) S. 92.
[2] RIEHL, N. u. M. SCHÖN: Z. Phys. Bd. 114 (1939) S. 682. — SCHÖN, M.: Z. techn. Phys. Bd. 19 (1938) S. 361.

Nachleuchten bzw. Phosphoreszenz einerseits und dem Momentanleuchten bzw. Fluoreszenz andererseits unterscheiden sollte. Alle diese Begriffe gingen stark durcheinander und wurden von verschiedenen Autoren verschieden aufgefaßt. So war z. B. nicht klar, ob man das kurzdauernde Nachleuchten (Momentanleuchten) als eine kurzdauernde Phosphoreszenz oder eine verzögerte Fluoreszenz ansehen soll, oder ob es sich hier um eine besondere Abklingungsart handele, die weder mit Fluoreszenz, noch mit Phosphoreszenz wesensgleich ist. Es stand ferner auch nicht fest, ob überhaupt eine grundsätzliche Unterscheidung zwischen Fluoreszenz und Phosphoreszenz möglich ist und ob nicht der Unterschied zwischen den beiden Erscheinungen nur gradueller Natur sei.

In der früheren Literatur lehnte man sich oft an die alte LENARDsche Terminologie an, wonach in einem Luminophor Zentren verschieden langer Abklingungsdauer vorhanden sein sollten. Wenn auch die LENARDsche Terminologie zur Darstellung der rein phänomenologischen Abklingungsverhältnisse hinzugezogen werden darf, so kann man andererseits von dieser Auffassungsweise heute keine weitere Klärung der Abklingungsverhältnisse erwarten, da die Auffassung von Zentren verschieden langer Dauer durch die Untersuchungen der letzten Jahre kaum noch gerechtfertigt wird.

Die erste Tatsache, die wir hervorheben wollen, ist die, daß nach den Ergebnissen des Experiments es eine *reine Fluoreszenz* etwa von der Art der Fluoreszenz organischer Verbindungen oder Gasen *bei den meisten Kristallphosphoren nicht gibt*[1]. (Eine Ausnahme hiervon bilden die mit seltenen Erden und mit Mn aktivierten Phosphore; bei letzteren konnten insbesondere KRÖGER und DE GROOT eine echte Fluoreszenz nachweisen; vgl. a. a. O.). Direkte Messungen von RIEHL und ORTMANN[2] über die Abklingung von Zinksulfiden und Erdalkalisulfiden haben gezeigt, daß das während der Erregung vorhandene Leuchten nach Abschaltung der erregenden Strahlenquelle *kontinuierlich* in ein Nachleuchten übergeht (Abb. 23). — Eine Fluoreszenz, die mit besonders hoher Geschwindigkeit abklingt und sich hierdurch von dem Nachleuchten trennen läßt, ist nicht vorhanden, *vielmehr besteht das Leuchten* (sowohl bei Zink- und Zinkkadmiumsulfiden, als auch bei Erdalkalisulfiden und Silikaten) *nur aus Nachleuchten.* (Die Abklingungszeiten dieses Nachleuchtens sind allerdings verhältnismäßig kurz und liegen in der Größenordnung von Bruchteilen einer Sekunde und darunter).

Was ist nun der Unterschied zwischen diesem kurzdauernden Nachleuchten und der Phosphoreszenz? Die Dauer des Nachleuchtens ist nicht das maßgebende Unterscheidungsmerkmal zwischen den beiden Erscheinungen. Vielmehr kommt es auf folgendes an:

Bei der *Phosphoreszenz* wird die aufgespeicherte Lichtsumme *nur unter Zuhilfenahme der Wärmebewegung ausgestrahlt.* Das Phosphoreszenzleuchten ist demnach *einfrierbar*; die Ausstrahlung der aufgespeicherten Lichtsumme kann völlig unterbunden werden, wenn man den Phosphor tief genug abkühlt. Anders bei dem Nachleuchten, von dem

---

[1] RIEHL, N.: Ann. Phys., Lpz. (5) Bd. 29 (1937) S. 648.
[2] RIEHL u. ORTMANN: Ann. Phys., Lpz. (5) Bd. 29 (1937) S. 561.

die Rede ist. Dieses Nachleuchten wird völlig *spontan*, ohne Zuhilfenahme der Wärmebewegung, ausgestrahlt. Selbst bei der Temperatur des flüssigen Wasserstoffes findet es mit unverminderter Stärke statt, und die Abklingungskurve wird fast gar nicht von der Temperatur beeinflußt.

Um Verwechslungen zu verhindern, hat RIEHL vorgeschlagen, das nicht einfrierbare Nachleuchten als „*spontanes Nachleuchten*" oder „Spontanleuchten" zu bezeichnen. Der Ausdruck „Phosphoreszenz" verbleibt wie bisher für das einfrierbare Nachleuchten.

Es besteht ein zweiter grundsätzlicher Unterschied zwischen Phosphoreszenz und spontanem Nachleuchten. *Die Intensität des spontanen Nachleuchtens kann durch Erhöhung der erregenden Strahlung praktisch unbegrenzt gesteigert werden und ist dieser proportional. Die Phosphoreszenz dagegen ist bekanntlich nur bis zu einem gewissen Grade* (bis zur sog. *Vollerregung) zu steigern.*

Es gibt also bei den Kristallphosphoren nur zwei Typen des Leuchtens: das *spontane Nachleuchten* und die *Phosphoreszenz*[1].

Diese Definitionen erfassen den bei den Kristallphosphoren tatsächlich gefundenen experimentellen Sachverhalt. Sie stehen aber auch im Einklang mit den im vorigen Kapitel geschilderten Resultaten über den Mechanismus der Erregung von Kristallphosphoren. Wir haben dort gesehen, daß die erregende Absorption nicht nur an den verstreut liegenden Phosphorogenatomen stattfindet, sondern im gesamten Gitter. Bei α-Strahlenerregung werden sogar *alle* in der Nähe der α-Teilchenbahn gelegenen Atome gleichzeitig erregt. Auch bei genügend intensiver Ultravioletterregung wird ein beträchtlicher Teil der Zn- bzw. S-Atome gleichzeitig in den erregten Zustand versetzt. Daß bei gleichzeitiger Erregung so vieler benachbarter Atome sich ein instabiler Zustand ergeben muß, ist selbstverständlich. Je größer die Zahl der erregten ZnS-Moleküle, um so höher die „Instabilität" des Zustandes, um so schneller wird also die Rückkehr in den Normalzustand erfolgen. (Dies entspricht auch den weiter unten angegebenen Abklingungskurven bei verschiedener Erregungsintensität). Schon durch rein elektrostatische Kräfte werden die Atome gezwungen, in ihren ursprünglichen Zustand zurückzukehren und ihre Energie wieder abzugeben (d. h. auf das Phosphorogen zu übertragen). Das Austreiben der vom Kristall aufgenommenen Energie erfolgt also nicht unter Zuhilfenahme der Wärmebewegung, sondern dadurch, daß der Kristall nicht imstande ist, eine so große Energiemenge gleichzeitig aufzuspeichern. Man hat es also mit dem nicht einfrierbaren „*spontanen* Nachleuchten" zu tun. — Ein gewisser Teil der Atome bleibt nach Abklingung des „spontanen Nachleuchtens" erregt, ohne daß hierdurch der Kristall im instabilen Zustand verbleibt. Die nunmehr verbliebene aufgespeicherte Energie kann beliebig lange

---

[1] Wieweit das außerordentlich schnell abklingende Leuchten der *Zinkoxyde* und *-selenide* noch als „Nachleuchten" aufgefaßt werden darf, sei zunächst noch offen gelassen.

aufgespeichert werden. Sie läßt sich einfrieren, durch Wärme austreiben usw. Diese noch verbliebene Energie entspricht dem, was man als Phosphoreszenz aufzufassen pflegt.

Ein konkreteres, modellmäßiges Bild von dem Unterschied zwischen Spontanleuchten und Phosphoreszenz ergibt sich aus dem in Kap. II skizzierten und in Kap. V. eingehend erörterten Energiemodell der Kristallphosphore. Eine Lichtausstrahlung findet dann statt, wenn ein Elektron von dem Leitfähigkeitsband A auf den „Störterm" C herunterfällt (vgl. Abb. 41). Dicht unter dem Leitfähigkeitsband liegen aber noch die „Anlagerungsterme" D. Gelangt ein ins Leitfähigkeitsband gehobenes Elektron auf den Anlagerungsterm (oder landet es gleich bei der Erregung auf diesem), so kann es nur dann wieder ins Leitfähigkeitsband gelangen und unter Lichtaussendung herunterfallen, wenn es durch Wärme (oder Ultrarot) aus dem Anlagerungsterm ins Leitfähigkeitsband befördert worden ist[1]. Die im Anlagerungsterm sitzenden Elektronen können also nur dann emittieren, wenn eine gewisse thermische Agitation vorliegt. Die in den Anlagerungstermen sitzenden Elektronen sind somit für die *Phosphoreszenz* verantwortlich. Die Phosphoreszenz entspricht also der Aufhebung eines metastabilen Zustandes durch thermische Agitation. Ist dagegen ein Elektron nicht in den Anlagerungsterm gelangt, sondern befindet es sich im Leitfähigkeitsband, so bedarf es zur Emission keiner thermischen Agitation, die Emission erfolgt vielmehr spontan. Für das *spontane Nachleuchten* sind also die im Leitfähigkeitsband befindlichen Elektronen verantwortlich.

Wir können bei der Besprechung der Abklingung also zwischen spontanem Nachleuchten und Phosphoreszenz unterscheiden. Bevor wir auf die Darstellung dieser beiden Teilgebiete eingehen, sei noch erwähnt, daß bei der Phosphoreszenz und bei dem spontanen Nachleuchten das *Spektrum* des Leuchtens das gleiche ist, und daß es sich im Verlauf der Abklingung nicht ändert. Diese grundlegende Tatsache ist für die Deutung der Lumineszenzerscheinungen, wie wir sehen werden, von großer Wichtigkeit. Selbstverständlich gilt die Konstanz des Spektrums nur für ein und dieselbe Emissionsbande. Besitzt der Phosphor zwei oder mehrere Emissionsbanden, so kann sich sehr wohl eine Änderung des gesamten Emissionsspektrums während der Abklingung ergeben, indem die eine Bande schneller abklingt als die andere.

Bevor wir die *quantitativen* Verhältnisse bei der Abklingung behandeln, wollen wir uns erst die charakteristischen Merkmale des spontanen Nachleuchtens einerseits und der Phosphoreszenz andererseits noch einmal eingehender vergegenwärtigen.

Charakteristische Merkmale des spontanen Nachleuchtens. Charakteristisch für das spontane Nachleuchten ist erstens die Tatsache, daß die Intensität des Nachleuchtens proportional der erregenden Strahlung

---

[1] Eine Emission durch Herunterfallen des Elektrons direkt vom Anlagerungsterm ist aus in Kap. VI, 2 erörterten Gründen auszuschließen.

ansteigt. Während bei der Phosphoreszenz die Nachleuchtintensität nur bis zu einer gewissen Grenze (Vollerregung) steigerbar ist, kann beim Spontanleuchten die Intensität praktisch unbegrenzt erhöht werden (selbst bei stärkster Erregung mit konzentrierten Ultraviolettstrahlen ist es bisher noch nicht sicher gelungen, Sättigungserscheinungen am Spontanleuchten zu beobachten)[1]. Eine bestimmte Ausnahme von dieser Proportionalität hat RIEHL (vgl. S. 83) beschrieben und gedeutet.

Zweitens ist für das spontane Nachleuchten, wie bereits erwähnt, der Umstand charakteristisch, daß die Abklingdauer in weiten Temperaturgrenzen temperaturunabhängig ist. Man kann also die Abklingung des Spontanleuchtens durch Erwärmung des Phosphors nicht beschleunigen. Durch Kälte kann man das Spontanleuchten nicht einfrieren.

Drittens ist es typisch für das Spontanleuchten, daß seine Abklingungsgeschwindigkeit (Halbwertszeit) nicht etwa eine Materialkonstante des vorliegenden Kristallphosphors ist, sondern daß die *Abklingungsgeschwindigkeit maßgeblich von der Erregungsintensität bestimmt wird*. Je stärker die Erregung, um so schneller die Abklingung. Eine bestimmte Abklingungsgeschwindigkeit bzw. Halbwertszeit der Abklingung läßt sich für das Spontanleuchten überhaupt nicht angeben. Die Halbwertszeit der Abklingung hängt ganz von der Erregungsintensität ab. Man sieht also schon hieraus, daß das Abklingungsgesetz des Spontanleuchtens auf keinen Fall ein exponentielles sein kann, daß man es also bei der Abklingung sicher nicht mit einer monomolekularen Reaktion zu tun hat.

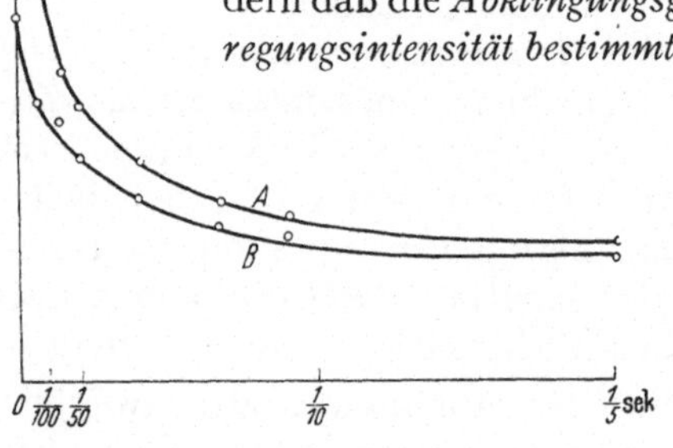

Abb. 23. Experimentelle Abklingkurve von ZnSCu
A bei starker Erregung, *B* bei schwacher Erregung.

Abb. 23 zeigt die Abhängigkeit der Abklingungsgeschwindigkeit von der Intensität. Diese von RIEHL und ORTMANN 1936 gemessenen Kurven zeigen erstens, daß die Abklingungsgeschwindigkeit mit steigender Erregungsintensität zunimmt. Zweitens ersieht man aus diesen Kurven auch das Fehlen jeglicher Fluoreszenz besonders kurzer Dauer; das Leuchten während der Erregung geht vielmehr ganz kontinuierlich in das Nachleuchten (spontanes Nachleuchten) über. 1938 haben SCHLEEDE und BARTELS[2] bei Erregung mit Kathodenstrahlen ebenfalls gefunden, daß die Abklingungsgeschwindigkeit durch die Erregungsintensität bestimmt wird.

Die Abhängigkeit der Abklingzeit von der Erregungsdichte erklärt auch weitgehend die Unterschiede in der Abklingzeit, die man bei Er-

---

[1] Nach einer kürzlich erschienenen Arbeit von DE GROOT [Physica, Haag Bd. 6 (1939) S. 393] scheint erstmalig (bei extrem hoher Erregung) ein Beginn einer Sättigung beobachtet worden zu sein. Vgl. auch S. 15—16.

[2] SCHLEEDE u. BARTELS: Z. techn. Phys. Bd. 19 (1938) S. 364.

regung ein und desselben Kristallphosphors mit verschiedenen Strahlenarten erhält. Besonders typisch ist beispielsweise die Tatsache, daß bei Erregung durch α-Strahlen (vgl. Kap. IX, 1) die Abklingzeit des Spontanleuchtens einen besonders kleinen Wert hat. Dies ist ohne weiteres dadurch zu erklären, daß, wie an anderer Stelle ausgeführt, jedes einzelne α-Teilchen eine Erregung überaus hoher Dichte hervorruft (das α-Teilchen erregt praktisch jedes auf seiner Bahn liegende Atom des Gitters). Infolge dieser hohen Erregungsdichte ist die Wahrscheinlichkeit für die Rekombination der Elektronen mit den von ihnen zurückgelassenen positiven Löchern sehr groß und daher die Abklingzeit sehr kurz. Der Einfluß der Erregungsdichte ermöglicht es auch, die Unterschiede in der Abklingung zu verstehen, die man bei Erregung mit Kathodenstrahlen einerseits und Ultraviolettstrahlen andererseits erhält. Auch die Unterschiede bei Erregung mit Ultraviolett verschiedener Wellenlänge können unter Umständen auf ähnliche Weise gedeutet werden. Die räumliche Dichte an angeregten Elektronen ist nämlich um so größer, je höher der Absorptionskoeffizient für die betreffende Ultraviolettstrahlung.

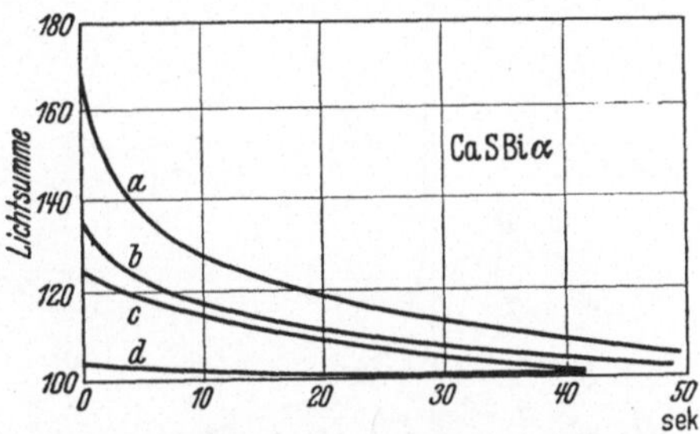

Abb. 24. Abklingung der Lichtsumme während der ersten Minute bei verschiedenem Metallgehalt. a 10^{-3} g Bi, b $2\cdot10^{-4}$ g Bi, c $2\cdot10^{-5}$ g Bi, d 2, 10^{-6} g Bi. (Nach Kuppenheim.)

Charakteristische Merkmale der Phosphoreszenz. Die Phosphoreszenz ist an die Speicherung von Leuchtenergie im Phosphor geknüpft, so daß bei genügender Abkühlung die gespeicherte Energie über praktisch unbeschränkte Zeiten im Phosphor verbleiben kann. Die bei der Speicherung obwaltenden Verhältnisse sind eingehend im Kapitel „Speicherung des Lichtes in Phosphoren" dargestellt. Wir brauchen uns in diesem Kapitel nur insoweit mit der Phosphoreszenz zu beschäftigen, als es sich um deren *Abklingung* handelt.

Aus dem Wesen der Phosphoreszenz geht hervor, daß hier die Abklingungsgeschwindigkeit entscheidend durch die *Temperatur* des Phosphors bedingt ist. Bei genügend großer Abkühlung verläßt die gespeicherte Lichtsumme den Phosphor überhaupt nicht, es liegt dann der sog. untere Momentanzustand vor. Bei Bestrahlung des Phosphors kann man nur das Momentanleuchten (Spontanleuchten) beobachten, die Phosphoreszenz dagegen ist eingefroren. (Die in den Anlagerungstermen sitzenden Elektronen können diese nicht verlassen.) Bei genügend hoher Temperatur dagegen klingt die Phosphoreszenz sehr rasch ab und kann phänomenologisch vom Spontanleuchten nicht mehr unterschieden werden. Es liegt dann der sog. obere Momentanzustand vor. Hier findet überhaupt keine Speicherung des Lichtes statt (keine Speicherung der

Riehl, Lumineszenz. 5

Elektronen in den Anlagerungstermen!). Zwischen den Temperaturen des unteren und oberen Momentanzustandes liegt das Gebiet des sog. Dauerzustandes. In diesem Temperaturgebiet klingt die aufgespeicherte Lichtsumme mit einer *endlichen* Geschwindigkeit ab. Alle diese Verhältnisse sind eingehend im Kapitel „Temperaturabhängigkeit der Lumineszenz" geschildert. Abb. 26 zeigt beispielsweise die Abklingung der gespeicherten Lichtsumme bei verschiedenen Temperaturen, und zwar für einen CaSBi-Phosphor. Man sieht, daß die Abklingung der Lichtsumme um so schneller von statten geht, je höher die Temperatur. Bei einer gegebenen Temperatur, z. B. Zimmertemperatur ist die Abklingungsdauer der Lichtsummen verschiedener Phosphore sehr verschieden. Einige Erdalkalisulfide, z. B. das CaSBi und das

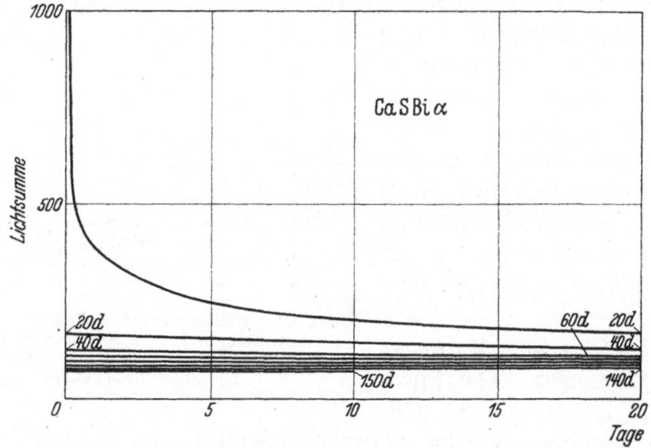

Abb. 25. Abklingung der Lichtsumme während 150 Tage bei Zimmertemperatur. (Nach LENARD.)

SrSBi, besitzen die Fähigkeit, die gespeicherte Lichtsumme auch bei Zimmertemperatur (also ohne künstliche Abkühlung) über sehr lange Zeiträume zurückzuhalten. Aus Abb. 25 ersieht man z. B. die Abklingung der Lichtsumme bei einem CaSBi-Phosphor. Wenn sich auch die Lichtsumme infolge der Abklingung dauernd verkleinert, so ist immerhin noch nach 150 Tagen ein nennenswerter Bruchteil der ursprünglich gespeicherten Lichtsumme im Phosphor enthalten. (Die Kurven in Abb. 24, 25 und 26 sind wohlgemerkt keine Abklingungskurven im üblichen Sinne, d. h. sie geben nicht die Abhängigkeit der Leuchtintensität von der Zeit, sondern die Abhängigkeit der im Phosphor noch vorhandenen gespeicherten Lichtsumme von der Zeit).

Die Abklingungsgeschwindigkeit der Lichtsumme hängt stark von dem Gehalt des Phosphors im Phosphorogen ab. Je höher der Phosphorogengehalt, um so schneller die Abklingung. Die Abb. 24 gibt ein Beispiel für die Abhängigkeit der Abklingung der Lichtsumme vom Phosphorogengehalt für CaSBi, und zwar ist wiederum nicht die Abklingung der Leuchtintensität, sondern die Abklingung der im Phosphor enthaltenen Lichtsumme als Funktion der Zeit dargestellt.

Die Lichtsumme, die ein Phosphor speichern kann, ist um so größer, je höher der Phosphorogengehalt; sie steigt zunächst proportional dem Phosphorogengehalt, nimmt dann langsam zu und erreicht schließlich einen Sättigungswert (vgl. Abb. 30 in Kap. V, 3).

Die Abhängigkeit der Leuchtintensität der Phosphoreszenz von der Zeit ist beispielsweise in Abb. 79 in Kap. IX, 9 wiedergegeben.

Die Abklingung der Lichtsumme geht derart vor sich, daß in der ersten Zeit pro Zeiteinheit ein größerer Prozentsatz der Lichtsumme ausgestrahlt wird als im späteren Verlauf. Die Abklingung erfolgt also nicht etwa exponentiell, sondern der prozentuale Abfall pro Zeiteinheit wird mit fortschreitender Zeit immer langsamer. Dies veranlaßte LENARD zu der Annahme von Leuchtzentren verschiedener Dauer. Gemäß dieser Vorstellung müßte man die Abklingungskurve derPhosphoreszenz bzw.

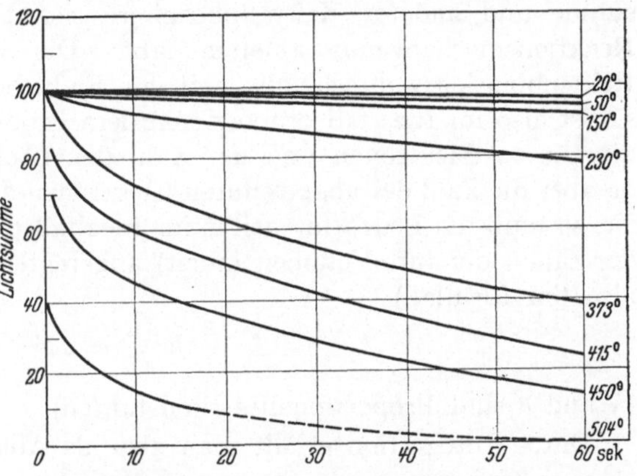

Abb. 26. Abklingung der Lichtsumme während der ersten Minute bei verschiedenen Temperaturen. CaSBiα mit 2 · 10⁻⁶ g Bi.

der Lichtsumme durch eine Summe von e-Funktionen darstellen. Diese Vorstellung ist jedoch heute physikalisch nicht mehr haltbar, und auch die Darstellung der Abklingung durch eine Summe von e-Funktionen ist weder physikalisch noch rein formell gerechtfertigt, um so mehr als man heute — wie wir sehen werden — einen viel einfacheren und einheitlicheren Ausdruck für die Abklingungsfunktion hat.

Quantitatives über die Abklingung. Die Tatsache, daß es sich beim Leuchtprozeß um eine Wiedervereinigung zwischen den abgetrennten Elektronen und den von ihnen hinterlassenen Löchern handelt, führt zu dem Schluß, daß die Abklingung den Gesetzen einer *bimolekularen Reaktion* gehorchen muß. Mit dieser Frage haben sich in den letzten Jahren mehrfach einige russische Autoren beschäftigt (ANTONOFF-ROMANOWSKY und LEWSCHIN [1]). Diese Arbeiten erbrachten den sicheren experimentellen Nachweis, daß man es hier tatsächlich mit einer bimolekularen Reaktion zu tun hat. Dies bezieht sich allerdings

---

1 ANTONOFF-ROMANOWSKY, V. V.: C. R. Leningrad Bd. 2 (1935) Nr. 2. — ANTONOFF-ROMANOWSKY: C. R. Moskau (N. S.) Bd. 17 (1937) Nr. 3 S. 95. — LEWSCHIN, M. L.: Acta phys. polon. Bd. 5 (1936) S. 301; C. R. Moskau (N. S.) 1936 (2) Nr. 3 S. 97.

nur auf die Kristallphosphore. Man darf dies Ergebnis nicht etwa auf alle Lumineszenzstoffe, vor allem nicht auf die Stoffe, die eine reine Fluoreszenz zeigen, z. B. Uranylsalze, übertragen. Die Abklingungsgesetze leuchtender Stoffe sind also durchaus nicht einheitlich. Der exponentielle Verlauf des Abklingens ist an die Annahme geknüpft, daß das Leuchtelektron das leuchtende System („Leuchtzentrum") nicht verläßt, während bei einer Trennung des Elektrons vom „Leuchtzentrum" theoretisch eine Abklingung nach einer Hyperbel zweiten Grades zu erwarten ist. Deswegen klingt das Leuchten etwa der Uranylsalze exponentiell ab, während die Abklingung der Zinksulfide, Erdalkalisulfide und anderer Kristallphosphore sich aus einem bimolekularen Reaktionsmechanismus ableiten läßt. Die Leuchtintensität ist der Rekombinationswahrscheinlichkeit von Elektron und Loch proportional; sie ist also im Idealfall proportional dem Produkt aus der Zahl der abgetrennten Elektronen und der Zahl der Löcher pro Volumeneinheit; da aber die Zahl der abgetrennten Elektronen der Zahl der Löcher gleich ist, so muß die Leuchtintensität im Idealfall proportional dem Quadrat der Zahl n der (pro Volumeneinheit) angeregten Elektronen sein. Es gilt also (im Idealfall)

$$I = -k\,\frac{dn}{dt} = c\,n^2$$

(k und c sind Proportionalitätskonstanten).

Durch Integration erhält man also als Abklingungsfunktion:

$$I = \frac{a}{(b+t)^2} \tag{1}$$

(a und b sind Konstanten; $a = k^2/c$).

Die Frage, ob dem Leuchten ein monomolekularer oder bimolekularer Vorgang zugrunde liegt, läßt sich am sichersten durch die Beobachtung der Leuchtintensität als Funktion der anregenden Intensität bei kurzer Einstrahldauer entscheiden. Bei Variationen der anregenden Intensität im Verhältnis 1:200 ändert sich nach LEWSCHIN die Intensität des Leuchtens quadratisch im Verhältnis 1:40000, *was eindeutig für einen bimolekularen Reaktionsmechanismus* spricht. Bei reinen Fluoreszenzstoffen wie Uranyl, Eosin usw. ist dies nicht der Fall. (Hier folgt auch die Abklingung einem exponentiellen Gesetz. Im Gegensatz zu den Kristallphosphoren ist die Abklingungsgeschwindigkeit bei den reinen Fluoreszenzstrahlern nicht abhängig von der Intensität der anregenden Strahlung.) Auch nach ANTONOFF-ROMANOWSKY ist die Anfangsintensität (bei kurzdauernder Einstrahlung) nicht proportional der absorbierten Energie, wie es bei einer monomolekularen Reaktion sein müßte, sondern proportional dem Quadrat der Energie der eingestrahlten Impulse.

Wenn aus den angeführten und anderen Arbeiten der sichere Schluß zu ziehen ist, daß die Abklingung grundsätzlich nach einem bimolekularen Reaktionsmechanismus erfolgt, also nach einer Gleichung (1), so treten jedoch verschiedene zusätzliche Effekte hinzu, die gewisse Abweichungen bewirken. Wir wollen uns daher zunächst der Abklingungsfunktion zuwenden, die sich aus dem Experiment ergeben hat und anschließend die theoretischen Ansätze erörtern, die sich bei Berücksichtigung der verschiedenen Nebeneinflüsse ergeben.

Als experimentell am besten begründeten Ausdruck für die Abkling-funktion fanden LEWSCHIN und ANTONOFF-ROMANOWSKY die Beziehung

$$I = \frac{A}{t^a} \quad \text{oder} \quad I = A \cdot t^{-\alpha}. \quad (2)$$

(Im doppelt logarithmischen Maßstab zeigen also die Ab-klingungskurven einen linearen Verlauf.)

Die beiden Autoren haben ein reichhaltiges experimentel-les Material für die Gültigkeit der Beziehung (2) beigebracht. Die Versuchsergebnisse sind hauptsächlich an ZnSCu und ZnSMn gewonnen. In Abb. 27, 28 und 29 sind die experimen-tellen Kurven in doppelt log-arithmischem Maßstab wie-dergegeben. Die Beziehung (2) gilt streng über sehr große In-tensitätsbereiche. Nur zu Be-ginn der Abklingung treten systematische Abweichungen auf[1]. Verf. konnte feststellen, daß auch die von WOLF und RIEHL veröffentlichten Abklin-

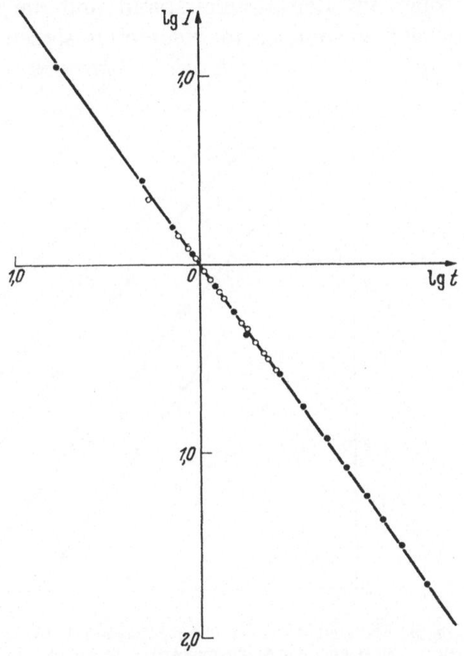

Abb. 27. Abklingfunktion eines ZnS-Phosphors nach LEWSCHIN. (Die Beziehung $I = A \cdot t^{-\alpha}$ ist streng erfüllt.)

gungskurven (vgl. Abb. 79) von ZnSCu und SrSBi sich gut durch die Beziehung (2) wiedergeben lassen. Diese Beziehung ist somit auch auf Erdalkalisulfid-Phosphore anwendbar.

Der Exponent α ist eine gebrochene Zahl < 2. Mit zunehmender Temperatur erreicht er den Wert 2 und bleibt bei weiterer Temperatur-erhöhung konstant[2].

Die Abweichungen des experimentellen Abklingungsgesetzes (2) von der im Idealfall geltenden Hyperbel zweiten Grades sind auf verschiedene Umstände zurückzuführen, so unter anderem darauf, daß die inneren Schichten des Phosphors schwächer erregt werden als die äußeren, auf

---

[1] Diese Abweichungen sind als selbstverständlich zu erwarten, da die Beziehung (2) bei $t = 0$ einen falschen (unendlich großen) Wert von I ergibt. Dieser Mangel haftet der Beziehung (1) nicht an.

[2] Vgl. hierzu auch W. H. BYLER: J. Amer. Chem. Soc. Bd. 60 (1938) S. 632.

die ungleichmäßige Erregung einzelner Körner usw.[1]. Es sind jedoch auch noch weitere, tiefer begründete Ursachen für die Abweichung der Abklingungsfunktion von der aus dem Idealfall sich ergebenden Beziehung vorhanden. Da sich nämlich im allgemeinen Falle die abgetrennten Elektronen nicht alle nur im Leitfähigkeitsband oder nur in den Anlagerungstermen befinden, so hat man es bei einem Phosphor mit mehr als zwei Reaktionspartnern zu tun. So muß man die Elektronen im Leitfähigkeitsband und die Elektronen in den Anlagerungstermen gesondert in Rechnung setzen. *Nur bei genügend hoher Temperatur, bei der sich die Elektronen nicht auf den Anlagerungstermen*

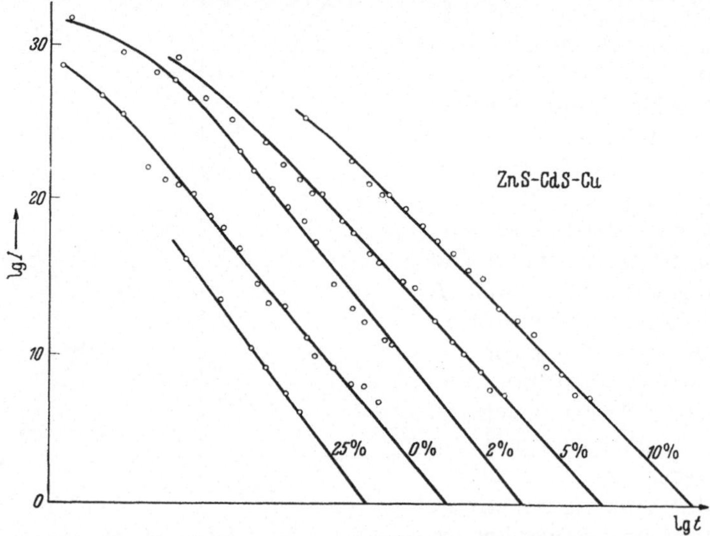

Abb. 28. Abklingfunktion der Phosphoreszenz von ZnCdSCu bei verschiedenen Cd-Gehalten. (Nach LEWSCHIN.) Zu Beginn der Abklingung tritt eine Abweichung von der Beziehung $I = A \cdot t^{-\alpha}$ auf, während im weiteren Verlauf die Beziehung genau erfüllt ist.

speichern können bzw. diese nach kurzer Zeit schon wieder verlassen, entspricht die Abklingungsfunktion genau den Gesetzen der bimolekularen Reaktion. Wie LEWSCHIN *gezeigt hat, kann die Abklingung bei hoher Temperatur durch die Formel* $I = A \cdot t^{-2}$ *dargestellt werden, so daß also hier das bimolekulare Reaktionsgesetz genau erfüllt ist.* Ebenso muß das bimolekulare Abklingungsgesetz in den Fällen erfüllt sein, wo der Phosphor an und für sich nur wenig Anlagerungsstellen enthält. Ein solcher Fall liegt beim ZnCdSAg vor. Messungen von NELSON und JOHNSON haben auch tatsächlich ergeben, daß die Abklingung unmittelbar nach der Erregung hier *genau der Gleichung* (1) *entspricht*[2]. Wenn sich aber die Elektronen auf den Anlagerungstermen speichern können, hat man es nicht

---

[1] Vgl. hierzu V. V. ANTONOFF-ROMANOWSKY: C. R. Acad. U. S. S. R. Bd. 2 (1935) S. 108.

[2] NELSON u. JOHNSON: Phys. Rev. (2) Bd. 55 (1939) S. 592.

mehr mit zwei Reaktionspartnern zu tun, wie bei einer bimolekularen Reaktion, sondern mit mindestens vier, und zwar mit der Zahl der Elektronen in dem Anlagerungsterm, der Zahl der Elektronen im Leitfähigkeitsband, der Zahl der Löcher im besetzten Band und der Zahl der Anlagerungsterme. Die kompletten Differentialgleichungen für diesen allgemeinen Fall haben SCHÖN[1] und später DE GROOT[2] aufgestellt. DE GROOT hat diese Gleichungen graphisch integriert und die Übereinstimmung mit dem Experiment festgestellt. (Bei seinen Versuchen hat DE GROOT das An-

und Abklingen der Lumineszenz an Zinksulfid bei periodischer Beleuchtung von je 0,05 s Dauer, mit Elektronenvervielfacher und Kathodenstrahlröhren, untersucht. Die Anregung erfolgte mit gefilterter Strahlung einer Hg-Höchstdrucklampe, die im spektralen Bereich von 360 bis 380 mμ bzw. 310 bis 320 mμ eine Erregungsdichte von 0,5 W pro Quadratzentimeter ermöglichte. Hierbei konnte also sowohl die Anklingungs- als auch die Abklingungskurve gemessen werden.)

Ohne Berücksichtigung der Anlagerungsstellen ergibt sich für den Prozeß die folgende Differentialgleichung:

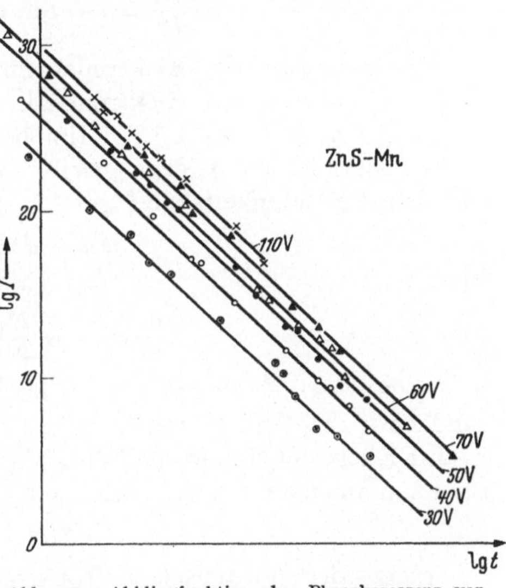

Abb. 29. Abklingfunktion der Phosphoreszenz von ZnSMn bei verschiedenen Erregungsintensitäten (Spannungen V der erregenden Lichtquelle). (Nach LEWSCHIN.) Die Beziehung $I = A \cdot t^{-\alpha}$ ist streng erfüllt.

$$\frac{dn}{dt} = a - b\,n^2, \qquad (3)\,[3]$$

wo n Zahl der Elektronen im Leitfähigkeitsband (= Zahl der Löcher im besetzten Band),

b Rekombinationskoeffizient,

a Zahl der pro Zeiteinheit absorbierten Quanten;

$b\,n^2$ ist die Zahl der pro Zeiteinheit emittierten Quanten.

Die Lösung der Gleichung (3) ergibt sich für die Anklingung (für $a = 0$ bei $t < 0$ und $a = $ const bei $t \geqq 0$) zu

$$I = b\,n^2 = a\left(\operatorname{tg} h \sqrt{a\,b}\; t\right)^2$$

und für die Abklingung (für $a = $ const bei $t < 0$ und $a = 0$ bei $t \geqq 0$) zu

$$I = b\,n^2 = \frac{a}{\left(1 + \sqrt{a\,b}\; t\right)^2}\,.$$

[1] SCHÖN: Verh. dtsch. phys. Ges. (3) Bd. 18 (1937) S. 70.
[2] GROOT, DE: Physica, Haag Bd. 6 (1939) S. 275.
[3] Bei $a = 0$ (Abklingung) wird diese Gleichung identisch mit Gleichung (1) auf S. 68.

Dies ist die Beziehung, die man auf Grund eines rein bimolekularen Charakters der Reaktion erhält. Berücksichtigt man dagegen die Anlagerungsstellen (Anlagerungsterme), so ergeben sich folgende Differentialgleichungen

$$\frac{d n_0}{d t} = a - b n_1 n_0$$

$$\frac{d n_2}{d t} = c n_1 - d n_2$$

$$\frac{d n_1}{d t} = a - b n_1 n_0 - c n_1 + d n_2,$$

wo n_1 Zahl der Elektronen im Leitfähigkeitsband,
n_2 Zahl der Elektronen in den Anlagerungstermen,
n_0 Zahl der Löcher (im besetzten Band).

Im thermischen Gleichgewicht zwischen den Anlagerungstermen und dem Leitfähigkeitsband gilt:

$$c n_1 - d n_2 = 0$$

oder

$$\frac{n_1}{n_2} = \frac{d}{c} = \frac{N_1}{N_2} \cdot e^{-\frac{\varepsilon}{k T}},$$

wo N_1 und N_2 die Gesamtzahl der besetzbaren Terme im Leitfähigkeitsband bzw. der Anlagerungsterme ist.

Mit Rücksicht darauf, daß die Zahl der Anlagerungsterme beschränkt ist, kann man annehmen, daß c eine Funktion von n_2 ist und setzen

$$c = k (N_2 - n_2).$$

Wegen der (graphischen) Integration der obigen Differentialgleichungen sei auf die Originalarbeit von DE GROOT verwiesen.

Während bei den Zinksulfiden und zum Teil auch bei den Erdalkalisulfiden eine gewisse Klärung in bezug auf die Abklingungsfunktion erreicht worden ist, sind die Verhältnisse bei den Zinksilikaten bisher noch weit unübersichtlicher. Am Anfang der Abklingung läßt sich die Abklingung am besten durch eine Exponentialfunktion darstellen, während im späteren Verlauf ein anderes Abklingungsgesetz herrscht[1]. Unter den verschiedenen Stoffgruppen bestehen also bei den Kristallphosphoren beträchtliche individuelle Unterschiede, die zur Zeit noch nicht geklärt sind. Wichtig ist aber, darauf hinzuweisen, daß man es prinzipiell auch bei den Silikaten mit einem bimolekularen Leuchtmechanismus zu tun hat. Diese Frage wurde speziell von RAMBERG und MORTON[2] geprüft. Die von diesen Autoren an Zinksilikat und Zinkberyllsilikat gefundenen Resultate sprechen auch hier zugunsten eines bimolekularen Abklingungsmechanismus.

---

[1] FONDA, G. R.: J. Appl. Phys. Bd. 10 (Juni 1939) Nr. 6. — JOHNSON, R. P.: Phys. Rev. (2) Bd. 55 (1939) S. 881. — JOHNSON, R. P. u. W. L. DAVIS: J. opt. Soc. Amer. Bd. 29 (1939) S. 283.
[2] RAMBERG u. MORTON: Phys. Rev. (2) Bd. 55 (1939) S. 409.

3. Speicherung des Lichtes in Phosphoren. Lichtsummen.

Unter Lichtsumme versteht man bekanntlich die Lichtmenge, die ein Phosphor aufnehmen und in der Kälte über beliebig lange Zeiten speichern kann; durch Wärme kann diese Lichtmenge aus dem Phosphor ausgetrieben werden. Von einer Lichtsumme kann also nur im Zusammenhang mit der echten Phosphoreszenz die Rede sein, denn nur bei der Phosphoreszenz läßt sich das Leuchten einfrieren bzw. durch Hitze austreiben. Die Lichtsumme, die im Phosphor gespeichert worden ist, gelangt nicht spontan zur Emission, sondern erst unter der Einwirkung der Wärmeschwingungen. Fehlen diese Wärmeschwingungen, d. h. ist der Phosphor genügend stark abgekühlt, so gelangt die Lichtsumme nicht zur Ausstrahlung und kann also über beliebig lange Zeiten im Phosphor gespeichert werden. Während bei der Phosphoreszenz die Wärmeschwingungen eine Voraussetzung für die Emission sind, gibt es auch ein Nachleuchten, das ohne Zuhilfenahme von Wärmeschwingungen, spontan, leuchtet. Für dieses meist schnell abklingende Nachleuchten, das man oft in unkorrekter Weise als Fluoreszenz bezeichnet, schlug daher RIEHL die Bezeichnung „spontanes Nachleuchten" bzw. „Spontanleuchten" vor.

Die Untersuchung und Messung der speicherbaren Lichtsumme sowie die Gesetze der Austreibung der Lichtsumme durch Wärme u. dgl. gehören zu den fundamentalen Unterlagen, die wir den Forschungen LENARDs[1] und seiner Schule verdanken. Die hierauf bezüglichen Erkenntnisse haben auch ohne jegliche wesentliche Veränderung bis heute ihre Gültigkeit behalten.

Die Lichtsumme stellt somit das Zeitintegral der Phosphoreszenzhelligkeit (Phosphoreszenz-Lichtstromes) I dar, genommen von der Zeit t (unmittelbar nach Schluß der Erregung) bis zum vollständigen Aufhören der Phosphoreszenz.

$$\int_t^\infty I\,dt$$

Da die Zeit, in der die gesamte Lichtsumme ausgetrieben ist, bei manchen Stoffen sehr lang ist und nach Tagen, ja sogar Monaten zählt, so wird bei der Bestimmung von Lichtsummen meist derart verfahren, daß die Austreibung der Lichtsumme durch Wärme künstlich beschleunigt wird. Gemessen wird die Lichtsumme mittels einer lichtelektrischen Zelle und eines dazugehörigen Elektrometers. (Bei Messungen von durch Hitze ausgetriebenen Lichtsummen muß berücksichtigt werden, daß durch die Erhitzung die spektrale Lage der Emissionsbanden sich vielfach etwas nach längeren Wellen verschiebt. Die α-Bande des CaSBi rückt beispielsweise beim Erhitzen von 0° auf 400° von 450 mμ

---

[1] LENARD: Sitzgsber. Heidelberg. Akad. Wiss., Math.-naturwiss Kl. 1912, 5. Abh.

auf 480 mμ.) Die absolute Größe der gespeicherten Lichtsumme hängt selbstverständlich von den Erregungsverhältnissen ab, und zwar erstens von der Temperatur, bei der die Erregung stattfindet und überdies auch noch von der Wellenlänge der erregenden Strahlung. Bei Erregung etwa mit gewöhnlichem Glühlampenlicht wird man niemals die maximale speicherbare Lichtsumme des Phosphors erreichen, da die im Glühlampenspektrum vorhandene Rot- und Ultrarotstrahlung schon während der Erregung einen Teil der Lichtsumme austreibt oder sogar durch Tilgung löscht. Auch bei Erregung mit Ultraviolett erreicht man vielfach trotz intensivsten Spontanleuchtens nicht die maximale Phosphoreszenzlichtsumme, weil nämlich das Ultraviolett, insbesondere das kürzerwellige, neben der erregenden Wirkung auch eine ausleuchtende bzw. auslöschende Wirkung hat. Am zweckmäßigsten ist zur Erhitzung der maximalen Lichtsumme die Erregung mit einer monochromatischen Strahlung im dazwischenliegenden Gebiet, so z. B. vielfach im Blau. Bei Erregung mit Blau erreicht man insbesondere bei Zinksulfiden und Zinkkadmiumsulfiden die maximale speicherbare Lichtsumme. Außer dem Einfluß der erregenden Strahlung ist aber selbstverständlich die Temperatur des Phosphors von ausschlaggebender Bedeutung. Man kann nur dann die maximale Lichtsumme erfassen, wenn man den Phosphor bei genügend tiefer Temperatur erregt, so daß seine Lichtsumme nicht schon während der Erregung teilweise zur Ausstrahlung gelangt. Bei Zink- und Zinkkadmiumsulfiden ist hierzu stets eine Kühlung des Phosphors erforderlich, bei manchen Erdalkalisulfiden geht dagegen die Ausstrahlung der Lichtsumme so langsam vor sich, daß man keine nennenswerten Verluste in der Lichtsumme während der Erregungszeit bekommt und somit also unbedenklich die Erregung bei Zimmertemperatur durchführen kann.

Die Temperatur, die erforderlich ist, um die Lichtsumme zur Emission zu bringen, ist bei verschiedenen Phosphoren sehr verschieden und auch innerhalb eines einzigen Phosphors mit mehreren Banden für die einzelnen Banden verschieden. So gibt es beispielsweise die sog. Hitzebanden, bei denen die Emission bei Zimmertemperatur praktisch überhaupt nicht stattfindet, sondern die Phosphoreszenz überhaupt erst sichtbar wird, wenn man den Phosphor erhitzt.

Außer durch Erhitzung kann eine Lichtsumme auch durch Ultrarot ausgetrieben werden, jedoch gelangt hierbei in den seltensten Fällen die gesamte gespeicherte Lichtsumme zur Ausstrahlung, sondern meist wird ein Teil des gespeicherten Lichtes getilgt (vgl. Kap. V, 4). Will man also die gesamte Lichtsumme erfassen, so ist man auf die Austreibung durch Erhitzung angewiesen.

LENARD hat geprüft, ob die zur Ausstrahlung gelangte Lichtsumme abhängig von der Temperatur ist, bei der man die Austreibung vornimmt. Er brachte hierzu einen CaSBi-Phosphor in Gestalt eines dünnen Anfluges feinsten Pulvers auf ein heizbares sehr dünnes Platinblech, welches durch Strom geheizt werden konnte. Wurde das Ausleuchten durch ganz allmähliche Steigerung des Heizstromes bewirkt, so betrug die ausgestrahlte Lichtsumme (in willkürlichen Einheiten) 64,2. Bei Erhöhung der Anheizgeschwindigkeit änderte sich die gewinnbare Lichtsumme nur wenig. Selbst bei ganz plötzlicher Erhitzung des Platinbleches bis nahe zu seinem Schmelzpunkt betrug die Lichtsumme immer noch 49,5. In Tabelle 13 sind die Resultate bei der verschieden schnellen Ausheizung eines CaSBi-Phosphors dargestellt.

Man sieht, daß bei extrem schneller Erhitzung ein gewisser Rückgang der Lichtsumme eintritt. Dieser Rückgang ist jedoch wahrscheinlich durch sekundäre Einflüsse (infolge der spektralen Verschiebung der Emission bei Erhitzung) vorgetäuscht. Eindeutiger sind die Resultate, die von LENARD an ZnS gewonnen werden konnten. Diese sind in Tabelle 14 dargestellt.

Tabelle 13.

Anheizgeschwindigkeit	Lichtsumme (willkürliche Einheiten)
40° C, 2 min lang, etwa 40 s, dann 250°	48
140° C, 2 ,, ,, ,, 39,5 s, ,, 250°	41,5
250° C, 2 ,, ,, ,, 38 s, ,, 350°	32
Sofort 1300° C in einem Ruck	32

Tabelle 14.

Temperatur während des Ausleuchtens	Lichtsumme (willkürliche Einheiten)
Erst 30°, dann 70°, zuletzt ganz kurz 250°	61
Von Anfang an 250°	59
Von Anfang an 1300° (nur $^1/_{11}$ s)	62

Man erkennt aus dieser Tabelle, daß die Lichtsumme von der Anheizgeschwindigkeit vollständig unabhängig ist. Wir wissen zwar, daß bei erhöhter Temperatur die Wahrscheinlichkeit für die Umwandlung der aufgenommenen Energie in Wärme, d. h. also der Verlust an Lumineszenzstrahlung größer wird. Doch stehen die eben geschilderten Resultate LENARDs mit den letztgenannten Erfahrungen nicht in Widerspruch. Auch bei schnellster Erhitzung werden die Elektronen nicht sofort die höchste Temperatur annehmen, sondern ihre Temperatur wird zwar schnell, aber doch allmählich von der Zimmertemperatur auf die Höchsttemperatur gelangen. Die Elektronen werden also Gelegenheit haben, von den Stellen, an denen sie gespeichert worden sind (d. h. von den Anlagerungstermen), in das Leitfähigkeitsband zu gelangen und von dort unter Emission von Licht wieder herunterzufallen, noch ehe die Temperatur Werte erreicht hat, bei denen die Lumineszenzfähigkeit nachläßt.

Während der Erregung des Phosphors konvergiert die aufgespeicherte Lichtsumme gegen einen Grenzwert, welcher mit der erregenden Intensität steigt, jedoch so, daß er ein gewisses Höchstmaß nicht überschreitet. Die sich hierauf beziehenden, von LENARD gewonnenen Ergebnisse sind in Tabelle 15 zusammengestellt. Diese Ergebnisse sind an CaSBi-Phosphor gewonnen. Die Erregung folgte durch eine wassergekühlte Eisenbogenlampe, welche zur Variation der erregenden Intensität in verschiedenen Abständen vom Phosphor aufgestellt wurde. Die Messung der Lichtsumme begann stets 10 s nach Schluß der Erregung.

Man sieht, daß der bei der gegebenen Intensität erreichbare Grenzwert um so schneller erreicht wird, je größer diese Intensität ist, daß

Tabelle 15. **Lichtsummen bei verschiedener Erregungsdauer und Erregungsintensität.**

Abstand der Lichtquelle cm	Relative erregende Intensität	Dauer der Erregung in Sekunden:						
		1	5	10 .	20	40	60	300
		Lichtsummen in willkürlichen Einheiten						
50	1						38	43
27	3,6					41		
9	31	31	41	43	45	45		
4,5	124	38	48	48		48		
3	280			48				

er ferner um so höher liegt, je größer die Intensität und daß er schließlich aber auch bei sehr gesteigerter Intensität ein gewisses Höchstmaß, nämlich den Wert 48, nicht übersteigt. Von sehr großer Bedeutung für die Erforschung der Phosphore ist die Frage, wie groß der Absolutwert der Lichtsumme ist, die ein Phosphor maximal speichern kann. Die von LENARD und seinen Schülern gewonnenen Ergebnisse führen zu dem Resultat, daß pro Phosphorogenatom etwa 1 Lichtquant gespeichert werden kann. Dieses Resultat ist von grundsätzlicher Bedeutung. Es steht sowohl mit den älteren Anschauungen LENARDs über den Phosphoreszenzvorgang im Einklang, als auch mit den neueren Vorstellungen (vgl. Kapitel VI). Nach den älteren Vorstellungen sollte sich der Phosphoreszenzvorgang derart abspielen, daß pro Phosphorogenatom 1 oder 2 oder allerhöchstens nur einige wenige Elektronen abgetrennt werden und dann unter Lichtemission wieder zum Phosphorogenatom zurückkehren. Die gespeicherte Lichtsumme müßte also 1 bzw. 2 Lichtquanten pro Phosphorogenatom betragen. Nach den modernen Anschauungen kommt es für die aufspeicherbare Lichtsumme nicht etwa auf die Zahl der vorhandenen Anlagerungsterme an, wie man zunächst annehmen würde, sondern auf die Zahl der vorhandenen *Stör*terme. [Es ist anzunehmen, daß die Zahl der Anlagerungsterme viel größer ist als die der Phosphorogenatome. Wodurch die Zahl der Anlagerungsterme maßgebend bedingt ist, steht noch nicht sicher fest. Die Anlagerungsterme können an sich schon beim zusatzfreien Gitter vorhanden sein, wofür

z. B. der langwellige Ausläufer der Grundgitterabsorption (vgl. Abb. 22 in Kap. V, 1), sowie andere Tatsachen sprechen.] Die Übereinstimmung der Zahl der speicherbaren Lichtquanten mit der Anzahl der Störterme (und somit auch der der Phosphorogenatome) ergibt sich (nach einer unveröffentlichten Überlegung von M. SCHÖN) in folgender Weise. Sofern im obersten besetzten $B—B$ (s. Abb. 41 und auch S. 6) Löcher vorhanden sind, werden alle in die Anlagerungsterme gelangten Elektronen in das besetzte Band herunterfallen, da ja für einen solchen Übergang keinerlei Verbot besteht (s. S. 109). Ein Elektron kann nur dann in metastabiler Weise im Anlagerungsterm sitzen bleiben, wenn das entsprechende Loch sich nicht im besetzten Band, sondern im Störterm befindet. Also ist die Zahl der maximal speicherbaren Elektronen (bzw. Lichtquanten) gleich der Zahl der Störterme (Phosphorogenatome). — (Zu den weiteren hiermit zusammenhängenden Problemen vergleiche insbesondere den zusammenfassenden Bericht von A. SMEKAL [1]). In Abb. 30 ist die Abhängigkeit der speicherbaren Lichtsumme vom Phosphorogengehalt für einen Erdalkaliphosphor (CaSBi) angegeben.

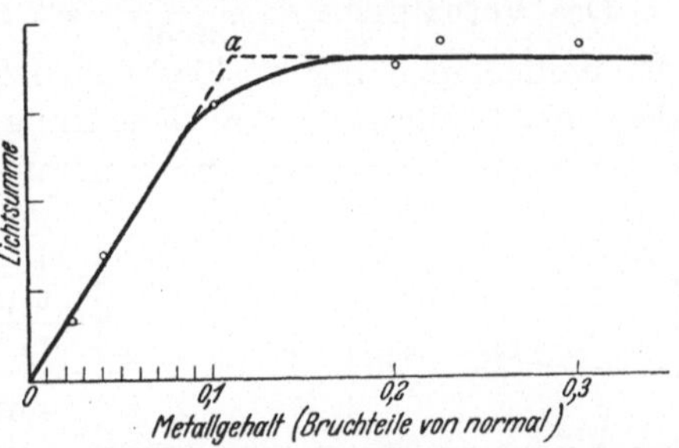

Abb. 30. Abhängigkeit der speicherbaren Lichtsumme vom Phosphorogengehalt bei CaSBi. (Nach LENARD.) (Als „normal" wird nach LENARD der Phosphorogengehalt bezeichnet, bei dem die Helligkeit des Nachleuchtens nach Abschaltung der Erregung am größten ist.)

4. Ausleuchtung und Tilgung durch Rot und Ultrarot.

Läßt man rote oder ultrarote Strahlen auf einen vorbelichteten angeregten Phosphor auffallen, so merkt man, daß die Phosphoreszenz schneller abklingt als unter normalen Bedingungen (E. BECQUEREL). Man nennt diese Erscheinung *Auslöschung* der Phosphoreszenz. Nach den Beobachtungen von LENARD setzt sich diese Auslöschung aus zwei Teilen zusammen, aus der „Ausleuchtung" und der „Tilgung". Die Ausleuchtung besteht darin, daß die im Phosphor aufgespeicherte Energie unter der Wirkung der Rotbestrahlung als *Licht* ausgestrahlt wird; bei der Tilgung dagegen wird die aufgespeicherte Energie in Wärme umgewandelt und geht für die Lichtausstrahlung des Phosphors verloren. Meistens liegen Ausleuchtung und Tilgung *nebeneinander* vor.

Die Tatsache, daß die Ultrarotstrahlung auf den Phosphor einwirken kann, bedeutet, daß sie von ihm *absorbiert* wird. Die roten und ultraroten *Absorptions*banden („auslöschende Absorption") treten nur beim erregten Phosphor auf. Sie sind um so stärker, je stärker die Phosphoreszenz des Phosphors erregt ist. Beim unerregten Phosphor sind die auslöschenden Rot- und Ultrarot-Absorptionsbanden nicht vorhanden.

[1] SMEKAL, A.: Physik in regelmäßigen Berichten, 4. Jg., 1936; Handbuch der Physik, 2. Aufl., Bd. XXIV, 2, S. 795—922.

Die auslöschende Wirkung reicht bis zum kurzwelligen Teil des sichtbaren Spektrums herunter, sie ist also keineswegs auf Rot und Ultrarot beschränkt. Sie läßt sich sogar im Ultraviolett nachweisen. Kurzwelliges Licht kann also gleichzeitig erregend und auslöschend wirken. Wenn man trotzdem meist nur von der Auslöschung durch Rot und Ultrarot spricht, so kommt dies nur daher, daß hier die Auslöschung in isolierter Form — ohne Überdeckung durch gleichzeitige Erregung — vorliegt.

Das Verhältnis $\frac{\text{Ausleuchtung}}{\text{Tilgung}}$ ist bei einem gegebenen Phosphor von der Wellenlänge der auslöschenden Strahlung abhängig. Abb. 31 zeigt diese Abhängigkeit der Ausleuchtung und Tilgung von der Wellenlänge,

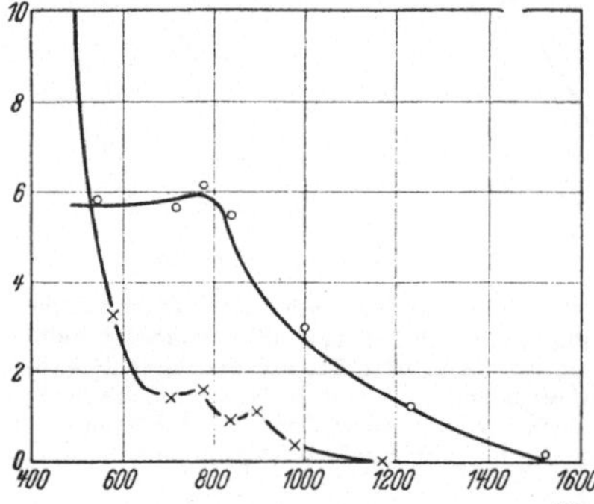

Abb. 31. Abhängigkeit der Ausleuchtung (o) und Tilgung (×) von der Wellenlänge der auslöschenden Strahlung bei CaSBiα. (Nach LENARD.)

und zwar für CaSBiα. Man sieht aus den Kurven, daß bei längerwelliger Bestrahlung die Ausleuchtung, bei kürzerwelliger die Tilgung überwiegt.

Für das Verständnis der Erscheinung wichtig ist — wie wir in Kap. VI sehen werden — auch noch die Abhängigkeit der Tilgung und Auslöschung von der *Temperatur* des Phosphors. Es hat sich ergeben, daß bei tiefen Temperaturen die Ausleuchtung bei weitem überwiegt und die (langwellige) Tilgung stark zurücktritt. Bei hohen Temperaturen überwiegt im Gegenteil die Tilgung.

Wichtig ist ferner die Tatsache, daß die Ausleuchtung oft eine minutenlange *Nachwirkung* zeigt. Das Aufleuchten eines von Ultrarot bestrahlten Phosphors hält nach Abschaltung der Ultrarotbestrahlung noch eine Weile an.

LENARDs Auffassung über das Wesen der Auslöschung durch Ultrarot bestand in der Annahme, daß durch die Absorption des ultraroten Quants das „Leuchtzentrum" auf eine höhere „molekularlokale" Temperatur gelangt und daher die in ihm gespeicherte Energie schneller ausstrahlt. RIEHL[1] gab auf Grund dieser Vorstellung auch eine Erklärung für das Zustandekommen der Tilgung. Er ging dabei von der Tatsache aus, daß bei den in Frage kommenden Phosphoren oberhalb etwa 200° ein Nachlassen der Lumineszenzfähigkeit auftritt und oberhalb etwa 500° die Lumineszenzfähigkeit ganz verschwindet. Bleibt bei der Absorption des Ultrarotquants die „molekularlokale" Temperaturerhöhung unterhalb 200°, so findet nach RIEHL nur Ausleuchtung statt, ist aber die molekularlokale Temperaturerhöhung größer als 500°, so gelangt das Leuchtzentrum in ein Temperaturgebiet, in dem es überhaupt nicht mehr leuchtfähig ist, und es findet daher nur Tilgung statt. Im mittleren Gebiet können Ausleuchtung und Tilgung nebeneinander bestehen. Diese

---

[1] RIEHL: Ann. Phys., Lpz. (5) Bd. 17 (1933) S. 587.

Auffassung entspricht ganz den Beobachtungen von LENARD. Erstens sind die angenommenen lokalen Temperaturerhöhungen (200° und mehr) von derselben Größenordnung, wie es LENARD aus seinen Versuchen findet. Zweitens ist nach dieser Auffassung zu fordern, daß die Tilgung um so mehr gegenüber der Ausleuchtung ausmacht, je kurzwelliger das auslöschende rote bzw. ultrarote Licht ist. Denn je kurzwelliger das ultrarote Lichtquant ist, um so höher die lokale Temperaturerhöhung; d. h. das Zentrum gelangt um so eher in das Temperaturgebiet über 200°. Diese Auffassung wird durch das Experiment bestätigt. Die LENARD-schen Messungen (Abb. 31) ergeben, daß durch langwelliges Ultrarot (λ größer als 1200 $\mu\mu$) nur eine Ausleuchtung hervorgerufen wird, aber keine Tilgung. Dies entspricht ganz der Forderung unserer Theorie. Denn durch das energiearme, langwellige Quant wird eben das Zentrum nicht über die Temperatur hinaus erhitzt, bei der der Abfall seiner Lumineszenzfähigkeit beginnt (keine Erhitzung über 200°!). Bei Be-strahlen des Phosphors mit kurzwelligerem Ultrarot tritt dagegen auch Tilgung auf und wird um so größer, je kleiner die Wellenlänge ist. Hier reicht eben im Sinne der eben entwickelten Vorstellung die Energie des Quants aus, um das Zentrum auf eine Temperatur zu bringen, bei der seine Lumineszenzfähigkeit bereits vermindert ist. Die Abhängigkeit des Quotienten $\dfrac{\text{Tilgung}}{\text{Ausleuchtung}}$ von der makroskopischen Temperatur des Phosphors bei konstanter Wellenlänge des auslöschenden Lichtes kann auf Grund der entwickelten Vorstellung ebenfalls zwanglos erklärt werden. Die Tilgung muß mit zunehmender makroskopischer Temperatur des Phosphors zunehmen, denn das Zentrum gelangt um so leichter in das Gebiet über 200°, je höher seine Anfangstemperatur ist. Dieses Ver-halten wird — wie wir gesehen haben — auch experimentell beobachtet. Mit steigender Temperatur des Phosphors nimmt die Tilgung zu.

Alle diese Vorstellungen geben zwar ein in sich geschlossenes Bild vom Wesen der Erscheinungen, sind jedoch noch an die heute nicht mehr halt-bare Vorstellung des „Leuchtzentrums" gebunden. In Kap. VI werden wir sehen, wie sich diese Betrachtungen unter dem Gesichtspunkt der neueren Auffassung vom Aufbau der Lumineszenzstoffe umwandeln lassen[1].

Im Zusammenhang mit der Auslöschung durch Ultrarot kann noch folgende Frage erörtert werden[2]. Wir wissen, daß das vom Phosphor emit-tierte Licht stets längerwellig ist als die erregende Strahlung. Das emittierte Lichtquant enthält also weniger Energie als das eingestrahlte, und wir können uns fragen, was aus dieser Energiedifferenz wird. Diese Energie-differenz entspricht meist etwa der Energie eines roten oder ultraroten Quants. Eine Aussendung einer Ultrarotstrahlung neben der gewöhnlichen Lumineszenzstrahlung wird nicht beobachtet. Die überschüssige Energie wird also zweifelsohne in Wärme umgewandelt. Wenn aber der Energie-

---

[1] Von weiteren neueren Arbeiten über Ausleuchtung und Tilgung seien angeführt: MOSER, H.: Ann. Phys. (4) Bd. 85 (1928) S. 687. — BANDOW, F.: Ann. Phys., Lpz. (5) Bd. 6 (1930) S. 434. — BÜNGER, W. u. W. FLECHSIG: Z. Phys. Bd. 67 (1931) S. 42.

[2] Vgl. N. RIEHL: Ann. Phys., Lpz. Bd. 29 (1937) S. 650.

überschuß sich in Wärme umwandelt, so muß an der Stelle des Phosphors, an der die Erregung oder die Emission stattfindet, eine molekularlokale Temperaturerhöhung auftreten, die zur beschleunigten Austreibung der aufgespeicherten Lichtsumme beitragen muß (vgl. hierzu Kapitel „Abklingung").

5. Temperaturabhängigkeit der Lumineszenz.

Bei Betrachtung der Temperaturabhängigkeit muß man streng zwischen *Phosphoreszenz* und *Spontanleuchten* unterscheiden, denn bei diesem ist die Temperaturabhängigkeit ganz anders geartet als bei jener.

a) Wir wollen zunächst die Temperaturabhängigkeit der Phosphoreszenz betrachten. Wie bereits in den vorangehenden Kapiteln erörtert, wird bei der Phosphoreszenz die im Phosphor aufgespeicherte Lichtsumme überhaupt nur dann vom Phosphor wieder abgegeben, d. h. ausgestrahlt, wenn eine gewisse thermische Bewegung vorliegt. Bei einer genügend tiefen Temperatur würde die aufgespeicherte Lichtsumme über unendlich lange Zeiträume im Phosphor verbleiben, ohne daß ein Leuchten zu beobachten wäre. Erst die thermische Agitation veranlaßt den Übergang der Elektronen von dem Anlagerungsterm auf das Leitfähigkeitsband und führt somit zum Leuchten. Der Grad der Erhitzung, der notwendig ist, um die gespeicherte Lichtsumme auszutreiben und somit ein Leuchten zu erreichen, ist für verschiedene Phosphore und auch für verschiedene Banden ein und desselben Phosphors verschieden. Beim CaSBi-Phosphor beispielsweise wird die blaue α-Bande schon bei Zimmertemperatur mit beträchtlicher Intensität als Phosphoreszenzlicht ausgestrahlt. Dagegen erscheint die grüne β-Bande in der Emission erst bei etwa 200°. Außerdem existiert beim CaSBi auch noch eine rote γ-Bande, die bei Zimmertemperatur so schnell ausgestrahlt wird, daß man sie nicht ohne weiteres als zur Phosphoreszenz gehörig erkennt. Erst bei Abkühlung des Phosphors auf —45° C findet die Ausstrahlung dieser roten Bande mit einer so verringerten Geschwindigkeit statt, daß diese Bande auch im Nachleuchten erkennbar wird. LENARD hat zur Kennzeichnung dieser Verhältnisse folgende Terminologie eingeführt: Er bezeichnet als Kältezustand oder *unteren Momentanzustand* einer Phosphoreszenzbande das Temperaturgebiet, bei der die gesamte Phosphoreszenz eingefroren ist, so daß also überhaupt keine Phosphoreszenzausstrahlung stattfindet, vielmehr alles erregte Phosphoreszenzlicht im Phosphor im gespeicherten Zustand sitzt. Bestrahlt man einen derart abgekühlten Phosphor mit kurzwelligem Licht oder Ultraviolett, so ist das Leuchten, was man dann noch beobachtet, ausschließlich Spontanleuchten. Phosphoreszenzleuchten tritt hierbei nicht auf. Erst beim Erwärmen tritt Phosphoreszenzleuchten auf, und die gespeicherte Lichtsumme wird wieder abgegeben. Als *Dauerzustand* bezeichnet LENARD das Temperaturgebiet, in dem bei der betreffenden Bande sowohl Aufspeicherung als auch Ausstrahluug der Lichtsumme stattfindet. Der Phosphor leuchtet also sowohl während der Erregung als auch nach

Schluß der Erregung. Der dritte Temperaturzustand ist schließlich der sog. Hitzezustand *(oberer Momentanzustand)*. Hier geschieht die Ausstrahlung so schnell, daß eine Speicherung des Lichtes überhaupt nicht stattfindet und dementsprechend auch ein Nachleuchten nicht mehr auftritt.

Wir wollen an dem Beispiel der vorhin erwähnten 3 Banden des CaSBi die eben gegebenen Definitionen illustrieren. Die grüne β-Bande befindet sich bereits bei Zimmertemperatur im unteren Momentanzustand. Es findet zwar Speicherung statt, aber kein Nachleuchten. Die α-Bande befindet sich bei Zimmertemperatur im Dauerzustand. Es findet sowohl Aufspeicherung als auch Ausstrahlung statt. Die Bande tritt also bei Zimmertemperatur auch im Nachleuchten auf. Die rote γ-Bande dagegen befindet sich schon bei Zimmertemperatur im oberen Momentanzustand. Sie klingt schon bei Zimmertemperatur so schnell ab, daß man sie im Nachleuchten nicht feststellen kann. Man muß also den Phosphor abkühlen, um diese Bande auch im Nachleuchten zu erhalten.

Die eben geschilderten Verhältnisse ändern sich allerdings auch noch durch verschiedene Arten von Erregung. So können z. B. die Kältebanden durch Kathodenstrahlen auch bei Zimmertemperatur erregt werden[1].

Die eben dargestellte Temperaturabhängigkeit der Phosphoreszenz ist schon durch die Untersuchungen LENARDs und seiner Schüler weitgehendst erforscht und die hierbei obwaltenden Verhältnisse grundsätzlich klargestellt.

b) Ganz anders geartet ist die Abhängigkeit des *Spontanleuchtens* von der Temperatur. Bei diesem findet ja keinerlei Speicherung des Lichtes statt. Die aufgenommene Energie gelangt spontan, d. h. ohne Zuhilfenahme der Wärmebewegung, zur Ausstrahlung. Demgemäß ist die Intensität des Leuchtens bei tiefen und mittleren Temperaturen in weitesten Grenzen von der Temperatur unabhängig, zumindest soweit der Absorptionskoeffizient des Lumineszenzstoffes für die erregende Strahlung nicht von der Temperatur abhängt.

Bei Temperaturen zwischen dem absoluten Nullpunkt und Zimmertemperatur ist bei den meisten anorganischen Lumineszenzstoffen eine Änderung des Spontanleuchtens mit der Temperatur nicht zu bemerken. Bei weiterer Erwärmung des Lumineszenzstoffes jedoch tritt bei einer gewissen Temperatur ein allmähliches Nachlassen der Lumineszenzfähigkeit auf (Abb. 32). Bei manchen, insbesondere bei organischen lumineszierenden Stoffen tritt das Nachlassen der Lumineszenzfähigkeit allerdings schon unterhalb der Zimmertemperatur auf. Aus noch zu erörternden theoretischen Gründen sowie aus der Erfahrung folgt, daß bei sämtlichen Lumineszenzstoffen irgendwelcher Art eine Temperaturerhöhung stets nur eine Verminderung der Lumineszenzfähigkeit, niemals aber eine Erhöhung mit sich bringt. Ausnahmen können nur durch sekundäre

---

[1] RUPP, E.: Ann. Phys., Lpz. Bd. 75 (1924) S. 369.

Einflüsse vorgetäuscht werden, z. B. dadurch, daß der Absorptionskoeffizient für die erregende Strahlung mit zunehmender Temperatur steigt. Daß die Lumineszenzfähigkeit bei tiefen Temperaturen stets nur eine bessere und niemals eine schlechtere sein kann als bei höheren Temperaturen, folgt schon aus der grundsätzlichen Definition des Begriffes Lumineszenzstrahlung. Im Gegensatz zur Temperaturstrahlung tritt Lumineszenz stets dort auf, wo die absorbierte Strahlungsenergie sich nicht über alle Freiheitsgrade der Atome verteilt, wo sie also nicht dem Wärmevorrat des Körpers zugeführt wird. Lumineszenzerregung liegt dann vor, wenn das absorbierende System gegenüber seiner Umgebung mehr oder weniger isoliert ist, d. h. also die energetische Wechselwirkung gering ist. Daher muß man auch erwarten, daß bei tiefer Temperatur Lumineszenzerscheinungen stärker auftreten als bei

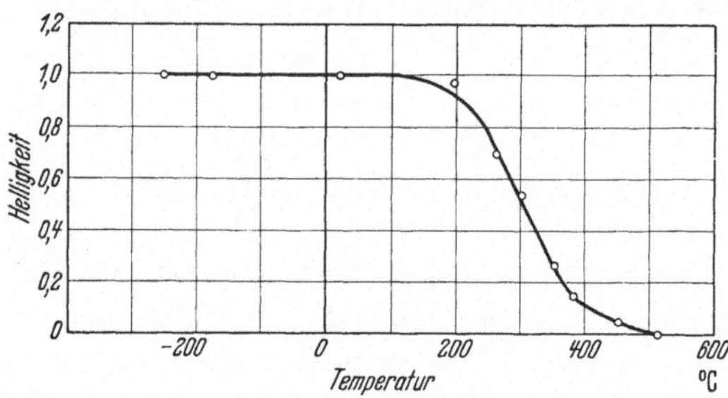

Abb. 32. Temperaturabhängigkeit der (durch α-Strahlen erregten) Lumineszenz von ZnSCu.

hoher. Denn bei tiefer Temperatur ist die Wechselwirkung zwischen den Atomen vermindert. So sind bei tiefer Temperatur (etwa Temperatur der flüssigen Luft) sehr viele organische und auch zahlreiche anorganische Stoffe lumineszenzfähig. Bei Temperaturen oberhalb 500° sind dagegen die meisten bekannten Luminophore überhaupt nicht mehr lumineszenzfähig[1]. Eine präzise quantenmechanische Begründung für das Nachlassen der Lumineszenzfähigkeit mit steigender Temperatur haben MÖGLICH und ROMPE gegeben[2] (vgl. Kapitel „Theorie der Lumineszenz"). Bei erhöhter Temperatur ist aus den oben angegebenen Gründen die Wahrscheinlichkeit für die Umwandlung der vom Lumineszenzstoff aufgenommenen Energie in Wärme größer. Die erregende Energie wird zwar aufgenommen, aber ein Teil von ihr geht bei genügend hoher Temperatur in Wärme über, so daß die Lumineszenzfähigkeit nachläßt. Dieses Nachlassen der Lumineszenzfähigkeit beginnt bei den meisten anorganischen Luminophoren erst bei Temperaturen von einigen hundert Grad Celsius. In besonders klarer Weise ergeben sich diese Verhältnisse aus den Messungen, die RIEHL bei der Untersuchung der Temperaturabhängigkeit des durch α-Strahlen erregten Leuchtens von ZnSCu gemacht hat (vgl. Abb. 32). Da in diesem Fall der Lumineszenzstoff durch α-Strahlen erregt war, so kam eine Änderung des Absorptionskoeffizienten der erregenden Strahlung mit

---

[1] RIEHL, N.: Ann. Phys., Lpz. (5) Bd. 17 (1933) S. 587. Vgl. auch das Verschwinden der Tribolumineszenz bei Erhitzung des Phosphors nach A. IMHOF: Phys. Z. Bd. 18 (1937) S. 82.

[2] MÖGLICH, F. u. R. ROMPE: Z. Phys. Bd. 115 (1940) S. 707.

der Temperatur nicht in Frage. Die Erregungsstärke hatte also einen konstanten, temperaturunabhängigen Wert, so daß die Abhängigkeit der Leuchtintensität von der Temperatur gleichzeitig auch die Abhängigkeit der *Lumineszenzfähigkeit* (Ausbeute) des Stoffes von der Temperatur darstellt[1]. RIEHL hat gefunden, daß bei dem von ihm untersuchten ZnSCu die Lumineszenzfähigkeit zwischen 252° und +200° C konstant bleibt, bei 200° anfängt abzusinken und bei 500° ganz auf Null abgefallen ist. Oberhalb 500° besteht die Lumineszenzfähigkeit überhaupt nicht, sowohl bei Erregung durch α-Strahlen, als auch bei sonstigen Arten von Erregung.

J. T. RANDALL[2] hat eine ausführliche Untersuchung der Temperaturabhängigkeit des durch langwelliges Ultraviolett erregten Leuchtens bei Zinksulfiden verschiedener Art und einigen anderen Luminophoren durchgeführt. Er findet ebenso wie RIEHL einen allmählichen Abfall der Lumineszenz bei Temperaturen von einigen hundert Grad Celsius. Dagegen beobachtet er bei niedrigen Temperaturen (z. B. zwischen 0 und 200°) einen gewissen, manchmal ziemlich starken Anstieg der Lumineszenz. Wie er selbst bemerkt, dürfte dieser Anstieg mit einem Anstieg des Absorptionskoeffizienten für das erregende langwellige Ultraviolett zusammenhängen. Es sind hier also zwei Effekte, die sich überlagern, nämlich erstens die Temperaturabhängigkeit der Lumineszenzfähigkeit als solcher und zweitens die Temperaturabhängigkeit der Intensität der vom Luminophor aufgenommenen erregenden Strahlung.

Im Zusammenhang mit der Temperaturabhängigkeit muß noch auf folgende Untersuchung von RIEHL hingewiesen werden[3]. Er hat nämlich gefunden, daß bei einigen Zinkkadmiumsulfid-Luminophoren die Leuchtintensität *steiler als proportional* der auffallenden Ultraviolettintensität steigt. Bei schwacher Erregung wird also ein größerer Teil der erregenden Energie in Wärme umgewandelt als bei starker. Die Deutung für diese Erscheinung ergibt sich, wenn man bedenkt, daß die Abklingzeit des Leuchtens um so kürzer ist, je stärker die Erregung (vgl. Kapitel „Abklingung") und andererseits die Wahrscheinlichkeit für eine Umwandlung des aufgenommenen Quants in Wärme um so größer sein muß, je länger die Aufenthaltsdauer der Energie im Kristall ist. Bei schwacher Erregung ist diese Aufenthaltsdauer länger und daher die Verluste durch Umwandlung in Wärme größer. Durch Erhöhung der Temperatur des Luminophors nimmt die Zahl der Zusammenstöße mit den umgebenden Atomen und somit auch die Wahrscheinlichkeit für die Umwandlung des aufgenommenen Quants in Wärme zu. Daher tritt der von RIEHL gefundene Effekt bei *erhöhter* Temperatur in stärkerem Maße auf, und zwar tritt er hierbei nicht nur bei einigen, sondern bei *allen* Zink- und

---

[1] Vgl. S. 116.
[2] RANDALL, J. T.: Proc. phys. Soc., Lond. Bd. 49 (1937) S. 46.
[3] RIEHL: Z. techn. Phys. Bd. 20 (1939) S. 152.

Zinkkadmiumsulfiden auf[1]. Bei jedem Zink- oder Zinkkadmiumsulfid, das eine Temperatur von mindestens 200 bis 300° hat, ist die Lumineszenzfähigkeit (Lumineszenzausbeute) von der Erregungsintensität abhängig, und zwar um so mehr, je höher die Temperatur.

Während bei den allermeisten anorganischen Lumineszenzstoffen das Nachlassen der Lumineszenzfähigkeit schon bei einigen 100° beginnt, gibt es *einzelne* Gruppen lumineszenzfähiger Substanzen, bei denen dieses Nachlassen erst bei wesentlich höheren Temperaturen auftritt und noch oberhalb 500° Leuchtfähigkeit besteht. Das ist insbesondere bei den *seltenen Erden* der Fall, sowie auch beim *Rubin*. Infolge der besonders isolierten Lage der für die Lumineszenz verantwortlichen Elektronen vertragen diese Stoffe eine recht hohe Erhitzung, ohne die Lumineszenzfähigkeit einzubüßen. Die isolierte Lage der Elektronen in den genannten Fällen ergibt sich schon allein aus der Tatsache, daß man es hier mit *Linienspektren*, d. h. also mit wenig gestörten Leuchtmechanismen zu tun hat. Schließlich ist anzunehmen, daß bei allen Kristallen, die ein verringertes Temperaturstrahlungsvermögen haben (Selektivstrahler, „Nichtstrahler"[2]), auch noch bei ganz hohen Temperaturen Lumineszenzerscheinungen auftreten können. Tatsächlich sind auch bei derartigen Stoffen (z. B. Berylloxyd, Aluminiumoxyd) Lumineszenzen (bei Flammenerregung) bei Temperaturen von über 1000° beobachtet worden[3].

Ausführliche Untersuchungen über Lumineszenzfähigkeit und Spektren verschiedener Stoffe bei tiefer Temperatur haben in letzter Zeit noch EWLES[4] und RANDALL[5] durchgeführt. Hierbei zeigte es sich im Einklang mit dem bereits oben Gesagten, daß sehr zahlreiche Substanzen, die bei Zimmertemperatur keine Fluoreszenz zeigen, bei tiefen Temperaturen leuchtfähig werden.

6. Einfluß elektrischer und magnetischer Felder.

Es ist schon seit langem bekannt, daß die Ausleuchtung der im Phosphor gespeicherten Lichtsumme auch durch hohe elektrische Felder von mindestens einigen 1000 V pro Zentimeter erreicht werden kann[6].

---

[1] Besondere Messungen haben ergeben, daß dieser Effekt nicht etwa dadurch vorgetäuscht ist, daß der Absorptionskoeffizient für die erregende Strahlung von der Erregungsintensität abhängt, was an sich denkbar wäre. Vielmehr ist der Bruchteil der von einem Luminophor aufgenommenen erregenden Energie bei schwacher sowie bei starker Erregung der gleiche. Es wird also die Lumineszenzfähigkeit *selbst* bei schwacher Erregung aus den oben erläuterten Gründen kleiner.

[2] SKAUPY u. LIEBMANN: Phys. Z. Bd. 31 (1930) S. 373.

[3] NICOLS, S. B. u. HOWES: J. opt. Soc. Amer. Bd. 6 (1922) S. 42.

[4] EWLES: Proc. roy. Soc., Lond. (A) Bd. 167 (1938) S. 34.

[5] RANDALL: Nature, Lond. Bd. 142 (1938) S. 113.

[6] GUDDEN, B. u. R. POHL: Z. Phys. Bd. 2 (1920) S. 192. — HINDERER, H.: Ann. Phys., Lpz. Bd. 10 (1931) S. 265. — SCHMIDT, F.: Ann. Phys., Lpz. Bd. 70 (1923) S. 161.

Die Erscheinung tritt in der Weise auf, daß die verstärkte Ausstrahlung der Lichtsumme bei einem vorher angeregten Phosphor im Augenblick des Einschaltens des Feldes eintritt (vgl. Abb. 33). Bei jedem Einschalten tritt das Aufblitzen des Phosphors ein. Wiederholt man den Ein- bzw. Ausschaltprozeß, bzw. polt man das Feld um, so kann man eine Folge von vielen Lichtblitzen verfolgen. Demgemäß läßt sich durch Anlegen von elektrischen Wechselfeldern eine Ausleuchtung der aufgespeicherten Summe erzielen. Allerdings läßt sich durch die elektrischen Felder nur ein sehr kleiner Bruchteil der gesamten Lichtsumme zur Ausstrahlung bringen. Eine analoge Ausleuchtung besteht nach RUPP auch in magnetischen Wechselfeldern[1]. Hier ist allerdings die Ausleuchtung noch schwächer als bei elektrischen Feldern.

Außer der Ausleuchtung von bereits erregten Phosphoren durch Wechselfelder ist auch eine Erregung von ursprünglich unerregten Phosphoren durch elektrische Wechselfelder beobachtet worden. In letzter Zeit ist diese Erscheinung sehr eingehend von G. DESTRIAU untersucht

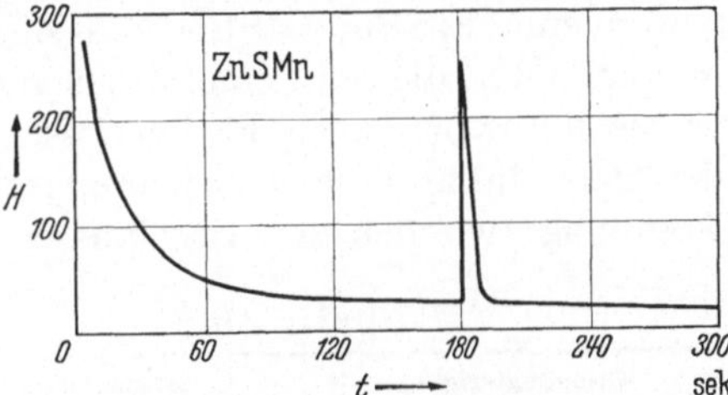

Abb. 33. Aufleuchten von ZnSMn beim Einschalten eines elektrischen Feldes. H Helligkeit; t Zeit nach Schluß der Erregung in Sek. (Nach F. SCHMIDT.)

worden[2]. Er führte seine Untersuchungen mit elektrischen Feldern von 100000 bis 700000 V pro Zentimeter durch. Die Anregung der Lumineszenz durch das elektrische Feld wurde nur in Wechselfeldern beobachtet. Die Intensität des Leuchtens nimmt mit der angelegten Spannung zu, und zwar nach dem Gesetz $I = A \cdot e^{V/B}$ wo A und B Konstante sind. Ein Nachleuchten tritt nicht auf.

7. Druckzerstörung und Druckverfärbung.

LENARD und KLATT[3] beobachteten als erste, daß bei vielen Phosphoren, insbesondere Erdalkaliphosphoren, beim Mörsern eine beträchtliche Schwächung der Lumineszenzfähigkeit auftritt. Sie fanden weiter, daß gleichzeitig auch eine *Verfärbung* der Phosphore eintritt. Diese Erscheinungen treten bevorzugt dann auf, wenn man einen besonders *harten* Erdalkaliphosphor vor sich hat, beispielsweise einen Phosphor, der unter Verwendung von Kalziumfluorid als Schmelzmittel hergestellt ist. LENARD und seine Schüler haben ihre Versuche an solchen besonders hergestellten Phosphoren durchgeführt, Phosphoren also, die infolge ihrer

[1] RUPP, E.: Ann. Phys., Lpz. Bd. 75 (1924) S. 326.
[2] DESTRIAU, G.: J. Chim. physique Bd. 34 (1937) S. 117, 327, 462; C. R. Acad. Sci., Paris Bd. 208 (1939) S. 891.
[3] LENARD u. KLATT: Ann. Phys., Lpz. Bd. 12 (1903) S. 439.

Präparation besondere Neigung zur Druckverfärbung und Druckzerstörung hatten. Die heute industriell hergestellten, technisch verwertbaren Phosphore werden unter ganz anderen Gesichtspunkten präpariert. Sie werden stets so gewonnen, daß das geglühte Präparat eine sehr geringe Härte besitzt und schon bei verhältnismäßig schwachem Druck in ein Pulver zerfällt. Dementsprechend sind die Erscheinungen, die man an den technischen Präparaten findet, ganz anders als die Erscheinungen, die LENARD und seine Schüler beobachteten. Eine starke Verminderung der Leuchtfähigkeit beim Mörsern ist zwar an technischen Präparaten auch zu beobachten, die Verfärbung tritt hier aber zumeist überhaupt nicht auf. Jedenfalls hat Verf. an einer Reihe technisch gewonnener SrSBi-, CaSBi- und ZnS-Phosphoren auch beim stärksten Mörsern nicht die Spur einer Verfärbung beobachten können. Das gleiche wurde ihm von vielen Fachgenossen bestätigt[1]. Wir wollen daher bei der Darstellung dieses Erscheinungsgebietes von Anfang an eine gewisse Trennung zwischen den Ergebnissen der LENARDschen Schule und den neueren Untersuchungen anderer Forscher einhalten, denn diese sind nicht an dem gleichen Objekt durchgeführt wie jene. Zunächst mögen die Ergebnisse der LENARDschen Schule geschildert werden.

Tabelle 16.

Grundmaterial	Druckfarbe
Kalziumsulfid	fleischrot bräunlich
Strontiumsulfid	kirschrot
Bariumsulfid	grün
Magnesiumsulfid	braun

Ergebnisse von LENARD *und seinen Mitarbeitern an Erdalkalisulfiden mit besonderer Neigung zur Druckverfärbung und -zerstörung*[2]. Die beim Mörsern auftretende Färbung hängt nicht von der Art des Phosphorogens ab, sie ist vielmehr für ein bestimmtes Grundmaterial charakteristisch. Auch das reine Sulfid ohne Phosphorogen zeigt Druckverfärbung. In Tabelle 16 sind diese „Druckfarben" für einige Grundmaterialien zusammengestellt. Die Druckfarbe ist nicht eine unmittelbare Wirkung des Mörserns, sondern sie tritt erst auf, wenn der gedrückte Phosphor hellem weißem Licht ausgesetzt ist. Hierbei kommt die verfärbende

---

[1] Lumineszenzstoffe zeigen — besonders im Tageslicht — stets eine gewisse zarte Färbung. Diese zarte Färbung rührt von dem *Lumineszenz*licht her, das in dem Phosphor durch den kurzwelligen Teil des auffallenden Lichtes erregt wird. ZnSCu zum Beispiel erscheint im Tageslicht zart grün, weil sein Lumineszenzlicht grün ist. An sich ist ZnSCu ein *weißer* Körper, denn er besitzt keine Absorptionsbanden im Sichtbaren. Gemörserte Lumineszenzstoffe besitzen infolge des Rückganges der Lumineszenzfähigkeit eine geringere oder gar keine Färbung. Sie erscheinen, verglichen mit dem ungemörserten Luminophor schmutzig-grau oder — infolge der Kontrastwirkung — schwach gefärbt, und zwar komplementär zur Färbung des ungemörserten Materials. Dieser Farbeindruck hat wohlgemerkt nichts mit Druckverfärbung zu tun.

[2] Vgl. Handbuch der Experimentalphysik, Bd. 23, Teil 1, S. 627—648.

Wirkung dem kurzwelligen Teil des Spektrums zu. Die langwellige Grenze des verfärbend wirkenden Lichtes liegt (zumindest für SrSBi und CaSBi) bei etwa 525 µ. Die verfärbende Wirkung steigt beim Übergang ins langwellige und mittelwellige Ultraviolett.

Durch Bestrahlung mit langwelligem Licht wird die Färbung rückgängig gemacht. (Der Bereich des Spektrums — bei SrS z. B. 450 bis 530 mµ — kann sowohl färbend als auch entfärbend wirken). Die durch langwelliges Licht wiederentfärbte Substanz ist allerdings nicht in allen Eigenschaften mit der noch ungefärbten identisch. Die druckzerstörte Substanz kann also in drei zu unterscheidenden Zuständen vorliegen, nämlich im *ungefärbten*, im *gefärbten* und im *wiederentfärbten*.

Durch Erhitzung auf 300 bis 400° wird die Druckverfärbung beseitigt.

Was die Druck*zerstörung* anbelangt, so sind den Arbeiten der LENARD-schen Schule folgende Tatsachen zu entnehmen.

1. Allseitiger Druck wirkt nicht zerstörend[1]. In Vaselinöl suspendiertes Phosphorpulver wird selbst bei einem Druck von 7000 Atmosphären nicht druckzerstört; die aufspeicherbare Lichtsumme bleibt unverändert. — RIEHL und ORTMANN[2] haben darauf hingewiesen, daß angesichts dieser Tatsache es eigentlich unstatthaft ist, von einer *Druck*zerstörung zu sprechen, denn der Druck als solcher zerstört den Phosphor nicht, sondern erst das Zerspalten des Kristalls bringt die Verminderung der Lumineszenzfähigkeit. Es wäre also wohl richtiger, von einer *Spalt*zerstörung zu sprechen. Auch die Annahme LENARDs, daß die Druckzerstörung als Anzeichen für einen *sperrigen* Bau der Leuchtzentren aufzufassen sei, entbehrt somit einer experimentellen Grundlage[3].

2. Das lange Nachleuchten (Phosphoreszenz) wird im *gleichen* Maß von der Druckzerstörung betroffen wie das kurze Nachleuchten (spontanes Nachleuchten bzw. Ultraviolett- oder Momentanprozeß). Mit anderen Worten: Die Abklingungskurven werden von der Druckzerstörung nicht beeinflußt, die Helligkeit ist durch die Druckzerstörung um den gleichen Prozentsatz vermindert, unabhängig davon, zu welcher Zeit nach Schluß der Erregung man die Messung vornimmt[4]. — Dieses wichtige Resultat beweist übrigens[5], daß Druckzerstörung und Zerstörung durch α-Strahlen *nicht* wesensgleich sind, wie dies LENARD angenommen hatte, denn wie WOLF und RIEHL[6] gezeigt haben, wird bei Zerstörung durch α-Strahlen die Phosphoreszenz viel stärker zerstört als das Momentanleuchten. Druckzerstörung und Zerstörung durch α-Strahlen sind also wesentlich verschiedene Erscheinungen (s. Näheres unter „Zerstörung der Lumineszenzstoffe durch α-Strahlen" in Kap. IX, 1c).

---

[1] KUPPENHEIM, H.: Ann. Phys., Lpz. Bd. 70 (1923) S. 116.
[2] RIEHL u. ORTMANN: Ann. Phys., Lpz. (5) Bd. 29 (1937) S. 556.
[3] RIEHL, N. u. H. ORTMANN: Vgl. S. 557.
[4] Handbuch der Experimentalphysik, Bd. 23, Teil 1, S. 630—632.
[5] RIEHL, N. u. H. ORTMANN: Vgl. S. 557.
[6] WOLF, P. M. u. N. RIEHL: Ann. Phys., Lpz. (5) Bd. 17 (1933) S. 581.

Die Untersuchungen der LENARDschen Schule schienen darauf hinzudeuten, daß durch das Mörsern eine Erhöhung der Dichte des Phosphors eintritt[1]. RIEHL und ORTMANN konnten jedoch durch sorgfältige Messungen zeigen[2], daß eine meßbare Veränderung der Dichte durch das Mörsern *nicht* eintritt. Hiermit entfällt übrigens auch die letzte experimentelle Begründung für die Annahme eines sperrigen Baues der Leuchtzentren.

Neuere Ergebnisse über Druckzerstörung. Wir wenden uns nun den *neueren* Untersuchungen dieses Erscheinungsgebietes zu. Hierbei handelt es sich im wesentlichen um die mehrfach erwähnten Untersuchungen von RIEHL und ORTMANN. Diese Autoren gingen von folgender Überlegung aus: Das gemörserte Material besitzt stets eine geringere Korngröße als das ursprüngliche, nicht gemörserte. Infolgedessen ist die Durchsichtigkeit des Phosphors nach dem Mörsern stets wesentlich geringer als vorher. Durch Absorption und Streuung des Lichtes innerhalb der Phosphoreszenzschicht tritt also schon eine vergrößerte Schwächung des emittierten Lichtes ein. Diese Schwächung hat nichts mit der Druckzerstörung zu tun, sondern ist auf rein optische Momente zurückzuführen. Was als Druckzerstörung beobachtet wird, ist tatsächlich in den meisten Fällen lediglich der Helligkeitsrückgang infolge des feineren Kornes. Hinzu kommt, daß infolge des feineren Kornes beim gemörserten Phosphor von der erregenden Strahlung eine geringere Tiefe erfaßt wird. Durch Reflexion und Streuung wird das erregende Licht am Eindringen in tiefere Schichten verhindert. Ein feinkörniges, gemörsertes Material wird also weniger durcherregt als ein grobkörniges. ·Durch orientierende Versuche überzeugten sich RIEHL und ORTMANN, daß diese rein optischen Einflüsse tatsächlich eine sehr große Rolle spielen und daß man den absoluten Betrag der wahren Druckzerstörung nur dann erfassen kann, wenn man diese Einflüsse ausschließt. Es wurde daher folgende Versuchsmethodik gewählt: Der Phosphor wurde in einer so dünnen Schicht aufgetragen, daß praktisch jedes Korn für sich allein lag und daß eine Überdeckung mehrerer Körner kaum stattfand. Durch diese Methodik war die Möglichkeit gegeben, die Druckzerstörung ohne Überlagerung irgendwelcher optischen Effekte messend zu erfassen.

Die Untersuchungen von RIEHL und ORTMANN wurden an ZnSCu und SrSBi durchgeführt. Es ergab sich, daß ein in überaus dünner Schicht aufgetragener Phosphor tatsächlich bei weitem nicht den großen Helligkeitsrückgang durch Mörserung erleidet wie in dicker Schicht. Der höchste Helligkeitsrückgang (gemessen in dünner Schicht), den RIEHL und ORTMANN durch intensivste Mörserung erzwingen konnten, betrug nur knapp 40%. Der sehr große Helligkeitsverlust, den man an demselben Phosphor in dicker Schicht beobachtet, ist durch die erwähnten

---

[1] WAENTIG, P.: Z. phys. Chem. Bd. 51 (1905) S. 435. — WINAWER, B.: Diss. Heidelberg 1909.
[2] RIEHL u. ORTMANN: Vgl. S. 557.

optischen Einflüsse infolge verkleinerten Kornes vorgetäuscht und hat nichts mit der wahren Druckzerstörung zu tun. Die wahre Druckzerstörung erwies sich als bei weitem nicht so groß, wie man bis dahin glaubte. Es zeigte sich z. B., daß bei einer mittelfein gemörserten Fraktion des Phosphors die wahre Druckzerstörung weniger als 10% ausmacht, d. h. schon nahe an der Meßfehlergrenze liegt.

Nachdem RIEHL und ORTMANN die absolute Größe der Druckzerstörung ermittelten, waren sie in der Lage, die theoretisch sehr interessante Frage zu prüfen, ob die beim Mörsern eines Phosphors entstehenden Risse *bevorzugt* durch die Leuchtzentren gehen. Die insbesondere von A. SMEKAL[1] vertretene Auffassung vom Aufbau der Phosphore sieht nämlich die Leuchtzentren als Fehl- oder Lockerstellen an. Die Druckzerstörung wurde hierbei als Argument für diese Auffassung vom Bau der Phosphore und für die Existenz der Lockerstellen überhaupt herangezogen. Wenn diese Argumentation zutrifft, so könnte man erwarten, daß bei der mechanischen Zerstörung der Kristalle die entstehenden Risse vorzugsweise durch die Lockerstellen und somit auch durch die Phosphoreszenzzentren gehen. Zur Nachprüfung dieser Frage mußte versucht werden, die Zahl und Ausdehnung der Risse abzuschätzen, die bei einem bestimmten Mörserungsgrad im Phosphor auftreten. Gelingt diese Abschätzung, so kann man ausrechnen, wieviel Zentren bei gleichmäßiger Verteilung der Risse betroffen werden müßten. Ist der Prozentsatz der tatsächlich leuchtunfähig gewordenen Zentren von derselben Größenordnung wie der aus der Anzahl der Risse errechnete Prozentsatz, so bedeutet das, daß die Risse nicht bevorzugt durch die Zentren gehen. Werden dagegen sehr viel mehr Zentren zerstört, als es nach der günstigsten Schätzung der Rißzahl und -ausdehnung zu erwarten ist, so muß die SMEKALsche Annahme zu Recht bestehen und die Risse bevorzugt durch die Leuchtzentren gehen.

Eine Abschätzung der Anzahl und Ausdehnung der Risse im gemörserten Phosphor erhielten RIEHL und ORTMANN durch Vergleich der Lichtstreuung des gemörserten Phosphors mit der Lichtstreuung des ungemörserten Materials. Die Lichtstreuung findet ja an sämtlichen Rissen, die zur Aufhebung des optischen Kontaktes führen, statt, unabhängig davon, ob der Riß zu einem Auseinanderfallen des Kornes geführt hat oder nicht. Risse und Scherungen, die nicht zur Aufhebung des optischen Kontaktes führen, werden bei dieser Methode nicht erfaßt, doch ist dieses Moment, wie wir sehen werden, für die Schlußfolgerungen belanglos.

Auf Grund dieser Abschätzung gelangen RIEHL und ORTMANN zu einem theoretisch (geometrisch) errechneten Prozentsatz der zerstörten Zentren, der recht genau mit dem Prozentsatz übereinstimmt, den die Autoren experimentell ermittelten. Es liegt somit kein Anlaß zu der

---

[1] SMEKAL, A.: Über den Aufbau der Realkristalle, Como 1927 (Nicola Zanichelli, Bologna).

Annahme vor, daß das Leuchtzentrum einen mechanischen locus minoris resistentiae darstellt, und daß die Risse bevorzugt durch die Zentren gehen. Zumindest aber ist aus diesen Resultaten zu schließen, daß man die Tatsache der Druckzerstörung nicht *ohne weiteres* als Argument für die ursprünglich von SMEKAL ausgesprochenen Vorstellungen heranziehen darf. Man kann (nach persönlicher Mitteilung von A. SMEKAL) die eben geschilderten experimentellen Ergebnisse nur dadurch mit der Vorstellung vom Leuchtzentrum als „Lockerstelle" in Einklang bringen, daß man annimmt, daß das gesunde Gitter beim Mörsern überhaupt nicht gelitten habe, und die Spalten lediglich die Gebiete verminderter Bindungsfestigkeit erfassen. Ausgehend von einer solchen Anschauung würde man natürlich die obigen experimentellen Ergebnisse nicht mehr als Schwierigkeit für die Vorstellung vom Einbau des Phosphorogens in den Lockerstellen empfinden.

8. Thermolumineszenz.

Bei den meisten Phosphoren findet die Ausstrahlung der aufgespeicherten Lichtsumme bereits bei Zimmertemperatur statt. Die thermische Agitation der Zimmertemperatur genügt hier also schon, um die aufgespeicherte Lichtsumme auszutreiben. Es gibt jedoch auch eine Anzahl von Stoffen, bei denen die aufgespeicherte Lichtsumme erst bei Erhöhung der Temperatur in nennenswertem Maße zur Ausstrahlung gelangt. Dies gilt beispielsweise bei Kalkspat, Strontianit, Rubin, Saphir, Corund sowie einigen Doppeloxyden (Spinelle). In der LENARD-schen Terminologie pflegt man zu sagen, daß die Phosphoreszenzbanden dieser Stoffe eine *hohe Temperaturlage* haben. Diese als *Thermolumineszenz* bezeichnete Erscheinung unterscheidet sich grundsätzlich durch nichts von dem bekannten Aufleuchten eines nachleuchtenden Phosphors bei Erwärmung. Ein gradueller Unterschied liegt einzig darin, daß die „thermolumineszierenden" Stoffe bei Zimmertemperatur nur „sehr wenig" Nachleuchten zeigen und daß ihr Nachleuchten im wesentlichen überhaupt erst bei Erwärmung beobachtbar wird. Alle diese Verhältnisse haben wir im Kapitel V, 3 bereits ausreichend erörtert.

Wenn es dennoch lohnend erscheint, die „Thermolumineszenz" in einem eigenen Abschnitt gesondert zu behandeln, so liegt es daran, daß es Stoffe gibt, die *ohne* jegliche vorhergehende Erregung mit Licht oder Ultraviolett ein Aufleuchten beim Erwärmen zeigen. Bei solchen Stoffen ist es also berechtigt, von einer wahren Thermolumineszenz zu sprechen. Dieses Erscheinungsgebiet soll im folgenden geschildert werden.

Am genauesten untersucht ist die Thermolumineszenz am natürlichen Flußspat. Flußspat zeigt bei Erregung mit Licht ein gewisses, sehr schwaches Nachleuchten. Erwärmt man einen erregten Flußspat auf 80 bis 100°, so leuchtet er hell auf, da die bei der Lichterregung aufgespeicherte Energie in kürzerer Zeit und daher mit größerer Intensität wieder ausgestrahlt wird. Hier haben wir es noch mit einer gewöhnlichen langsam abklingenden Phosphoreszenz zu tun. Gegenüber den sonstigen Phosphoren besteht höchstens ein gradueller, aber kein grundsätzlicher Unterschied. Es wurde jedoch festgestellt, daß beim Zerschlagen von undurchsichtigen Flußspatstücken auch die aus dem Inneren stammenden Teile, die also nie ans Licht gekommen waren, beim Erwärmen aufleuchten[1]. E. WIEDEMANN[2] nimmt daher an, daß der Flußspat durch die im Erdinneren vorhandenen radioaktiven Strahlen seinen Energievorrat empfangen habe. Daß Flußspat und andere Stoffe durch Aufnahme radioaktiver Strahlung erregt werden, ist ja allgemein bekannt. So leuchtet Flußspat bei Erregung durch Radium sehr intensiv über viele Stunden nach, während Bestrahlung durch Sonnenlicht nur sehr kurzdauernde Phosphoreszenz zu erzeugen vermag. Auch kann Flußspat, der durch Erwärmung die gesamte in ihm aufgespeicherte Energie abgegeben hat, durch Bestrahlung mit Radium wieder zum Aufleuchten gebracht werden[3]. Die Bestrahlung mit Radium bewirkt meistens gleichzeitig auch eine Verfärbung des Flußspates, so daß man annahm, daß diese Verfärbung in einem kausalen Zusammenhang mit der Phosphoreszenz stehe. H. HIRSCHI[4] beobachtete jedoch, daß ein Flußspat von Sembranscher Wallis, der sich durch Radiumbestrahlung nicht färbte, dennoch kräftige, langdauernde Phosphoreszenz zeigte. HIRSCHI[5] beobachtete auch eine deutlich ausgeprägte Phosphoreszenz bei Feldspaten, insbesondere bei Orthoklasen aus Pegmatiten von Elba. HIRSCHI hält es für möglich, daß die β-Strahlung des Kaliums selbst die Energiespeicherung bewirkt habe. Bei den Flußspaten ist anzunehmen, daß die Erregung entweder von dem schwachen Gehalt an radioaktiven Stoffen des Minerals selbst oder von der radioaktiven Strahlung der Umgebung oder aber von der Höhenstrahlung herrührt. S. ROTHSCHILD[6] hat die wahre Thermolumineszenz des Flußspates besonders eingehend untersucht und durch überzeugende Versuche ihre Existenz sichergestellt. Er bediente sich eines Flußspates aus dem Bergwerk Oelsbach bei Oberkirchen. Es wurden zunächst einige Flußspatproben geprüft, die bereits seit einigen Jahren zutage gefördert und sodann im Dunkeln aufbewahrt worden waren. Beim Einwerfen in auf 150° erhitztes Paraffin[7] trat intensives Aufleuchten ein. Dieser Versuch zeigte, daß

---

[1] KAYSER, H.: Handbuch der Spektroskopie Bd. 4. Leipzig 1908.
[2] Siehe W. TRÄNKLE: Ber. Nat. Ver. Regensburg 1903, 1904.
[3] PRZIBRAM, K.: Wien. Ber. II a. Bd. 130 (1921) S. 265.
[4] HIRSCHI, H.: Schweiz. Min. u. Pet. Mitt. 3 (1923) 3/4.
[5] HIRSCHI: Schweiz. Min. u. Pet. Mitt. 5 (1925) Heft 2 S. 427.
[6] ROTHSCHILD, S.: Festschrift VICTOR GOLDSCHMIDT. Heidelberg: Karl Winters Univ.-Buchhandlung 1928.
[7] Das Einwerfen des Minerals in heißes Paraffin ist zweckmäßiger als das Erhitzen etwa mit einer Flamme, da im letzteren Falle die Stücke dekrepitieren.

die aufgenommene Energie über lange Zeit aufgespeichert bleibt. Ferner wurden Proben im Bergwerk selbst unmittelbar nach der Sprengung entnommen, in schwarzes Papier verpackt und dann, ohne jemals ans Licht gelangt zu sein, ebenfalls in heißes Paraffinöl geworfen. Auch hierbei zeigte sich ein starkes Aufleuchten. Durch diese Versuche ist sichergestellt, daß im Erdinnern — vermutlich durch die Einwirkung radioaktiver Strahlung — eine Erregung des Flußspates stattgefunden hat, daß die so gespeicherte Energie selbst im Laufe von Jahren nicht entweicht und daß sie erst bei der Erhitzung auf über 100° ausgetrieben werden kann. Wir sehen, daß es sich hier um eine Erscheinung handelt, die nicht als gewöhnliche Lichtsummenaustreibung, wie sie bei allen Phosphoren bekannt ist, angesehen werden kann. Der Unterschied besteht darin, daß im vorliegenden Fall eine Erregung durch Licht oder Ultraviolett überhaupt nicht stattgefunden hat und daß die Speicherung der Energie durch andere Einflüsse, vermutlich durch radioaktive Strahlung, erfolgt ist. Die Lichtsumme wird über Jahre gespeichert, bei Zimmertemperatur kann ein Leuchten auch mit den empfindlichsten Mitteln nicht nachgewiesen werden (der unbelichtete, aus dem Bergwerk stammende Flußspat hat auch nach 14 Tagen keine Spur einer Einwirkung auf die photographische Platte gezeigt). Die Phosphoreszenz kommt überhaupt erst durch die Erwärmung zum Vorschein. Es hat daher eine gewisse Berechtigung, in diesem Falle von einer *wahren* Thermolumineszenz zu sprechen.

9. Tribolumineszenz.

Beim Mörsern von Phosphoren tritt vielfach Leuchten auf. Dieses Leuchten wird als Tribolumineszenz bezeichnet. Die Tribolumineszenz läßt sich leicht beispielsweise derart demonstrieren, daß man eine kleine Menge des pulverförmigen Phosphors in den Hals einer Pulverflasche legt und den angeschliffenen Stopfen der Flasche in den Hals unter Drehung eindrückt. Die zwischen Flaschenhals und Glasstopfen liegenden Phosphorteilchen werden zerdrückt und leuchten dabei auf. Besonders geeignet sind hierfür Zinksulfide. Am hellsten ist die Erscheinung bei möglichst grobkörnigen Materialien. Die Tribolumineszenz (Trennungsleuchten) wird übrigens nicht nur an Phosphoren, sondern auch an zahlreichen anderen Stoffen wie z. B. an Zucker beobachtet. Auf Grund der bisherigen Untersuchungen muß man annehmen, daß das Aufleuchten mit einer elektrischen Entladung zusammenhängt, die zwischen den auseinandergebrochenen Teilen des Kristalls entsteht. Hierfür spricht insbesondere die Tatsache, daß beim Zerbrechen geeigneter Stoffe das gleiche Stickstoffspektrum beobachtet wird, das bei elektrischer Entladung in der Luft auftritt. Zerbricht man eine an sich lumineszenzfähige Substanz, so tritt meist neben dem Stickstoffspektrum auch das Lumineszenzspektrum der betreffenden Substanz auf, so daß man von einer Erregung des Phosphors durch die beim Zerbrechen entstehende elektrische Entladung sprechen kann[1]. — Das Leuchten beim Kristallisieren dürfte wahrscheinlich auch auf Tribolumineszenz beruhen[2].

10. Sensibilisierte Lumineszenz.

Theoretisch und praktisch ist die Frage von Interesse, ob es möglich ist, das Erregungsgebiet lumineszierender Stoffe durch Zusatz von Sensibilisatoren in einen anderen Spektralbezirk zu verlegen, ähnlich wie dies in der Photographie bei der Sensibilisierung von Platten geschieht. Schon VANINO und ZUMBUSCH[3] haben nach einer derartigen Sensibilisierung gesucht, indem sie die fertigen Phosphore mit Farbstoff wie etwa Eosin anfärbten. Sie konnten jedoch auf diese Weise keinerlei Sensibilisierung erzielen.

Erst S. ROTHSCHILD gelang es, eine Sensibilisierung von Phosphoren zu finden[4]. ROTHSCHILD stellte fest, daß Samariumphosphore, die normalerweise nur durch kurzwelliges Ultraviolett erregt werden können, auch durch langwelliges Ultraviolett (Glasultraviolett) und sogar durch violettes Licht erregbar werden, wenn dem Phosphor eine geringe Menge von Wismut zugesetzt ist. Dem Wismut kommt also in diesem Fall die Rolle eines Sensibilisators zu, der die Erregbarkeit aus dem kurzwelligen Ultra-

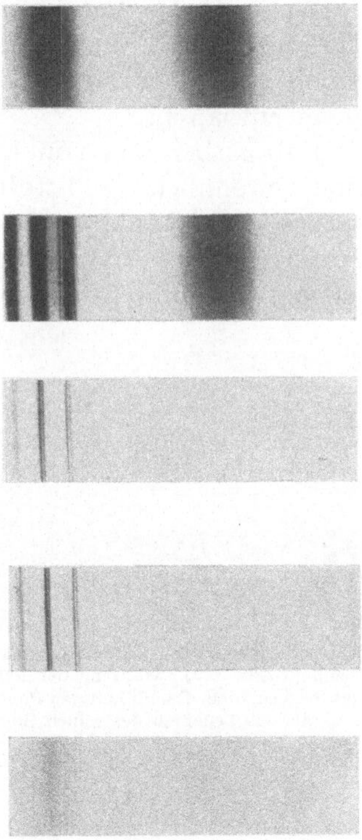

a CaSBi

b CaSBiSm

c CaSSm

d CaSPbSm

e CaSPb

Abb. 34. Wirkung des Zusatzes von Bi oder Pb auf CaSSm-Phosphore (Nach ROTHSCHILD). Das Sm-Leuchten des Phosphors mit Bi-Zusatz (b) ist intensiver als das Leuchten des reinen Sm-Phosphors (c). Zusatz von Pb ergibt während der Erregung bei Zimmertemperatur keine Wirkung (d).

[1] Vgl. hierzu Näheres im Handbuch der Experimentalphysik, Bd. 23, Teil 2, S. 976—983. An sonstiger Literatur seien aufgeführt: IMHOF, A.: Phys. Z. Bd. 18 (1917) S. 82. — LENARD, P.: Ann. Phys., Lpz. Bd. 46 (1892) S. 639. — LONGCHAMBON, H.: C. R. Acad. Sci., Paris Bd. 174 (1922) S. 1633, Bd. 176 (1923) S. 691. — TOMASCHEK, R.: Ann. Phys., Lpz. Bd. 65 (1921) S. 195, Bd. 67 (1922) S. 614. — TOMOJI, INOUE, MINORO KUNITOMI u. EIICHI SHIBATA: J. Sci. Hirosima Univ. (A) Bd. 9 (1939) S. 129. — WAGGONER, C. W.: Phys. Rev. (II) Bd. 7 (1916) S. 402. — WICK, F. G.: Wien. Anz. 1936 S. 249 u. Wien. Ber. Bd. 145 (1936) S. 689. — R. E. NYSWANDER u. B. E. COHN [Phys. Rev. 2. Folge, Bd. 36 (1930) S. 1257] haben beim Zerreiben von Kristallen auch eine *aufspeicherbare* Erregung beobachtet.

[2] Vgl. z. B. DÖRING: Naturwiss. Bd. 22 (1934) S. 838 u. Bd. 23 (1935) S. 19.

[3] ZUMBUSCH, E.: Diss. München 1911.

[4] ROTHSCHILD, S.: Naturwiss. Bd. 20 (1932) S. 850 (vorläufige Mitteilung); Phys. Z. Bd. 35 (1934) S. 557, Bd. 37 (1936) S. 757. Vermerkt sei hier, daß auch schon eine ältere Untersuchung von R. TOMASCHEK [Ann. Phys., Lpz. Bd. 75 (1924) S. 109] auf das Vorliegen von sensibilisierter Lumineszenz hindeutet.

violett ins langwellige verlegt. Der genannte Effekt zeigt sich speziell an Erdalkalisulfidphosphoren. Die sensibilisierende Wirkung ist sowohl im Leuchten während der Erregung, als auch im Nachleuchten vorhanden.

So gibt ROTHSCHILD einen Kalziumsulfidphosphor an, der pro Gramm $2 \cdot 10^{-4}$ g Sm und $1,3 \cdot 10^{-5}$ g Bi enthält. Der Sensibilisierungseffekt ist sogar bei noch kleineren Bi-Konzentrationen (z. B. $3 \cdot 10^{-7}$ g pro Gramm Phosphor) vorhanden.

Während das Leuchten des Sm durch das Wismut eine große Verstärkung erfährt, findet das Leuchten des Wismuts selbst eine Abschwächung gegenüber den Phosphoren, die die gleiche Menge an Wismut allein enthalten.

Daß es bei dem von ROTHSCHILD gefundenen Effekt sich nicht um eine gewöhnliche Selbsterregung handelt, etwa derart, daß die kurzwellige blaue Strahlung des Wismuts das langwellige (rote) Leuchten des Sm erregt, geht daraus hervor, daß bei einem mechanischen Gemisch fertiger Sm- und Bi-Phosphore eine Sensibilisierungswirkung nicht auftritt. Der Sensibilisator muß dem Phosphor vor dem Glühvorgang zugesetzt und in ihn eingebaut sein.

ROTHSCHILD probierte eine Reihe anderer Zusätze in bezug auf ihre Fähigkeit, zu sensibilisieren bzw. sensibilisiert zu werden. Kupfer und Mangan haben keinerlei Sensibilisatorwirkung gezeigt. Mit Praseodym als Phosphorogen hergestellte Phosphore

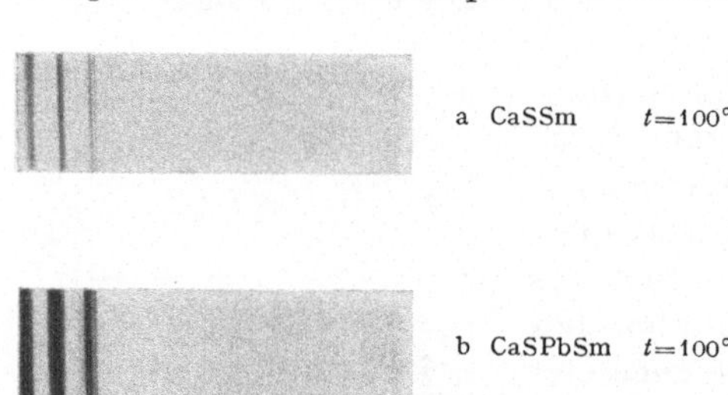

a CaSSm $t=100°$

b CaSPbSm $t=100°$

Abb. 35. Wirkung des Zusatzes von Pb auf CaSSm-Phosphore (nach ROTHSCHILD). Während der Erregung bei 100° ist das Sm-Leuchten des Pb-haltigen Phosphors (b) intensiver als das Leuchten des reinen Sm-Phosphors (a).

lassen sich im Gegensatz zu den Sm-Phosphoren durch Wismutzusatz nicht sensibilisieren. Ein CaSNd-Phosphor dagegen konnte durch Zusatz von Bi deutlich sensibilisiert werden.

Die sensibilisierende Wirkung des Wismuts tritt bei CaOSm-Phosphoren ebenso deutlich auf wie bei CaSSm-Phosphoren.

Während bei Zimmertemperatur das Blei sich als Sensibilisator nicht bewährt hat, tritt eine sensibilisierende Wirkung des Bleis bei CaSSm-Phosphoren sehr wohl auf, wenn man die Temperatur des Phosphors erhöht. Dies hängt offenbar damit zusammen, daß CaSPb-Phosphore in der Hitze viel heller leuchten als in der Kälte[1]. Offenbar vermögen die eingebauten Bleiatome ihre Energie erst bei erhöhter Temperatur abzugeben. Bei SrSPbSm-Phosphoren tritt eine Verstärkung des Sm-Leuchtens bei Erregung mit Filterultraviolett durch Zusatz von Pb schon bei Zimmertemperatur ein. Die Pb-Emission selbst wird durch die Anwesenheit von Sm stark unterdrückt.

---

[1] LENARD, P. u. V. KLATT: Ann. Phys., Lpz. Bd. 15 (1904) S. 433.

Besonders interessant ist die sensibilisierende Wirkung des Bleis bei CaOSm-Phosphoren. Während Bleizusatz auf die Sm-Emission sensibilisierend wirkt und in einem CaOPbSm-Phosphor durch Filterultraviolett ein helles Sm-Leuchten erregt werden kann, tritt unter den gegebenen Bedingungen beim CaOPb eine Pb-Emission nicht auf. Unter den genannten Bedingungen kann also das Blei nur als Sensibilisator, nicht aber als Phosphorogen auftreten.

Blei kann ferner noch bei Praseodymphosphoren (CaSPr) sensibilisierend wirken. Bleifreie CaSPr-Phosphore zeigen bei Erregung mit Filterultraviolett nur die im roten Spektralgebiet liegende Emission der α-Gruppe, die grüne Emission tritt nicht auf. Bei reinen SrSPr-Phosphoren tritt bei Erregung mit Filterultraviolett weder die β-, noch die α-Gruppe auf. Bei Anwesenheit von Blei dagegen sind sowohl bei CaS wie bei SrS beide Emissionsgruppen vorhanden. Auffallend ist hierbei daß eine Schwächung des Pb-Leuchtens bei Gegenwart von Pr nicht zu beobachten ist.

Wir sehen also, daß an einer Reihe von Mischphosphoren der Sensibilisierungseffekt deutlich nachweisbar ist. Allerdings ist die Zahl der Zusatzkombinationen, bei denen die Sensibilisierung auftritt, nur verhältnismäßig gering.

Die Sensibilisierung beschränkt sich jedoch nicht auf die Sulfide und Oxyde der Erdalkalien, vielmehr konnte dieser Effekt auch an einem ganz anders gearteten Lumineszenzstoff, nämlich an Kalziumwolframat, beobachtet werden. Das Leuchten des Sm im Kalziumwolframat wird, wie erstmalig SWINDELLS gezeigt hat, durch Zusatz von Blei sehr verstärkt[1]. Abb. 37 zeigt Spektralaufnahmen, die M. SCHÖN an einem von RIEHL und THIEME hergestellten Sm- und Pb-haltigen Kalziumwolframat gemacht

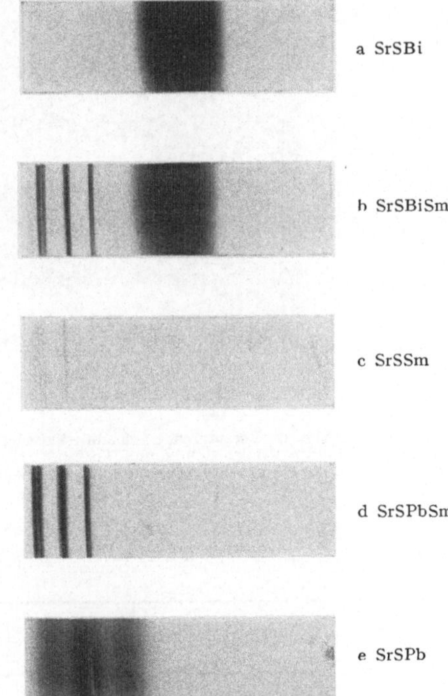

Abb. 36. Wirkung des Zusatzes von Bi oder Pb auf SrSSm-Phosphore (nach ROTHSCHILD). Das Sm-Leuchten der Phosphore mit Bi- (b) oder Pb-Zusatz (d) ist intensiver als das Leuchten des reinen SrSSm-Phosphors (c).

hat. Diese Aufnahmen zeigen deutlich den starken Sensibilisierungseffekt.

Es ist anzunehmen, daß es noch eine Anzahl weiterer Fälle sensibilisierter Lumineszenz gibt. Auffallend ist, daß die bisher beobachteten Fälle von Sensibilisierung alle nur bei Lumineszenzstoffen auftraten, die eine seltene Erde als Phosphorogen besitzen. — In Tabelle 17 sind die bisher untersuchten Fälle der sensibilisierten Lumineszenz übersichtlich zusammengestellt.

---

[1] SWINDELLS: J. opt. Soc. Amer. Bd. 23 (1933) S. 129.

Offenbar wird bei der sensibilisierten Lumineszenz die absorbierte Strahlung — analog wie bei der photographischen Sensibilisierung — zunächst von dem Sensibilisatoratom aufgenommen und die Energie

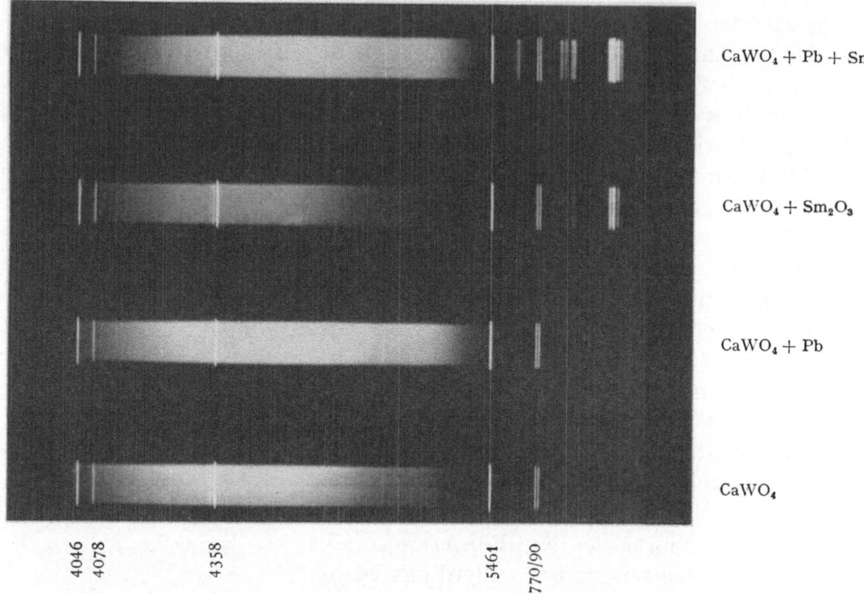

Abb. 37. Verstärkende (sensibilisierende) Wirkung des Pb-Zusatzes auf das Leuchten des Sm in CaWO$_4$ (nach RIEHL, SCHÖN und THIEME). Die mit Wellenlängenangabe versehenen Linien gehören zu einem Hg-Vergleichsspektrum. Die Sm-Linien befinden sich am rechten (roten) Ende des Spektrums.

Tabelle 17. Übersicht über das Auftreten einer sensibilisierenden Wirkung während der Erregung von Phosphoren mit Filter-Ultraviolett.

Zweites Fremdmetall	Phosphore						
	CaSSm	SrSSm	CaSPr	SrSPr	CaSAg	SSAg	CaWO$_4$Sm
Bi	+	+	—	—			
Pb	(+)	+	+	+			+
Ag	—	—	⊕	—			
Cu	—	—	—	—			
Pr					—	+	
Sm, Nd, Y . .					—	—	

+ Wirkung vorhanden; (+) Wirkung nur in der Hitze; ⊕ schwache Wirkung; — keine Wirkung.

erst dann auf das Phosphorogenatom übertragen. — Es gibt auch sehr zahlreiche Fälle, wo ein neben dem Phosphorogen im Phosphor enthaltener Zusatz statt einer Verstärkung eine Abschwächung der Lumineszenz hervorruft. Zusätze dieser Art werden heute vielfach „Killer" genannt[1]. So wird z. B. das Leuchten des Kupfers und Silbers im

[1] Vgl. z. B. L. LEVY u. D.W.WEST: Trans. Faraday Soc. Bd. 35 (1939) S. 128.

Zinksulfid außerordentlich stark durch Eisen, Nickel und Kobalt geschwächt. Schon ein Zusatz von beispielsweise einem Millionstel Nickel genügt, um die Nachleuchtfähigkeit des Zinksulfides stark herabzusetzen. Curie und Saddy[1], sowie Wolf und Riehl[2] haben Gründe dafür angeführt, daß beim Killereffekt nicht etwa die Phosphorogenatome durch den Killer verdrängt werden, sondern daß die Killeratome die eingestrahlte Energie aufnehmen, sie in Wärme verwandeln und somit den Phosphorogenatomen entziehen. Man könnte also den Killer als einen „negativen Sensibilisator" ansehen. — Immerhin muß entschieden davor gewarnt werden, die Sensibilisatorwirkung und die „Killer"-Wirkung von Zusätzen in Parallele zu setzen und als verwandte Erscheinungen zu betrachten. Denn während der Sensibilisator eine neue Erregungs-(Absorptions-)Bande schafft und offenbar selbst direkt die dieser Bande entsprechende Strahlung aufnimmt, liegen die Verhältnisse bei der Killerwirkung anders. Nach Riehl kann (zumindest bei ZnS, bei dem die Killerwirkung gerade besonders stark auftritt) die eingestrahlte erregende Energie vom *Gitter selbst* absorbiert werden. Jetzt erst tritt das Killeratom in Aktion, indem es die Energie vom Gitter übernimmt und sie in Wärme umwandelt. Die Energieübertragungsverhältnisse sind also bei Sensibilisatoren und bei Killern ganz verschieden. (Vgl. auch die jüngst erschienene Arbeit von P. Brauer[3] über CaOSmPr.)

11. Selbsterregung.

In der Literatur ist immer wieder auf die Möglichkeit einer Selbsterregung bei Phosphoren hingewiesen worden, indem man sich vorstellte, daß das eigene Phosphoreszenzlicht des Phosphors in diesem selbst als erregende Strahlung fungieren kann. Zunächst konnten jedoch keine direkten Beweise für die Existenz der Selbsterregung angeführt werden, vielmehr wurde dieser Prozeß nur hypothetisch angenommen, um diese oder jene ungeklärte Erscheinung zu erklären. So haben beispielsweise Lewschin und W. Antonoff-Romanowsky[4] beobachtet, daß bei einigen Phosphoren die Abklingungskurve des Nachleuchtens um so flacher ist, in je dickerer Schicht der Phosphor aufgetragen ist. Sie deuteten dies durch eine Selbsterregung des Phosphors. Sie vermuteten also, daß die tiefer liegenden Schichten des Phosphors durch ihr Phosphoreszenzlicht die darüber liegenden Schichten erregen, wodurch eine verspätete Ausstrahlung des Phosphoreszenzlichtes und hierdurch eine Abflachung der Abklingungskurve verursacht werden soll. Riehl[5] bemühte sich, direkte Beweise für die Existenz der Selbsterregung zu erbringen. Er

---

[1] Curie, M. u. J. Saddy: C. R. Acad. Sci., Paris Bd. 194 (1932) S. 2040.

[2] Wolf u. Riehl: Ann. Phys., Lpz. (5) Bd. 17 (1933) S. 583.

[3] Brauer, P.: Z. Phys. Bd. 114 (1939) S. 245; Ann. Phys., Lpz. Bd. 36 (1939) S. 97.

[4] Lewschin u. W. Antonoff-Romanowsky: Phys. Z. Sowjet Bd. 5 (1934) S. 808.

[5] Riehl: Ann. Phys., Lpz. (5) Bd. 29 (1937) S. 651.

konnte zwar die Selbsterregung als im Prinzip vorhanden nachweisen, fand jedoch gleichzeitig auch, daß die Selbsterregung viel zu gering ist, um etwa den von LEWSCHIN und ANTONOFF-ROMANOWSKY gefundenen Effekt auch nur annähernd zu erklären[1].

RIEHL unternahm zum Nachweis der Selbsterregung folgende Versuche: Zunächst legte er sehr stark erregte Schirme aus SrSBi, CaSBi oder ZnSCu auf unerregte Schirme aus den gleichen Phosphoren und nahm jene nach einiger Zeit wieder ab. Hiernach war jedoch selbst bei vollständiger Adaptation des Auges an den unerregten Schirmen nicht die Spur eines Leuchtens feststellbar. Der Versuch wurde ferner in der Weise wiederholt, daß eine kleine Substanzmenge von unerregtem ZnSCu zwischen zwei sehr stark erregte ZnSCu-Schirme gelegt wurde, doch auch hierbei konnte niemals eine Erregung des unerregt gewesenen Zinksulfides beobachtet werden. Der Nachweis einer gewissen Selbsterregung gelang erst in folgender Weise: Auf einen großen SrSBi-Schirm wurde ein kleiner SrSBi-Schirm, der vorher stark erregt wurde, aufgelegt und mehrere Stunden liegen gelassen. Sodann wurde der große Schirm auf eine hochempfindliche Photoplatte gelegt, etwa 20 h liegen gelassen und dann die Platte entwickelt. Nunmehr zeigte sich auf der Photoplatte eine schwach geschwärzte Stelle, deren Form und Größe genau den Dimensionen des leuchtenden kleinen SrSBi-Schirmes entsprach. Der große Schirm ist also an der Stelle, auf der der leuchtende Schirm gelegen hat, etwas erregt worden.

Durch diese Versuche ist einerseits die Existenz der Selbsterregung nachgewiesen, doch ist hiermit andererseits gezeigt, daß die Selbsterregung eine kaum beachtbare, praktisch stets vernachlässigbare Größe hat.

Daß die Selbsterregung so außerordentlich schwach ist, ist leicht erklärlich, denn die Lichtintensität, die bei Selbsterregung zur Verfügung steht, ist um viele Zehnerpotenzen geringer als die Lichtintensitäten, mit denen man normalerweise Phosphore zu erregen pflegt. Ferner darf man nicht vergessen, daß ein Phosphor für das von ihm selbst ausgesandte Licht kaum eine Absorptionsfähigkeit besitzt. Die Absorptionsbanden liegen ja immer weit unterhalb der Emissionsbanden. Dies ist eine weitere Ursache für die Kleinheit der Selbsterregung.

Eine Selbsterregung kann jedoch dann erwartet werden, wenn man es mit einem *Misch*phosphor zu tun hat, und die Emissionsbande des einen Phosphorogens mit der Erregungsbande des anderen Phosphorogens zusammenfällt. Anzeichen für eine derartige Selbsterregung scheinen bei SrSGdSm vorzuliegen[2].

12. Flammenerregung.

Die Erregung lumineszenzartigen Leuchtens fester Stoffe durch Flammen ist hauptsächlich von E. L. NICHOLS und seinen Mitarbeitern

---

[1] Zur Erklärung des von LEWSCHIN und ANTONOFF-ROMANOWSKY gefundenen Effekts schlägt RIEHL eine andere Vorstellung vor (vgl. l. c. S. 651).
[2] TOMASCHEK, R.: Ann. Phys., Lpz. Bd. 75 (1924) S. 142.

untersucht worden[1]. Die Erscheinung äußert sich darin, daß gewisse Metalloxyde in der Flamme von wasserstoffhaltigen Gasen neben der gewöhnlichen Temperaturstrahlung noch eine zusätzliche Strahlung emittieren, deren Intensität ein vielfaches der Leuchtintensität des schwarzen Körpers bei gleicher Temperatur betragen kann.

Zur Untersuchung dieser Erscheinung verfährt man zweckmäßigerweise derart, daß man die zu untersuchende Substanz in sehr dünner Schicht ausbreitet (z. B. durch Einreiben in die Oberfläche einer Asbestplatte) und sie dann von einer entleuchteten Wasserstoff- oder Leuchtgasflamme bestreichen läßt. Wesentlich ist hierbei, daß das verbrennende Gas wasserstoffhaltig ist. Flammen von Alkohol, Äther oder Schwefelkohlenstoff sind unwirksam. Die Lumineszenz tritt in einer bestimmten Zone der Flamme — an der Grenze zwischen dem reduzierenden und oxydierenden Teil — auf. NICHOLS versah bei seinen Versuchen die zu untersuchende Oberfläche mit einem Uranoxydfleck, der einen fast vollkommenen schwarzen Strahler darstellt, so daß man durch Messung seiner Leuchtdichte die Temperatur bestimmen kann. Die Dicke des Uranoxydflecks muß sehr gering sein, da sonst seine Temperatur nicht genau gleich der der Unterlage ist.

Es sei hier darauf hingewiesen, daß man nicht etwa derart verfahren darf, daß man ein Metalloxyd neben einem schwarzen Körper in eine Flamme einführt und nun aus dem helleren Leuchten des Oxyds auf die Anwesenheit einer Flammenerregung schließt. Die weißen Metalloxyde sind nämlich zumeist Selektivstrahler; infolge verringerter Emissionsfähigkeit im Ultrarot gelangen sie in der Flamme auf höhere Temperaturen als ein schwarzer Körper, der die ihm zugeführte Energie durch Wärmestrahlung verausgabt, und infolgedessen weisen die Oxyde in der Flamme vielfach eine stärkere Emission im Sichtbaren auf als ein in gleicher Flamme befindlicher schwarzer Körper. Hierauf beruht ja auch die Wirksamkeit des Auerstrumpfes. Mit Lumineszenz hat diese Erscheinung nichts zu tun.

Als Beweise bzw. Argumente dafür, daß es sich bei der Flammenerregung um Lumineszenz und nicht um gewöhnliche Temperaturstrahlung handelt, ist folgendes anzuführen:

1. Die Lichtemission ist hier oft viel größer als die des schwarzen Körpers gleicher Temperatur, der Faktor beträgt hierbei manchmal einige Hundert. Die Lumineszenz tritt oft weit unterhalb der Temperatur der Rotglut auf.

2. Das Leuchten zeigt im Spektrum *Banden*, und zwar die gleichen Banden, die die betreffenden Stoffe bei Erregung mit Kathodenstrahlen oder Ultraviolett aufweisen.

3. Die Lumineszenz besteht nur zwischen bestimmten Temperaturgrenzen und zeigt Maxima bei bestimmten Temperaturen, die meist charakteristisch für den Aktivator (Phosphorogen) sind.

---

[1] NICHOLS u. WILBER: Phys. Rev. (2) Bd. 17 (1921) S. 453. Zusammenfassende Darstellung in dem Buch E. L. NICHOLS, H. L. HOWES u. D. T. WILBER: Cathods Luminescence and the Luminescence of incandescent solids. Washington 1928.

4. Das Leuchten zeigt Ermüdungserscheinungen, d. h. eine Abnahme der Intensität mit der Zeit. Nach einer gewissen Zeit kommt diese Abnahme zum Stehen.

5. Der Leuchteffekt wird durch die Anwesenheit von Aktivatoren (Phosphorogenen) sehr vergrößert.

Als *Verbindungen*, die die Erscheinung zeigen, sind anzuführen:

1. Oxyde von Be, Mg, Ca, Zn, Sr und Ba.

2. Oxyde von B, Al, Ga und scheinbar aller seltenen Erden. Letztere treten auch als Aktivatoren auf.

3. Oxyde von Si, Ti, Th, Zr.

4. Nioboxyd.

5. Borstickstoff.

6. Fluorit mit einem Gehalt an seltenen Erden.

7. Phosphorogenhaltige, lumineszenzfähige Zinksilikate.

Verf. konnte feststellen, daß lumineszenzfähiges Zinksilikat (z. B. die Präparate 212 oder 217 der Auergesellschaft) sich sehr gut für eine

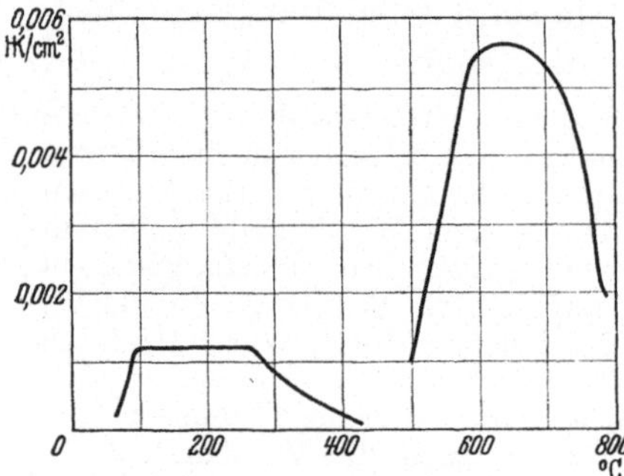

Abb. 38. Abhängigkeit der flammenerregten (roten) Lumineszenz von reinem ThO_2. (Nach NICHOLS u. BOARDMAN.)

Demonstration der Flammenerregung eignet. Es genügt hierzu, eine mit dem Silikat eingeriebene Asbestplatte mit einer entleuchteten Leuchtgasflamme zu befächeln.

Was die *Temperaturabhängigkeit* der Flammenerregung anbelangt, so werden gewöhnlich zwei Temperaturbezirke beobachtet, in denen das Leuchten besonders stark auftritt. Der eine Bezirk fängt oft schon bei 100° an und endet bei der Temperatur der Rotglut. Außerdem existiert ein „Hochtemperatur"- Bezirk, in dem das lumineszenzartige Leuchten neben der gewöhnlichen Temperaturstrahlung auftritt. Ein Beispiel für dieses Verhalten ist aus Abb. 38 zu ersehen (beobachtet an dem flammenerregten, roten Leuchten von reinem ThO_2[1].

Ein Beispiel für die Ermüdungserscheinungen (Abfall der Helligkeit mit der Zeit) gibt Abb. 39. Die Abfallkurve ist an Nioboxyd aufgenommen[2]. Interessant ist hierbei die Tatsache, daß nach dem anfänglichen Abfall der Intensität ein Rest verbleibt, der keine zeitliche Änderung mehr erfährt.

Abschließend möge betont werden, daß die Flammenerregung bei *niedrigen* Temperaturen (100 bis 500°) unzweifelhaft einen *reellen*, leicht beobachtbaren Effekt darstellt. Bei der Bewertung der Ergebnisse im Gebiet der hohen Temperaturen, bei denen auch die gewöhnliche Tempe-

[1] NICHOLS u. BOARDMAN: J. opt. Soc. Amer. Bd. 20 (1930) S. 115.
[2] NICHOLS: Phys. Rev. (2) Bd. 25 (1925) S. 376.

raturstrahlung schon eine Rolle spielt, und eine exakte Temperaturbestimmung recht schwierig ist, ist dagegen eine gewisse Vorsicht am Platze.

Erwähnt sei noch, daß nach TIEDE und DOMCKE[1] auch durch aktiven Stickstoff und Ozon eine Erregung mancher Lumineszenzstoffe erreicht werden kann.

Zur *Erklärung* der Flammenerregung liegt es nahe, anzunehmen, daß die bei der Wasserstoffverbrennung frei werdende Energie durch Stöße zweiter Art dem Lumineszenzstoff mitgeteilt wird und ihn so zum Leuchten erregt.

Es ist bereits gesagt worden, daß die Flammenerregung nur bei niedrigen Temperaturen (100 bis 500°) eine übersichtliche und leicht nachprüfbare Erscheinung darstellt, daß aber bei hohen Temperaturen (Rotglut und Weißglut) die Verhältnisse sehr unübersichtlich werden. Es sei hier daher entschieden der Vermutung entgegengetreten, daß es bei dem Leuchteffekt des *Auerstrumpfes* sich um eine flammenerregte Lumineszenz handeln könnte. Durch die Arbeiten von NERNST und BOSE[2], LE CHATELIER und BOUDENARD[3], sowie RUBENS[4] ist zweifelsfrei erwiesen, daß die Lichtausstrahlung des Auerstrumpfes die eines schwarzen Körpers gleicher Temperatur nicht übersteigt. Die besondere Leuchtfähigkeit des Auerstrumpfes beruht darauf, daß es sich bei ihm um einen *Selektivstrahler* handelt. Die Emissionsfähigkeit des Auerstrumpfes weist gegenüber der des schwarzen Körpers starke Lücken auf. Worauf es nun ankommt, ist das, daß diese Lücken nicht im sichtbaren, sondern im ultraroten Spektralbereich liegen. Bringt man also einen Auerstrumpf in die Flamme eines Bunsenbrenners hinein, so veraugabt er die ihm zugeführte Energie nicht in Form nutzloser ultraroter Strahlung und gelangt daher auf eine höhere Temperatur, als wie sie ein schwarzer oder annähernd schwarzer Körper in der gleichen Flamme erreichen könnte. Ist aber erst der Strumpf auf die hohe Temperatur gelangt, so strahlt er ebensoviel sichtbares Licht aus, wie ein schwarzer Körper bei der gleichen hohen Temperatur ausstrahlen würde, denn im sichtbaren Teil des Spektrums ist die Emissionsfähigkeit des Strumpfes fast dieselbe wie beim schwarzen Körper[5].

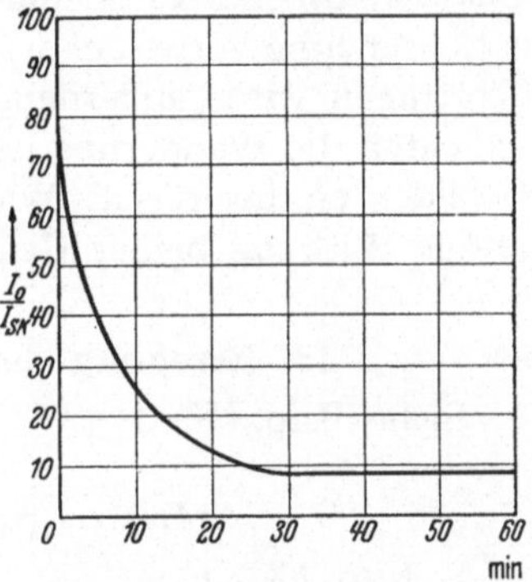

Abb. 39. Das Verhältnis der flammenerregten Leuchtintensität (I_0) zu der des schwarzen Körpers (I_{sk}) in Abhängigkeit von der Zeit. (Gemessen von NICHOLS an Nioboxyd.)

---

[1] TIEDE u. DOMCKE: Ber. dtsch. chem. Ges. Bd. 47 (1914) S. 420.

[2] NERNST u. BOSE: Phys. Z. Bd. 1 (1900) S. 289.

[3] CHATELIER, LE u. BOUDENARD: C. R. Acad. Sci., Paris Bd. 126 (1898) S. 1861.

[4] RUBENS: Ann. Phys., Lpz. Bd. 18 (1905) S. 725, Bd. 20 (1906) S. 593.

[5] Siehe eine zusammenfassende Darstellung dieser Verhältnisse bei N. RIEHL: Licht Bd. 8 (1938) S. 268 u. Gas- u. Wasserfach Bd. 81 (1938) S. 770.

In jüngster Zeit ist die Anregung von Phosphoren durch Oberflächenrekombination von Wasserstoff und Stickstoff (durch Stöße zweiter Art) von K. SOMMERMEYER eingehend untersucht worden[1]. Dieser Vorgang ist dem der Flammenerregung wesensgleich. Als Phosphor hat SOMMERMEYER Zinksilikat benutzt. Er hat insbesondere auch die Quantenausbeute untersucht und gefunden, daß bei der Wasserstoffrekombination etwa 10^{-5} Quanten pro Rekombination ausgesandt werden. Bei Stickstoff ist die Ausbeute noch geringer. Die Ursache für die geringe Quantenausbeute kann einmal darin gesehen werden, daß die Rekombinationsenergie vorwiegend als Schwingungsenergie an das Kristallgitter übertragen wird, außerdem aber auch darin, daß an den Oberflächenschichten die Wanderung der zugeführten Energie zu den leuchtfähigen Gebilden erschwert ist. Wahrscheinlich handelt es sich um eine gleichzeitige Wirkung beider Ursachen.

13. Erregung durch α- (und Kanal-) Strahlen.

Siehe Kap. IX, 1.

14. Erregung durch Kathodenstrahlen.

S. Kap. IX, 2.

15. Erregung durch Röntgenstrahlen.

Siehe Kap. IX, 3.

VI. Theorie der Lumineszenz von Kristallphosphoren[2].

Wir wollen im folgenden zunächst das optische *Verhalten eines idealen Kristalls* erörtern, wobei wir die für das Weitere notwendigen Tatsachen aus der Elektronentheorie der Kristalle[3] kurz ·zusammenfassen, sodann die *Abänderungen dieses Verhaltens durch die Anwesenheit von Störstellen*, welche — wie wir sehen werden — den Anlaß zur Lumineszenzfähigkeit geben. Ferner betrachten wir die *strahlungslosen Wechselwirkungen zwischen Elektronenübergängen und den Atomen des Gitters*, wodurch sich eine Klärung der Tilgungs- und Auslöschungserscheinungen sowie der Temperaturabhängigkeit der Lumineszenzfähigkeit ergibt.

---

[1] SOMMERMEYER, K.: Z. phys. Chem. Abt. B Bd. 41 (1939) S. 433.

[2] Nach N. RIEHL u. M. SCHÖN: Z. Phys. Bd. 114 (1939) Heft 11 u. 12 S. 685. Vgl. hierzu auch T. MUTO: Sci. Pap. Inst. phys. chem. Res. Bd. 28 (1935) S. 171, Bd. 32 (1937) S. 5; R. P. JOHNSON: J. opt. Soc. Amer. Bd. 29 (1939) S. 387 sowie C. J. MILNER: Trans. Faraday Soc. Bd. 35 (1939) S. 101.

[3] Vgl. hierzu A. SOMMERFELD u. H. BETHE: Handbuch der Physik, Bd. 24, 2, S. 333f. Berlin 1933. — FRÖHLICH, H.: Elektronentheorie der Metalle. Berlin 1936.

1. Optisches Verhalten eines idealen Kristalls.

Bei einem idealen Kristall findet man beim geradlinigen Fortschreiten innerhalb des Kristalls eine strenge räumliche Periodizität der Atome und somit auch des elektrischen Potentials.

Die zulässigen Energiezustände (Terme) der Elektronen, die den das Gitter aufbauenden Atomen angehören, erfahren durch die Zusammenfügung der Atome zu einem Kristall eine Veränderung. Jeder Term eines zum Gitter gehörenden Atoms wird infolge Wechselwirkung mit allen am Kristall beteiligten n Atomen in $2n$ Terme aufgespalten[1]. Diese $2n$ Terme liegen so dicht nebeneinander, daß man es praktisch mit einer

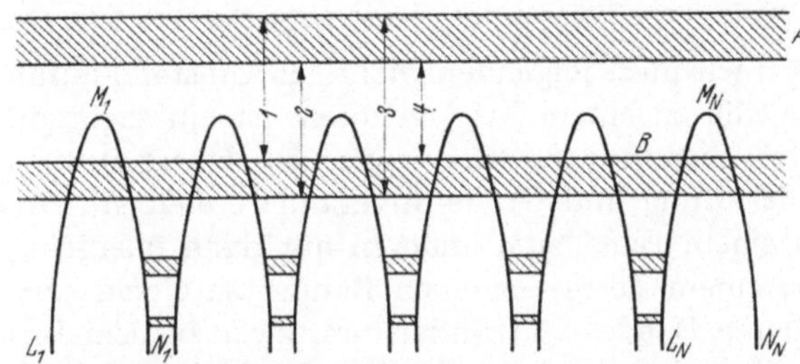

Abb. 40. Energiemodell eines idealen Kristalls (lineares Schema).
A Unterstes unbesetztes (Leitfähigkeits-) Band. *B* Oberstes besetztes Band.

kontinuierlichen Aufeinanderfolge von Termen zu tun hat. Es entsteht also ein breites Band von erlaubten Zuständen. Man kann also sagen, daß die ursprünglichen Terme der Atome durch die Zusammenfassung dieser zu einem Kristall zu Bändern verbreitert werden, die durch Bereiche verbotener Energiewerte getrennt sind. Hierbei werden die hochgelegenen Terme in breitere Bänder aufgespalten als die tiefergelegenen. Die Röntgenterme beispielsweise erfahren nur eine geringe Verbreiterung, die optischen Terme dagegen eine sehr große. Elektronen in den breiten Energiebändern können nicht mehr einzelnen Atomen angehören, sondern sind dem gesamten Kristall zuzuschreiben.

Man kann somit im Kristall Zonen von erlaubten und verbotenen Energiebereichen annehmen (Abb. 40). Die erlaubten Zonen sind in Abb. 40 schraffiert dargestellt, die unerlaubten weiß gelassen. Die Kurven $L_1 M_1 N_1$ bis $L_n M_n N_n$ stellen den Potentialverlauf zwischen den Atomen dar. — Man sieht aus der Figur, daß die unteren Terme eine geringe Aufspaltung, also auch eine geringe Bandbreite aufweisen, die oberen dagegen eine sehr große Bandbreite zeigen.

Ist ein Band nicht voll mit Elektronen ($2n$ Elektronen) besetzt, so liegt metallische Leitfähigkeit vor. Zum Zustandekommen einer elektrischen Leitfähigkeit ist nämlich erforderlich, daß das Elektron durch ein angelegtes elektrisches Feld eine Beschleunigung erfahren, also einen

---

[1] Wegen des Elektronenspins kann jeder Energiezustand *doppelt* besetzt werden.

kleinen Energiezuwachs erhalten kann. Dieser Energiezuwachs ist nicht möglich, wenn sämtliche $2n$ Terme des Bandes besetzt sind; das Elektron kann dann nicht auf den nächst höheren Term gelangen, weil dieser ja schon besetzt ist, und somit kann das Elektron auch keine Beschleunigungsenergie aufnehmen. Eine Bewegung der Elektronen im elektrischen Feld (Leitfähigkeit) würde also in einem solchen Fall nicht zustande kommen.

Ist also das Band durch $2n$ Elektronen besetzt („voll besetzt"), so liegt ein Isolator vor. Wir brauchen für unsere Aufgabenstellung nur auf den Fall des Isolators einzugehen. In dem von uns zu betrachtenden Fall ist demnach das oberste Elektronen enthaltende Band voll besetzt.

Nun müssen wir noch folgenden wichtigen Umstand anführen: Jedem der $2n$ Terme, die zu einem Band gehören, ist ein sog. reduzierter Ausbreitungsvektor zugeordnet. Bei optischen Übergängen muß dieser Vektor nach Richtung und Größe unverändert bleiben[1]. Also kann ein Elektron von einem Band zum anderen nur dann übergehen, wenn der Übergang von einem Term des einen Bandes zu einem *ganz bestimmten* Term des anderen Bandes stattfindet, und zwar zu dem Term, der denselben Ausbreitungsvektor hat wie der Term, aus dem das Elektron kommt.

Unter diesem Gesichtspunkt kann man die Kristalle in zwei Gruppen einteilen, nämlich solche, bei denen die Ausbreitungsvektoren im obersten besetzten und im darüberliegenden unbesetzten Band gleichläufig sind und solche, in denen sie gegenläufig sind. Abb. 40 veranschaulicht die Verhältnisse. Sind die Ausbreitungsvektoren gleichsinnig, so kann das Elektron beispielsweise von der unteren Kante des unteren Bandes an die untere Kante des oberen Bandes gelangen und umgekehrt. Von der oberen Kante des unteren Bandes kann das Elektron nur an die obere Kante des oberen Bandes gelangen. Demgemäß entspricht, wenn man berücksichtigt, daß das obere Band breiter ist als das untere, das langwellige Ende des Absorptionsspektrums dem in Abb. 40 eingezeichneten Übergang 2, das kurzwellige Ende dagegen dem Übergang 1. Anders liegen die Verhältnisse, wenn die Ausbreitungsvektoren in den beiden zur Diskussion stehenden Bändern gegenläufig sind. In diesem Fall kann das vom oberen Rand des unteren Bandes stammende Elektron nur an den unteren Rand des oberen Bandes kommen, das vom unteren Rand des unteren Bandes dagegen nur an den oberen Rand des oberen Bandes. Das langwellige Ende des Absorptionsspektrums entspricht hier also dem Übergang 4, das kurzwellige dem Übergang 3. In dem einen Fall hat das Absorptionsspektrum eine spek-

---

[1] Diese Auswahlregel besagt, daß bei einem optischen Übergang der Impulsaustausch der Elektronen mit dem Gitter so groß ist, daß der Ausbreitungsvektor gerade konstant ist. Der Ausbreitungsvektor hängt mit dem Impuls der Elektronen zusammen.

trale Ausdehnung, die der Summe der Breiten beider Bänder, in dem anderen eine Ausdehnung, die der Differenz der Breiten entspricht.

Mit diesen Ausführungen sind die Verhältnisse, die die Quantenmechanik für den Absorptionsvorgang verlangt, festgelegt.

Was geschieht nun, wenn bei dem idealen Kristall ein Elektron in der oben beschriebenen Weise unter Beibehaltung seines Ausbreitungsvektors aus dem obersten besetzten Band in das darüberliegende unbesetzte Band infolge eines Absorptionsaktes gelangt? Es kann zweierlei passieren. Entweder fällt das Elektron sofort wieder auf den Term im unteren Band, aus dem es stammt, zurück. In diesem Fall liegt eine Erscheinung vor, die man als Resonanzfluoreszenz bezeichnen kann und die sich phänomenologisch von einer Lichtstreuung nicht unterscheidet. Da dieser Übergang nur stattfinden kann, solange weder die Energie des Elektrons im oberen, noch die des Loches im unteren Band verändert wird, müßte dieser Übergang in einer gegenüber der natürlichen Lebensdauer angeregter Zustände sehr kurzen Zeit erfolgen, was nur bei sehr tiefen Temperaturen der Fall sein könnte. Dementsprechend wird auch die Intensität dieser Resonanz-Fluoreszenzstrahlung nur sehr klein sein. Es ist also nicht zu erwarten, daß in einem solchen Fall eine beobachtbare Fluoreszenz feststellbar sein wird. Wahrscheinlicher ist hingegen, daß das ins obere Band gelangte Elektron nicht seine Energie behält und sodann unter Beibehaltung seines Ausbreitungsvektors auf den ursprünglichen Term zurückfällt, sondern daß es infolge Wechselwirkung mit dem Gitter (bzw. mit den anderen Elektronen) unter Abgabe eines Teiles seiner Energie an den unteren Rand des oberen Bandes diffundiert. Denn das obere Band ist ja unbesetzt, und es bestehen für das Elektron keine Hindernisse, von einem Term zum anderen herunterfallend, an den unteren Rand des Bandes zu gelangen. Entsprechend rückt auch das im besetzten Band übriggebliebene Loch an den oberen Rand dieses Bandes. Nunmehr kann aber ein Zurückfallen des Elektrons in das untere Band unter Lichtemission nicht mehr stattfinden, denn der Ausbreitungsvektor des Terms, auf dem das Elektron jetzt sitzt, stimmt nicht mehr mit dem Ausbreitungsvektor des Terms überein, in dem sich das Loch befindet, auch nicht in Kristallen mit gegenläufigem Ausbreitungsvektor, da ja auch Übereinstimmung der Richtungen der Ausbreitungsvektoren verlangt ist. Das Elektron bleibt zunächst oben, bis es nach einer gewissen Zeit unter Abgabe seiner Energie in Form von Wärme, d. h. also ohne Aussendung einer Strahlung, in das untere Band zurückkehrt. Wir sehen somit, daß bei einem Idealkristall eine Lumineszenz nicht auftreten kann[1].

---

[1] Wenn die Breite des unteren Bandes mit kT vergleichbar wird, was bei tiefliegenden Termen der Fall ist und wenn gleichzeitig die Reabsorption nicht zu stark ist, kann eine Fluoreszenz des reinen Kristalls auftreten (z. B. Röntgenfluoreszenz). — Hervorgehoben sei hier noch die Beobachtung KRÖGERs (Diss. Amsterdam 1940, S. 70) wonach bei niedriger Temperatur ZnS, CdS und ZnO eine resonanzartige Fluoreszenz zeigen.

Wir müssen hier noch andere Anregungsarten kurz besprechen, wie sie z. B. von GUERNEY und MOTT, SLATER[1] und FRENKEL („Excitonen!")[2] vorgeschlagen wurden. Sie sind alle dadurch gekennzeichnet, daß eine Anregung des Gitters *ohne* eine gleichzeitig auftretende freie Beweglichkeit des Elektrons möglich sein soll. Eine solche besteht im Rahmen des Bändermodells nicht, und wir glauben auch nicht, daß es irgendwelche experimentellen Befunde gibt, die einen derartigen Vorgang anzunehmen nahelegen. Zum mindesten gilt das für Kristallphosphore. Allenfalls könnte es zweckmäßig sein, bei der direkten Anregung der Gitterschwingungen durch Absorption oder Stoß auf die Vorstellungen der genannten Autoren, vor allem auf die von FRENKEL zurückzugreifen; es ist aber zu bemerken, daß es sich bei einer solchen Anregung nur um Energiebeträge von der Größenordnung eines Gitterschwingungsquants ($\sim \frac{1}{100}$ V) handeln kann, und deshalb derartige Vorgänge außerhalb unserer Betrachtungen liegen.

2. Kristalle mit Störstellen.

Die bekannten Kristallphosphore gewinnen ihre Lumineszenzfähigkeit durch eine Aktivierung, d. h. durch Einbau von geeigneten Fremdatomen oder wie beim ZnS, ZnSCdS und ZnO durch Einbau überschüssiger Metallatome ihres eigenen Gitters[3]. Es liegt daher nahe, die Lumineszenz mit den eingebauten Atomen in Verbindung zu bringen.

Diese Fremdatome werden ihre Terme, abgesehen von energetischen Verschiebungen und Aufspaltungen infolge der Kristallfelder als solche beibehalten. Denn für sie werden die resonanzartigen Wechselwirkungen infolge der Gitterperiodizität wegfallen, die zur Ausbildung der Energiebänder des Grundgitters führen. An der Stelle der Störterme werden also diskrete Terme auch innerhalb der verbotenen Zonen liegen können.

An sich kann man das Zustandekommen der Lumineszenz mit Hilfe der Fremdatome in verschiedener Weise erklären. Man könnte z. B. den Störatomen die Rolle eines Katalysators für den leuchtenden Übergang zuschreiben, der lediglich die Aufgabe hat, die strenge Auswahlregel für den Übergang zwischen den Energiebändern aufzuheben[4]. Dann dürfte aber die Emissionsbande nicht soweit nach längeren Wellen verschoben sein, wie es tatsächlich der Fall ist. Außerdem könnte so

---

[1] Vgl. R. W. GUERNEY u. N. F. MOTT: Trans. Faraday Soc. Bd. 35 (1939) S. 69, ferner FREDERICH SEITZ: Trans. Faraday Soc. Bd. 35 (1939) S. 74, J. C. SLATER: Trans. Faraday Soc. Bd. 34 (1938) S. 828.

[2] FRENKEL, J.: Phys. Z. Sowjet. Bd. 9 (1936) S. 158.

[3] SCHLEEDE, A.: Angew. Chem. Bd. 50 (1937) S. 908. — GLASSNER, J.: Diss. Berlin 1938.

[4] Gegen die in diesem Zusammenhang gelegentlich vorgebrachte Darstellung, daß der Übergang dann stattfindet, wenn Loch und Elektron sich am Ort des Störterms „treffen", ist einzuwenden, daß man nur bei außerordentlich kurzen Zeiten von etwa 10^{-13} s von einem „Ort" des Elektrons sprechen kann, nicht aber bei den hier in Frage stehenden größeren Zeiten, für die man Loch und Elektron sich tatsächlich über den gesamten Kristall verschmiert vorstellen muß.

die Abhängigkeit des Emissionsspektrums von dem Fremdatom nicht erklärt werden. Man muß dabei eine aktive Mitwirkung der diskreten Terme der Fremdatome annehmen.

Hierfür bestehen nun zwei Möglichkeiten, nämlich daß der betreffende Term, den wir „Störterm" nennen wollen, im nicht angeregten Zustand besetzt ist, oder daß er unbesetzt ist. Von Schön (zit. S. 60) wurde wegen des bimolekularen Charakters der Leuchtreaktion die erste dieser Möglichkeiten angenommen. Diese Annahme hat eine weitere Rechtfertigung gefunden durch die Erklärung des scheinbar metastabilen Charakters der „Anlagerungsstellen"[1] (s. unten) und der Temperaturabhängigkeit der spektralen Emissionsverteilung von Phosphoren mit verschiedenen Aktivatoratomen (s. in VII Nr. 17). Dabei soll der mit einem Elektron besetzte Störterm nur wenig oberhalb des besetzten Bandes liegen, so daß unmittelbar nach der Anregung (Übergang des Elektrons aus dem unteren Band heraus) das Elektron aus dem Störterm in das Band übergeht und dieses auffüllt[2]. Die Wahrscheinlichkeit dieses Prozesses nimmt mit abnehmendem Abstand und mit zunehmender Temperatur zu. Als Folge der Anregung ergibt sich also ein freier Term in der Störstelle. Ein im Leitfähigkeitsband befindliches Elektron kann nunmehr unter Aussendung seines Lichtquants in den freien Störterm übergehen (Abb. 41).

Über die für diesen Übergang geltenden Auswahlregeln läßt sich nichts Sicheres aussagen. Aber es ist wahrscheinlich, daß die Übergänge aus jeder Höhe des oberen Bandes stattfinden können. Bei den Röntgenübergängen zwischen einem Band und einem tiefen Term trifft das jedenfalls zu.

Sofern die erregende Absorption im Grundgitter erfolgt, erhalten wir für den Leuchtvorgang folgendes Bild. Nach der Absorption eines Lichtquants im Grundgitter des Kristallphosphors wird ein Elektron in das Leitfähigkeitsband gehoben, wo es, wie wir annehmen müssen, in einer gegen die Verweilzeit im oberen Band kleineren Zeit an den unteren Rand diffundiert. Das Loch im unteren Band wird entweder sofort oder nach der Diffusion an den oberen Rand des Bandes aus

---

[1] Schön, M.: Naturwiss. Bd. 27 (1939) S. 432.

[2] Es läßt sich zur Zeit noch nicht ohne weiteres klären, wie dieses Auffüllen des Bandes B aus dem Störterm funktionieren soll. Der Störterm kann nicht allzu nahe am Band B liegen, denn die Energiedifferenz zwischen ihm und dem Band B ist — wie aus dem weiteren ersichtlich — etwa gleich der Energiedifferenz zwischen dem absorbierten und dem emittierten Quant. Dies ist aber eine recht große Energiedifferenz, die nicht ohne weiteres durch einen strahlungslosen Übergang überbrückbar erscheint, zumindest kann der Übergang bei Zimmertemperatur nicht eine so große Wahrscheinlichkeit haben, daß er in der erforderlichen kurzen Zeit vonstatten geht. Wir müssen daher den hohen Wert der Übergangswahrscheinlichkeit vorläufig als Postulat hinnehmen. Es sei jedoch hervorgehoben, daß Möglichkeiten für eine Erklärung dieser hohen Übergangswahrscheinlichkeit durchaus bestehen. Es dürfte aber verfrüht sein, sich auf die eine oder andere dieser Erklärungsmöglichkeiten festzulegen.

einem Störterm aufgefüllt. Die Zeit für den Übergang aus dem Störterm in das untere Band ist um so kürzer, je näher der Term am Band
liegt. Die Strahlungsemission findet beim Übergang des Elektrons aus
dem Leitfähigkeitsband in den freien Störterm statt. Im Leitfähigkeitsband nehmen die Elektronen eine Temperaturverteilung an, und zwar
in Übereinstimmung mit der Theorie der Kristalle die eines freien
dreidimensionalen Gases (s. Kap. VII, 7)[1]. Die Einstellung der Temperaturverteilung muß in der sehr kurzen Zeit von 10^{-9} sec erfolgen. Die
langsam verlaufende Wechselwirkung mit dem Gitter kann hier nicht
zur Erklärung herangezogen werden, vielmehr handelt es sich um die
Wechselwirkung der Elektronen untereinander[2].

Die Anregung kann natürlich auch durch direkte Absorption im Störterm erfolgen. Die diesem Vorgang entsprechende Absorptionsbande ist

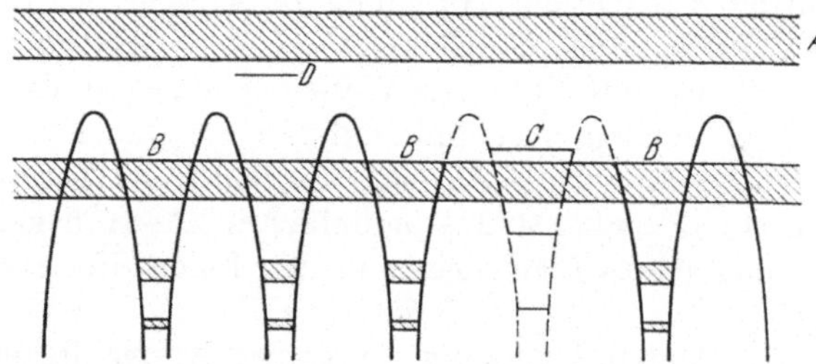

Abb. 41. Modell eines Kristallphosphors (lineares Schema). *A* Unterstes unbesetztes (Leitfähigkeits-) Band.
B Oberstes besetztes Band. *C* Störterm (besetzt). *D* Anlagerungsterm.

jedoch erstens nur schwach ausgeprägt, da ja die Zahl der Störstellen
viel geringer ist als die Zahl aller im Kristall vorhandenen Atome und
zweitens ist sie längerwellig als die Absorptionsbande des Grundgitters (langwelliger Ausläufer der Grundgitterabsorption! Vgl. Abb. 22).
Wir werden auf diesen Punkt noch weiter eingehen.

Im allgemeinen werden die Störterme an den verschiedenen Störstellen energetisch nicht identisch sein, sondern statistischen Schwankungen unterliegen, die durch die statistischen Verschiedenheiten im
Einbau der Phosphorogenatome in den Gitterzwischenräumen begründet
sind. Infolgedessen besitzt der Störterm eine beträchtliche statistische
Breite, die neben der Verbreiterung durch die Kristallfelder im wesentlichen für die Breite der Emissionsbande bei tiefen Temperaturen verantwortlich ist.

[1] Gegen den von C. J. MILNER [Trans. Faraday Soc. Bd. 35 (1939) S. 101]
vorgeschlagenen Leuchtmechanismus, bei dem unbesetzte Störterme in der
Mitte zwischen den beiden Bändern angenommen werden, sind außer den
bereits in der Diskussion (ebenda) vorgebrachten Einwendungen folgende
Bemerkungen zu machen. Nach diesen Vorstellungen läßt sich die Abhängigkeit der Emissionsspektren vom Aktivatormolekül beim gleichen Grundgitter
nicht erklären. Außerdem ist der Mechanismus auf Grund von älteren Versuchen aufgebaut worden, deren Befunde durch neuere Versuche bereits
überholt sind.

[2] MÖGLICH, F. u. R. ROMPE: Phys. Z. Bd. 41 (1940) S. 236.

Wie wir im weiteren sehen werden, erklärt dieser Mechanismus die meisten charakteristischen Eigenschaften der Kristallphosphore, insbesondere auch die von RIEHL[1] auf Grund seiner Untersuchungen geforderte Energiewanderung durch die Kristalle, nämlich von der Absorptionsstelle im Gitter zur emissionsfähigen Störstelle.

Zur Erklärung der Speicherung der Energie (Phosphoreszenz) und der Abhängigkeit dieser Speicherung von der Temperatur muß man außer den Termen der Störstellen noch die Existenz weiterer Terme im Gitter annehmen. Diese Terme (Anlagerungsstellen) müssen in der Nähe des Leitfähigkeitsbandes unterhalb desselben liegen und metastabil sein. Die Existenz derartiger Terme wird auch durch die Erfahrung an Halbleitern und Isolatoren nahegelegt[2]. Die in das Leitfähigkeitsband gelangten Elektronen können auf diese Anlagerungsterme übergehen, sich hier anlagern, bis sie durch thermische Bewegung oder durch Ultraroteinstrahlung wieder in das Leitfähigkeitsband gehoben werden. Wenn der energetische Abstand dieser Anlagerungsterme vom Leitfähigkeitsband so groß ist, daß die thermische Energie bei Zimmertemperatur nicht zur Befreiung der Elektronen ausreicht, so tritt statt der Phosphoreszenz Thermolumineszenz auf. Die Zahl dieser Anlagerungsstellen hängt unmittelbar mit der einfrierbaren Lichtsumme zusammen.

Unverständlich erscheint zunächst die Forderung, daß die Anlagerungsterme metastabil sein sollen, d. h. daß ein optischer Übergang von dem Anlagerungsterm in das besetzte Band nicht auftreten soll, denn für ein optisches Übergangsverbot vom Anlagerungsterm in die freie Stelle des besetzten Bandes können keine Gründe angeführt werden. Der metastabile Charakter der Anlagerungsterme läßt sich jedoch zwanglos aus dem vorliegenden Modell erklären[3]. Das nach der anregenden Absorption des Grundgitters im besetzten Band entstandene Loch, das sehr schnell an den oberen Rand dieses Bandes diffundiert, wird in sehr kurzer Zeit durch das im Störterm befindliche Elektron aufgefüllt, denn wir haben ja für den Störterm von Anfang an die Voraussetzung gemacht, daß er energetisch so nahe am besetzten Band liegt, daß ein Übergang — in Wechselwirkung mit den Gitterschwingungen, d. h. unter Abgabe von Wärmeenergie — erfolgen kann. Das Loch im besetzten Band wird also auf diese Weise wieder aufgefüllt, und es kann ein Übergang des Elektrons vom Anlagerungsterm nach dem besetzten Band nicht stattfinden. Daher der metastabile Charakter der Anlagerungsterme. Es ist also nicht notwendig, ein optisches Übergangsverbot vom Anlagerungsterm zum besetzten Band zu fordern.

Wohl aber ist zu erwarten, daß der umgekehrte Vorgang, nämlich eine mit dem Übergang des Elektrons aus dem besetzten Band in die Anlagerungsstelle verbundene *Absorption* möglich ist. Es muß möglich

<hr>

[1] RIEHL, N.: Ann. Phys., (5) Bd. 29 (1937) S. 647.
[2] Vgl. z. B. A. H. WILSON: Proc. roy. Soc., A, Bd. 133 (1931) S. 458, Bd. 134 (1931) S. 277; F. MÖGLICH: Z. Phys. Bd. 109 (1938) S. 503.
[3] SCHÖN, M.: Naturwiss. Bd. 27 (1939) S. 432.

sein, daß ein Elektron direkt in den Anlagerungsterm ohne Umweg über das Leitfähigkeitsband gelangt. Nach Versuchen von RIEHL[1] und nach unveröffentlichten Versuchen von SCHÖN und ROTHE ist ein solcher Vorgang auch im Experiment ohne weiteres leicht zu beobachten. Hierauf wird im Kapitel VII noch näher eingegangen.

Wir sehen somit, daß das vorliegende Modell folgende *drei Arten von Erregung* möglich erscheinen läßt:

1. Erregung durch Absorption im Grundgitter (das Elektron gelangt aus dem besetzten Band B in das unbesetzte Band A).

2. Erregung durch Absorption am Störterm (das Elektron gelangt vom Störterm C in das unbesetzte Band A).

3. Direkte Erregung der Phosphoreszenz (das Elektron gelangt aus dem besetzten Band B direkt auf den Anlagerungsterm D). Hierbei entsteht kein Spontanleuchten, sondern nur Phosphoreszenz.

3. Strahlungslose Elektronenübergänge infolge Wechselwirkung mit den Atomen des Gitters.

Das oben erläuterte Modell des Leuchtmechanismus ist in der Lage, wie wir im nächsten Kapitel sehen werden, alle typischen Strahlungseigenschaften der Kristallphosphore zu erklären. Die Quantenausbeute der Strahlungsumwandlung ist nach diesem Modell, soweit wir es im vorangehenden entwickelt haben, gleich 1, d. h. für jedes absorbierte Lichtquant müßte ein Quant des Lumineszenzlichtes emittiert werden.

Bei den wirklichen Phosphoren liegt der Wert der Quantenausbeute unter 1, wenn er auch in vielen Fällen diesen Wert nahezu erreicht. Die Quantenausbeute hängt sehr stark von der Temperatur ab. Außerdem ändert sie sich auch mit der erregenden Wellenlänge, und zwar wird sie bei kurzen Wellenlängen klein. Ferner findet sich bei Kristallphosphoren die Erscheinung der Tilgung, d. h. eine Auslöschung der aufgespeicherten Lichtsumme durch Einstrahlung von ultraroter Strahlung. Diese Tilgung ist um so stärker, je kurzwelliger die ultrarote Strahlung ist.

Das Vorhandensein der strahlungslosen Umwandlung der Anregungsenergie deutet darauf hin, daß die angeregten Elektronen an das Gitter Energie abgeben können. Nach den experimentellen Befunden an Phosphoren (s. Kap. III) muß man annehmen, daß die Wahrscheinlichkeit der strahlungslosen Übergänge um so größer ist, je höher das Elektron im Leitfähigkeitsband liegt, und daß sie vor allem außerordentlich stark mit der Temperatur ansteigt.

Die bisher bekannten quantenmechanischen Vorstellungen über die Wechselwirkung der Elektronen mit dem Gitter durch einquantige strahlungslose Übergänge[2] reichen zur Deutung nicht aus. Dagegen

---

[1] RIEHL: Ann. Phys., Lpz. (5) Bd. 29 (1937) S. 651.
[2] Siehe z. B. PEIERLS: Ann. Phys., Lpz. (5) Bd. 4 (1930) S. 121; Bd. 5 (1930) S. 244; Bd. 12 (1932) S. 154.

wurden von Möglich und Rompe[1] bei der Untersuchung der Wechselwirkungsvorgänge in einer höheren Näherung der Kristalltheorie mehrquantige strahlungslose Übergänge gefunden, deren Gesetzmäßigkeiten genau den Anforderungen entsprechen, die man auf Grund der experimentellen Befunde bei Kristallphosphoren an sie stellen muß. Wir übernehmen daher diese Übergänge in das oben geschilderte Modell. Für ihre Wahrscheinlichkeit W ergibt sich nach Möglich und Rompe die Beziehung:

$$W \geq A T^{\frac{E}{h\nu'}},$$

wo T die absolute Temperatur, E die Energiedifferenz zwischen Anfangs- und Endzustand und ν' die Debyesche Grenzfrequenz bedeuten.

Der Exponent von T wächst mit zunehmender energetischer Höhe des Elektrons und hat für optische Übergänge Werte von etwa 50. Hieraus folgt ohne weiteres, daß die Wahrscheinlichkeit der Abgabe der Energie an die Gitterschwingungen steil mit der Temperatur ansteigt, und es folgt weiter das sehr wichtige Resultat, daß diese Abgabe um so wahrscheinlicher ist, je höher das Elektron innerhalb des Leitfähigkeitsbandes sich befindet. Wir werden im Kap. VII sehen, daß hierdurch sämtliche typischen Eigenschaften der Tilgung und verwandter Erscheinungen verständlich werden.

VII. Eigenschaften der Lumineszenz, die sich aus dem theoretischen Modell der Kristallphosphore ergeben. Vergleich zwischen Theorie und Erfahrung.

Im folgenden zählen wir die verschiedenen Eigenschaften der Kristallphosphore auf, die sich aus dem vorliegenden Modell ergeben und prüfen jeweils, ob sich die experimentell gefundenen Erscheinungen mit den auf Grund des Modells geforderten decken.

1. Bei Erregung des spontanen Nachleuchtens durch kurzwelliges Ultraviolett findet die Absorption im gesamten Gitter statt (Erregungsart 1 am Schluß des Kap. VI, 2) (Lenards *„Ultraviolettprozeß"*). Aus dem Modell folgt, daß die Anregung (erregende Absorption) im gesamten Gitter stattfindet und nicht etwa nur an den Störstellen (Phosphorogenatomen); denn das besetzte Band, aus dem gemäß dem Modell bei der Absorption das Elektron gehoben wird, ist im gesamten Kristall vertreten und gehört nicht etwa allein zu den Störatomen. Ebenso gehört das Leitfähigkeitsband, in das das Elektron beim Absorptionsakt gelangt, zum ganzen Kristall. Selbstverständlich findet diese Art von Erregung nur in den Ultraviolettbezirken statt, die im Gebiet der Grundgitterabsorption liegen (vgl. Abb. 22), bei ZnS also unter 335 mμ. (Die von Riehl zum Nachweis der Erregung im Grundgitter gemachten Versuche sind an Cd-reichen ZnCdS-Präparaten ausgeführt worden; die von ihm zur Erregung benutzte

---

[1] Z. Phys. Bd. 115 (1940) S. 707.

Linie 365 mμ lag schon im Bereich der Grundgitterabsorption, da der Cd-Zusatz die Absorptionsgrenze des Zinksulfides nach langen Wellen verschiebt). — Die *Phosphoreszenz*, die man bei Erregung im Grundgitter erzeugen kann, ist nur äußerst schwach, und zwar deswegen, weil die Eindringungstiefe der erregenden Strahlung (infolge der starken Absorption) ganz gering ist (weniger als 10^{-4} cm), so daß nur wenige Anlagerungsterme in Aktion treten und daher die gespeicherte Lichtsumme klein bleibt

1a. Bei Erregung im langwelligen Ausläufer der Grundgitterabsorption findet die Absorption am Störterm statt (Erregungsart 2.am Schluß des Kap. VI, 2). Der Absorptionskoeffizient für die erregende Strahlung ist hier — wegen der geringen Konzentration der Störstellen — viel kleiner (etwa 50mal kleiner) als im Gebiet der Grundgitterabsorption. Infolgedessen ist die Eindringungstiefe der erregenden Strahlung hier eine sehr viel größere als im Gebiet der Grundgitterabsorption. Daher findet hier eine viel stärkere Erregung der *Phosphoreszenz* statt; das „durcherregte" Volumen ist größer, so daß viele Anlagerungsterme in Aktion treten (GISOLF[1] und DE GROOT[2]). — Das bei dieser Erregungsart auftretende *spontane Nachleuchten* entspricht dem LENARDschen „*Momentanprozeß*".

2. *Die direkte Erregung der reinen Phosphoreszenz (Erregungsart 3 am Schluß des Kap. VI, 2) durch langwellige Strahlen findet aus dem Grundzustand des Gitters statt. Da sie aber direkt in einen Anlagerungsterm führt, deren Konzentration im Verhältnis zu der der Gitterbestandteile sehr gering ist,* ist der Absorptionskoeffizient für die langwellige erregende Strahlung nur sehr klein. Diese langwellige Strahlung kann ferner nur Phosphoreszenz erregen, nicht aber das Momentanleuchten oder den „UV-Prozeß" (spontanes Nachleuchten nach RIEHL), denn die langwellige Absorption bringt ja das Elektron nicht direkt ins Leitfähigkeitsband, sondern in den Anlagerungsterm. Die Elektronen aber, die im Anlagerungsterm sitzen, erzeugen Phosphoreszenz. Sie lassen sich im Anlagerungsterm einfrieren, sie kommen aus dem Anlagerungsterm nur dann heraus und erzeugen nur dann ein Leuchten, wenn sie durch Wärmebewegung des Gitters aus dem Anlagerungsterm in das Leitfähigkeitsband gehoben werden und so Gelegenheit erhalten, unter Ausstrahlung von Licht auf den Störterm herunterzufallen.

Die unter 2 und 1a beschriebenen Absorptionsbezirke entsprechen den LENARDschen „Dauererregungsbanden".

Alle diese sich aus dem Modell ergebenden Schlußfolgerungen entsprechen genauestens den experimentell festgestellten Tatsachen. Daß die Anregung tatsächlich im gesamten Grundgitter stattfinden kann, konnte RIEHL[3] einwandfrei nachweisen. Ebenso konnte nachgewiesen werden, daß bei Vergrößerung der erregenden Wellenlänge man in ein Gebiet

---

[1] GISOLF: Disk.bem. Tagg Faraday Soc. Oxford 1938; Trans. Faraday Soc. 1939; Physica, Haag Bd. 6 (1939) S. 84.

[2] GROOT, DE: Physica, Haag Bd. 6 (1939) S. 275.

[3] RIEHL: Ann. Phys., Lpz. Bd. 29 (1937) S. 650—673.

kommt, in dem der Absorptionskoeffizient für die erregende Strahlung um Zehnerpotenzen geringer wird, wobei man das in 1a erwähnte Gebiet durchschreitet, in dem die Erregung aus dem Störterm erfolgt, und auch in einen Spektralbezirk gelangt, wo die absorbierte längerwellige Strahlung vorwiegend Phosphoreszenz erregt, aber kein spontanes Nachleuchten. Die letztere Erscheinung wurde von RIEHL[1], sowie von SCHÖN und MARTIN-ROTHE[2] festgestellt. Hier hat nach diesen Versuchen das Leuchten alle typischen Eigenschaften der reinen Phosphoreszenz. Die Intensität des Leuchtens kann über eine gewisse Grenze hinaus (Sättigungsgrenze) nicht gesteigert werden. Die Sättigung liegt dann vor, wenn alle Anlagerungsterme von Elektronen besetzt sind. Ferner wird das Leuchten bei Erhöhung der Temperatur intensiver, weil dann die Anlagerungsterme schneller von den Elektronen befreit werden und somit neue Elektronen aufnehmen. Umgekehrt verschwindet das Leuchten fast ganz bei Anwendung tiefer Temperaturen, denn die Elektronen gelangen zwar in den Anlagerungsterm, können ihn aber infolge der geringen Temperatur nicht verlassen und daher auch keinen Leuchteffekt hervorbringen.

3. Die Emission findet nur an den Störstellen statt. Der *Emissions*vorgang geht nur an der Störstelle vor sich, denn das Leuchten ist ja durch das Herunterfallen des Elektrons auf den Störterm verursacht. Die Störterme sind aber nur an den Störstellen (an den Phosphorogenatomen) vorhanden. Also findet Emission nur an Störstellen statt. Diese Forderung entspricht der experimentellen Tatsache, daß die spektrale Zusammensetzung des emittierten Lichtes maßgeblich von der Art der Störstelle, d. h. also von der Art des Phosphorogenatoms abhängt. Bei ein und demselben Grundgitter können durch Einbau verschiedener Phosphorogene die verschiedensten Emissionsspektren erzeugt werden.

4. Energiewanderung. Wenn die kurzwellig-ultraviolette Absorption im gesamten Gitter stattfindet, die Emission aber nur an den Störstellen, so bedeutet dies, daß die Energie über eine große Anzahl von Netzebenen hinweg von dem Ort der Absorption an den Ort der Emission hinüberwandern kann. Diese Energiewanderung hat RIEHL auf Grund seiner Versuche gefunden. Die theoretische Erklärung der Energiewanderung hatten MÖGLICH und SCHÖN[3], sowie SCHÖN[4] auf Grund des vorliegenden Modells gegeben. Die Energiewanderung erklärt sich aus dem Modell tatsächlich vollkommen zwanglos. Das an irgendeiner Stelle aus dem besetzten Band durch den Absorptionsakt herausgelöste Elektron gelangt ja gemäß diesem Modell ins Leitfähigkeitsband. Innerhalb des unbesetzten Leitfähigkeitsbandes kann es nun an die Störstelle wandern und dort auf den unbesetzt gewordenen Störterm herunterfallen.

---

[1] RIEHL: Ann. Phys., Lpz. (5) Bd. 29 (1937) S. 652.
[2] SCHÖN und MARTIN-ROTHE: Verh. dtsch. Phys. Ges. Bd. 20 (1939) S. 151.
[3] MÖGLICH u. SCHÖN: Naturwiss. Bd. 27 (1939) S. 432.
[4] SCHÖN, M.: Z. techn. Phys. Bd 19 (1938) S. 361.

5. Gleichheit des Emissionsspektrums zu verschiedenen Zeiten der Abklingung. Aus dem Modell ergibt sich, daß das Lumineszenzspektrum von der Art und Vorgeschichte der Anregung unabhängig ist. Der Emissionsvorgang ist nämlich immer der gleiche. Es handelt sich immer um das Herunterfallen des Elektrons vom Leitfähigkeitsband auf den Störterm. Daher haben Phosphoreszenz und spontanes Nachleuchten das gleiche Spektrum. Denn es ist für den Emissionsmechanismus gleichgültig, ob das Elektron zuerst direkt in das Leitfähigkeitsband gelangt und von dort in den Störterm heruntergefallen ist, oder ob es sich vorher noch eine zeitlang auf dem Anlagerungsterm aufgehalten hat. Der Leuchtakt ist immer der gleiche, nämlich das Herunterfallen des Elektrons vom Leitfähigkeitsband auf den Störterm. Die Gleichheit der Lumineszenzspektren zu Beginn und zum Schluß des Abklingungsvorgangs, ihre Unabhängigkeit davon, ob es sich um reine Phosphoreszenz oder um das spontane Nachleuchten handelt, ist experimentell sicher erwiesen. Diese Unabhängigkeit bildete lange Zeit Schwierigkeiten für eine theoretische Deutung. Selbstverständlich ist hier immer von dem Spektrum einer einzigen Emissionsbande die Rede. Es gibt Phosphore mit mehreren Emissionsbanden, die von verschiedenen Phosphorogenatomen stammen. Hierbei kann natürlich das gesamte Lumineszenzspektrum dadurch im Laufe der Zeit große Änderungen erfahren, daß die eine Bande schneller abklingt als die andere. Dies hat mit der vorher ausgesprochenen Behauptung nichts zu tun. Gefordert wird nur die Zeitunabhängigkeit des Spektrums für eine einzige Bande, und dies ist eine experimentell schon seit langem sicher erwiesene Tatsache.

Veränderungen des Emissionsspektrums sind nach den hier entwickelten Vorstellungen dann zu erwarten, wenn Übergänge der Elektronen aus dem Leitfähigkeitsband in den Störterm auftreten, bevor die Elektronen des Leitfähigkeitsbandes an den unteren Rand diffundiert sind, wo sie, wie wir sehen werden, eine Temperaturverteilung annehmen. Die Veränderung würde in einer sehr starken Violettverbreiterung bestehen. Wenn die Zeit für die Gleichgewichtseinstellung der Elektronen im oberen Band so groß ist, daß diese Zeit noch mit einem Kerrzellenverschluß experimentell erfaßt werden kann, sollte die Verbreiterung beobachtet werden können, wenn man nur den dieser Zeit entsprechenden Teil zu Beginn des Nachleuchtens untersucht. Vielleicht macht sich die Verbreiterung auch schon bei außerordentlich starker kurzzeitiger Anregung, z. B. durch ein sehr konzentriertes Elektronenstrahlbündel schon bemerkbar. Da nämlich die effektive Abklingzeit mit steigender Konzentration der angeregten Störterme abnimmt, ist es vielleicht möglich, durch sehr starke Anregung die kritische Abklingzeit zu erhalten. Derartige Versuche sind bisher nicht durchgeführt worden. Sie würden gleichzeitig auch erlauben, die Einstellzeiten des Elektronengleichgewichts zu messen. Da bei sehr tiefen Temperaturen die Prozesse, die auf den Wechselwirkungen mit dem Gitter beruhen, teilweise stark verlangsamt werden, könnten auch hier bereits unter normalen Anregungsbedingungen derartige Verschiebungen auftreten. Bei der Temperatur des festen Wasserstoffs wurden sie jedoch an Zinksilikaten nicht beobachtet (unveröffentlichte Versuche von SCHÖN).

6. *Temperaturabhängigkeit der Abklingdauer.* Aus dem Modell ergibt sich, daß das spontane Nachleuchten, d. h. der Vorgang, bei dem das Elektron direkt ins Leitfähigkeitsband gelangt und von dort auf den Störterm herunterfällt, bezüglich der Abklingungsdauer weitgehend unabhängig von der Temperatur ist. Dies entspricht auch völlig den experimentellen Tatsachen. Die Abklingungsdauer des spontanen Nachleuchtens hängt nicht von der Temperatur ab. Das spontane Nachleuchten läßt sich durch Erhöhung der Temperatur nicht verkürzen, und es läßt sich auch durch Verminderung der Temperatur nicht verlangsamen oder gar einfrieren. Ganz anders die Phosphoreszenz, der Vorgang also, bei dem die Elektronen direkt oder über das Leitfähigkeitsband in den Anlagerungsterm gelangen. Damit sie aus dem Anlagerungsterm wieder in das Leitfähigkeitsband kommen (um dann beim Herunterfallen vom Leitfähigkeitsband auf den Störterm Licht zu emittieren), bedarf es der thermischen Agitation. Nur durch die Wärmeschwingungen werden die Elektronen veranlaßt, aus dem Anlagerungsterm in das Leitfähigkeitsband zu gelangen. Demgemäß ist die Phosphoreszenz sehr stark temperaturabhängig. Bei hoher Temperatur kann sie äußerst schnell abklingen, bei tiefer Temperatur kann sie vollständig eingefroren werden. Im letzteren Falle sitzen also die Elektronen in den Anlagerungstermen und können diese nicht verlassen. Dieses Bild entspricht genauestens den altbekannten experimentellen Tatsachen die, soweit es sich um Phosphoreszenz handelt, noch aus den LENARDschen Arbeiten stammen.

7. *Temperaturabhängigkeit der spektralen Emissionsverteilung.* Die Breite der Emissionsbanden wird durch die Breite des unteren Terms, die Temperaturverteilung der Elektronen im oberen Band sowie durch die Schwankungen der Energie des unteren Terms infolge der Gitterschwingungen gegeben. Für die Temperaturabhängigkeit der Breite der Emissionsbanden sind die Änderung der Elektronenverteilung im oberen Band, die im Sinne einer Violettverbreiterung wirkt, die Verlagerung der unteren Grenze des oberen Bandes infolge der verstärkten Schwankungen des Gitterpotentials, die im Sinne einer Rotverschiebung wirkt, und schließlich die Änderung der mittleren Lage des unteren Terms maßgebend. Da die energetische Lage dieses Terms infolge der Gitterschwingungen erhöht wird[1], tritt auch hierdurch eine Rotverbreiterung der Banden ein. Für eine violette Halbwertsbreite der Banden, für die demnach nur die Temperaturverteilung der Elektronen des oberen Bandes verantwortlich ist, wurde von BIRUS und SCHÖN[2] dementsprechend

---

[1] Die Potentialkurve dieses Terms muß ja in Abhängigkeit von der Dichteschwankung in der Gleichgewichtslage ein Minimum haben.

[2] BIRUS u. SCHÖN: Verh. dtsch. phys. Ges. (3) Bd. 19 (1938) S. 83.

an Zinksilikaten zwischen 90 und 700° K und von SCHÖN (unveröffentlichte Messungen) an einem durch die Bande des selbstaktivierten ZnS nicht gestörten ZnSCu eine lineare Abhängigkeit von der Temperatur gemessen. Wegen der geringen Konzentration der Elektronen im oberen Band ist für sie das BOLTZMANNsche Verteilungsgesetz in der Form $f(E) \cdot e^{-E/kT}$ anzunehmen, wobei E die vom unteren Rand des oberen Bandes her gerechnete Energie darstellt. Für die Gewichtsfunktion $f(E)$ ergab sich experimentell aus der Neigung der Geraden Halbwertsbreite — Temperatur die Form $\sqrt{E}$. Das Verteilungsgesetz stimmt also mit dem eines freien dreidimensionalen Gases überein, und die Termdichte nimmt am Rand des Bandes mit $\sqrt{E}$ zu (zur Einstellzeit der Verteilung vgl. S. 108).

8. Temperaturabhängigkeit der Quantenausbeute. Unter Quantenausbeute verstehen wir die Anzahl der emittierten Quanten pro absorbiertes Quant (diese Anzahl liegt naturgemäß immer unter 1. Auf Grund der Ausführungen in Kap. II muß die Wahrscheinlichkeit einer Umwandlung der aufgenommenen Energie in Wärme, d. h. die Verschlechterung der Quantenausbeute sehr stark von der Temperatur abhängen. Wir haben dort gesehen, daß die Wahrscheinlichkeit für eine mehrquantige, strahlungslose Rückkehr des Elektrons aus dem Leitfähigkeitsband proportional einer hohen Potenz der Temperatur ist. Bei einer gewissen Temperatur wird also bei jedem Kristallphosphor die Umwandlung der gespeicherten Energie in Wärme einen nennenswerten Betrag erreichen und wird bei einer weiteren Erhöhung der Temperatur so groß, daß überhaupt keine Lumineszenz mehr übrig bleibt. Dies entspricht auch den experimentellen Tatsachen (vgl. beispielsweise die Temperaturabhängigkeit des durch α-Strahlen erregten Lumineszenzleuchtens nach den Messungen von RIEHL[1]). Bei einer gewissen Temperatur, im vorliegenden Falle bei 200°, setzt eine Abnahme der Lumineszenzfähigkeit (Quantenausbeute) ein, und oberhalb 500° besitzt das von RIEHL untersuchte Zinksulfid überhaupt keine Lumineszenzfähigkeit mehr. Ein ähnliches Verhalten gilt grundsätzlich für alle bisher untersuchten Luminophore.

9. Temperaturabhängigkeit der Tilgung. Aus den Betrachtungen in Kap. VI, 3 ergibt sich, daß die Tilgung, d. h. die Auslöschung der Phosphoreszenz durch Rot oder Ultrarot, die im Gegensatz zur Ausleuchtung ohne Lichtemission vonstatten geht und somit einen Verlust in der aufgespeicherten Lichtsumme bedeutet, stark mit der Temperatur zunehmen muß. Es sind dieselben Gründe, auf Grund deren man eine Abnahme der Lumineszenzfähigkeit bei höheren Temperaturen erwarten muß. Gemäß dieser Erwartung ergibt auch das Experiment[2], daß die Tilgung um so größer gegenüber der Ausleuchtung wird, je höher die Temperatur des auszulöschenden Phosphors ist.

---

[1] RIEHL: Ann. Phys., Lpz. (5) Bd. 17 (1933) S. 588.
[2] Handbuch der Experimentalphysik, Bd. 23, S. 795.

10. Abhängigkeit der Abklingfunktion von der Intensität der Erregung. Die Abklingfunktion des spontanen Nachleuchtens (Momentanleuchtens) folgt auf Grund des vorliegenden Modells zweifellos den Gesetzen einer bimolekularen Reaktion, da die Rekombinationswahrscheinlichkeit der Konzentration der leer gewordenen (angeregten) Störterme und der im Leitfähigkeitsband befindlichen Elektronen proportional ist. Unter Berücksichtigung der Anlagerungsterme haben SCHÖN sowie DE GROOT (vgl. Kap. V, 2) ein System von Reaktionsgleichungen aufgestellt, dessen Diskussion die wesentlichen Tatsachen des Abklingens erklärte[1]. Daß die Abklingfunktion des spontanen Nachleuchtens tatsächlich den Gesetzen einer bimolekularen Reaktion folgt, beweist auch das Experiment[2].

11. Abhängigkeit der Quantenausbeute von der Erregungsintensität. Vor kurzem hat RIEHL[3] festgestellt, daß die Quantenausbeute bei Verminderung der Erregungsintensität abzunehmen beginnt. Die maximale Quantenausbeute liegt also bei starker Erregung vor. Wählt man dagegen eine schwächere Erregung, so sinkt die Quantenausbeute. Dieser Effekt tritt bei manchen Luminophoren schon bei Zimmertemperatur auf, bei anderen erst bei etwas erhöhter Temperatur. Diese Erscheinung läßt sich aus den vorliegenden Vorstellungen einfach deuten, indem gemäß den Gesetzen der bimolekularen Reaktion die Aufenthaltsdauer der Elektronen im Leitfähigkeitsband um so größer ist, je schwächer die Erregung, je weniger Elektronen sich also im Leitfähigkeitsband befinden. Bei längerer Aufenthaltsdauer im Leitfähigkeitsband aber steigt die Wahrscheinlichkeit dafür, daß das Elektron durch mehrquantigen Übergang, d. h. also strahlungslos, unter Abgabe von Wärme, auf den Störterm hinabfällt. Je schwächer die Erregung also, um so größer der Verlust an Lumineszenzlicht, und dies ist die Erscheinung, die von RIEHL gefunden wurde. Auch die Tatsache, daß diese Erscheinung stärker auftritt, wenn die Temperatur hoch ist, folgt ohne weiteres aus dem bereits erwähnten Umstand, daß die Wahrscheinlichkeit für eine mehrquantige Rückkehr mit zunehmender Temperatur stark anwächst.

12. Abhängigkeit der Abklingfunktion von der erregenden Wellenlänge. Soweit die erregende Strahlung *im Gebiet der Grundgitterabsorption* liegt, wird sowohl Spontanleuchten als auch eine gewisse Phosphoreszenz erregt. Die Intensität der Phosphoreszenz ist hier allerdings außerordentlich gering, weil die Eindringtiefe der erregenden Strahlung sehr klein ist und daher nur wenige Anlagerungstherme in Aktion treten. Die Abklingung des Spontanleuchtens erfolgt bei der Grundgittererregung

[1] SCHÖN: Verh. dtsch. phys. Ges. (3) Bd. 18 (1937) S. 70.
[2] ANTONOW-ROMANOWSKY, V.: C. R. Moskau (N. S.) Jg. 1935, S. 97. (2). — BLOCHINZEW, D.: Phys. Z. Sowjet Bd. 12 (1937) S. 586. — GROOT, DE: Physica, Haag Bd. 6 (1939) S. 275. Theoret. Behandlung. — LEWSCHIN, M. L.: Acta phys. polon. Bd. 5 (1936) S. 301. — RIEHL, N.: Ann. Phys., Lpz. (5) Bd. 29 (1937) S. 647.
[3] RIEHL: Z. techn. Phys. Bd. 20 (1939) S. 152.

besonders schnell, weil infolge des großen Absorptionskoeffizienten die ganze erregende Strahlung innerhalb eines kleinen Raumes absorbiert wird und daher die Erregungsdichte sehr groß ist. Die große Erregungsdichte bringt — gemäß dem Gesetz der bimolekularen Reaktion — eine schnelle Abklingung mit sich. — Erfolgt die Erregung im *langwelligen Ausläufer* der Grundgitterabsorption, so klingt das Spontanleuchten wegen der geringeren Erregungsdichte langsamer ab. Die Phosphoreszenz tritt hier um Zehnerpotenzen stärker in Erscheinung, weil die Eindringtiefe der erregenden Strahlung hier sehr viel größer ist als im Gebiet der Grundgitterabsorption und daher viele Anlagerungsterme in Aktion treten. Erregt man mit ganz langwelliger Strahlung, die am *äußersten Ende des langwelligen Ausläufer* der Absorptionskurve liegt, so kann der Fall eintreten, daß überhaupt nur Phosphoreszenz und kein Spontanleuchten erregt wird, weil die Elektronen nur bis zu den Anlagerungstermen nicht aber bis zum Leitfähigkeitsband gelangen. — Der eben geschilderte Sachverhalt erklärt übrigens auch das Zustandekommen der LENARDschen „Phosphoreszenz-Erregungsbanden".

13. Abhängigkeit der Quantenausbeute von der erregenden Wellenlänge. Wie schon mehrfach erwähnt, führt längstwellige Erregung vorwiegend zur Phosphoreszenz. Auf Grund der Vorstellungen über die Anlagerungsstellen (Anlagerungsterme) kann erwartet werden, daß die Phosphoreszenz immer nur bis zu einer gewissen Sättigungsgrenze erregt werden kann. Denn, wenn jeder Anlagerungsterm von einem Elektron besetzt ist, kann keine weitere Erregung der Phosphoreszenz mehr stattfinden. Die Quantenausbeute bei der Erregung der Phosphoreszenz kann also eine recht gute sein, solange allerdings nicht neben der erregenden Absorption, die dem Übergang des Elektrons in den Anlagerungsterm entspricht, noch andere, nicht erregende Absorptionsmöglichkeiten vorliegen. Die absolute Menge an speicherbarer Lichtsumme und erzeugbarem Licht ist allerdings hier sehr bescheiden, da ja die Zahl der Anlagerungsstellen, an denen die Erregung der Phosphoreszenz sich abspielen kann, nur sehr beschränkt ist. Der Beitrag, den das langwellig erregte Phosphoreszenzleuchten zum Gesamtleuchten bei starker Erregung liefert, ist daher nur sehr gering. — Ganz anders werden die Verhältnisse, wenn man in das Erregungsgebiet übergeht, welches dem Übergang des Elektrons aus dem besetzten Band oder Störterm direkt ins Leitfähigkeitsband entspricht. Soweit die Rückkehr des Elektrons nicht in wärmebildender mehrquantiger Weise erfolgt, findet hier jedesmal bei Rückkehr des Elektrons aus dem Leitfähigkeitsband die Aussendung eines Lichtquantes statt. Wir sehen also, daß in diesem Fall das Leuchten erstens einen großen absoluten Betrag haben muß, weil der Kristall die auf ihn auffallende Strahlung stark absorbiert, und zweitens muß auch die Quantenausbeute eine gute sein, denn es bestehen ja keine Ursachen für einen Verlust der aufgenommenen Energie. Dieser Verlust tritt jedoch ein, wenn die erregende Strahlung noch kurzwelliger wird, nämlich so kurzwellig, daß das Elektron in den oberen Teil des Leitfähigkeitsbandes gelangt. Wie wir in Kap. VI, 3 gesehen haben, nimmt die Wahrscheinlichkeit für eine strahlungslose, wärmebildende mehrquantige Rückkehr des Elektrons um so mehr zu, je höher sich das Elektron im Leitfähigkeitsband befindet. Also wird beim Übergang zu noch kürzeren Wellenlängen die Quantenausbeute anfangen, wieder zu sinken, und zwar deswegen, weil bei dieser kurzwelligen Erregung bereits ein Teil der erregenden Strahlen infolge mehrquantiger Rückkehr der Elektronen in Wärme umgewandelt wird. Wohlgemerkt handelt es sich hier lediglich um das Absinken der Quantenausbeute selbst. Der Absorptionskoeffizient nimmt mit abnehmender Wellenlänge nicht etwa ab, sondern unter Umständen sogar noch etwas zu. Die Quantenausbeute wird aber aus den vorhin genannten Gründen immer schlechter. Dies entspricht auch völlig den experimentellen Erfahrungen. Besonders aufschlußreich sind hier Resultate von MARTIN-ROTHE und SCHÖN, die genau das Verhalten wiedergeben, das wir auf Grund unserer Vorstellung fordern müssen.

14. Abhängigkeit der Tilgung von der Wellenlänge des löschenden Lichtes bei Auslöschung durch Rot und Ultrarot. Die Auslöschung durch Ultrarot oder Rot setzt sich zusammen aus zwei Teilen, aus der *Ausleuchtung* und *Tilgung*. Bei der Ausleuchtung wird die gespeicherte Energie veranlaßt, als Lichtquant den Phosphor zu verlassen. Die Ausleuchtung entspricht also einer schnelleren Austreibung der aufgespeicherten Lichtsumme. Anders die Tilgung. Bei der Tilgung gelangt die aufgespeicherte Lichtsumme nicht zur Ausstrahlung, sondern die gespeicherte Energie wird in Wärme umgewandelt und geht dem Phosphoreszenzvorgang verloren. Auf Grund der in Kap. VI, 3 entwickelten Vorstellung können wir die hier obwaltenden Verhältnisse leicht übersehen. Wir haben dort gesehen, daß die strahlungslose, mehrquantige Rückkehr des Elektrons mit um so größerer Wahrscheinlichkeit stattfindet, je höher das Elektron sich im Leitfähigkeitsband befindet. Hieraus können wir sofort eine Voraussage machen, wie die spektrale Abhängigkeit der Tilgung einerseits und der Ausleuchtung andererseits sein wird. Findet eine Bestrahlung mit langwelligem Ultrarot statt, bei der die Elektronen vom Anlagerungsterm nur in den unteren Teil des Leitfähigkeitsbandes gelangen können, so liegt nur Ausleuchtung vor, denn es besteht ja hier *weniger Anlaß* für irgendwelche wärmebildenden Verlustprozesse, das Elektron fällt strahlend auf den Störterm herunter. Anders ist es, wenn man den erregenden Phosphor mit kürzerwelliger Strahlung, etwa mit kurzwelligem Ultrarot oder mit Rot bestrahlt. Hier reicht die Energie der auslöschenden Strahlung bereits aus, um das Elektron aus dem Anlagerungsterm in höhere Partien des Leitfähigkeitsbandes zu heben. Weil aber in diesen höheren Partien das Elektron eine höhere Wahrscheinlichkeit hat, seine Energie mehrquantig, wärmebildend abzugeben, wird hier also ein Teil der Energie dem Lumineszenzprozeß verlorengehen. Es wird also Tilgung stattfinden, und zwar in um so größerem Maße, je kürzer die auslöschende Wellenlänge. Dieses Verhalten wird von Lenard auch experimentell für das Verhältnis $\frac{\text{Tilgung}}{\text{Ausleuchtung}}$ erhalten. Bei langwelliger Auslöschung überwiegt die Ausleuchtung, bei kurzwelliger die Tilgung.

15. Ganz im Einklang mit den theoretischen Vorstellungen tritt übrigens bei voll erregten Phosphoren eine *ultrarote Absorptionsbande* auf, die dem Übergang von Anlagerungsterm auf das Leitfähigkeitsband entspricht (auslöschende Absorption). Diese Absorptionsbande ist bei unerregten Phosphoren nicht vorhanden, wie es auf Grund obiger Vorstellungen auch der Fall sein muß, denn bei unerregten Phosphoren ist ja der Ausgangsterm der ultraroten Absorption, nämlich der Anlagerungsterm, unbesetzt.

16. Abhängigkeit der Abklingfunktion von der Dauer der Erregung[1]. Bei sehr kurzfristiger Erregung befinden sich die weitaus meisten Elektronen im Leitfähigkeitsband und nicht in den Anlagerungsstellen. Daher ist bei kurzzeitiger Erregung die Phosphoreszenz gering, das spontane Nachleuchten groß. Dauert dagegen die Erregung längere Zeit, so haben die Elektronen Zeit, teilweise aus dem Leitfähigkeitsband in die Anlagerungsterme überzugehen, diese füllen sich also mit Elektronen und der Anteil der Phosphoreszenz am Gesamtleuchten nimmt zu. Dies entspricht den bekannten experimentellen Befunden.

17. Bei Phosphoren, die mehrere verschiedene Phosphorogene enthalten, beispielsweise zwei, ist auf Grund des Modells folgende Temperaturabhängigkeit der spektralen Emissionsverteilung zu erwarten. Mit Rücksicht darauf, daß die Terme des einen Phosphorogens näher an dem besetzten Band liegen als die Terme des anderen Atoms, wird bei tiefer Temperatur vorwiegend nur das Leuchten desjenigen Phosphorogens auftreten, dessen Störterm näher dem besetzten Band liegt. Denn Voraussetzung für das Zustandekommen des Leuchtens ist ja ein Übergang des Elektrons vom Störterm auf das Loch im besetzten Band. Bei tiefer Temperatur wird ein solcher Übergang aber nur bei nahe an dem besetzten Band gelegenen Störtermen möglich sein. Da das Phosphorogen mit dem tiefliegenden Störterm eine kürzerwellige Emissionsbande haben muß, weil ja die Energiedifferenz zwischen Leitfähigkeitsband und diesem Störterm groß ist, so wird also bei tiefer Temperatur vorwiegend die kürzerwellige Bande emittiert. Erhöht man dagegen die Temperatur, so tritt auch das Phosphorogen in Aktion, dessen Störterm weiter von dem besetzten Band entfernt ist. Dementsprechend kommt also bei Erhöhung der Temperatur die längerwellige Bande stärker zum Vorschein.

18. Aber auch bei Phosphoren mit einem einzigen Phosphorogen und somit auch mit einer einzigen Emissionsbande dürfte eine solche Rot-

---

[1] Vgl. hierzu A. Schleede u. B. Bartels: Z. techn. Phys. Bd. 19 (1938) S. 936.

verschiebung bei Erhöhung der Temperatur auftreten, weil ja auch bei einem einzigen Phosphorogen die Störterme nicht alle in der gleichen Höhe liegen, sondern einer statistischen Verteilung unterliegen. Beim Übergang von ganz tiefer zu höherer Temperatur wird die Verteilung der höherliegenden Störterme größer und dementsprechend auch der Anteil langwelligen Lichtes an der Gesamtemission größer. Dieser Effekt tritt zu den rot verschiebenden Effekten hinzu, die unter Nr. 7 erwähnt wurden.

19. Abhängigkeit der Quantenausbeute von der Teilchenmasse bei Erregung durch Korpuskularstrahlen. Das Modell ermöglicht es auch, verständlich zu machen, warum bei Erregung der Kristallphosphore (insbesondere ZnS) durch α-Strahlen die Quantenausbeute sehr viel höher liegt als bei Erregung durch Kathodenstrahlen. Wie MÖGLICH und ROMPE[1] gezeigt haben, liegt dies an folgendem: Ein einfallendes leichtes Teilchen (Kathodenstrahl) erzeugt im Elektronengas des Kristalls eine Kaskade von wenigen Elektronen hoher Energie, ein schweres Teilchen (α-Teilchen) erzeugt dagegen eine Kaskade von vielen Elektronen niedriger Energie. Wie in Nr. 13 und in Kap. VI, 3 auseinandergesetzt, sind die energiereicheren Elektronen den wärmebildenden Vielfachstößen des Gitters in höherem Maße ausgesetzt als die energieärmeren, wobei noch hinzukommt, daß die Einstellzeit der letztgenannten nach den Gesetzen der Plasmawirkung viel kürzer ist. Daher ist die Quantenausbeute bei Erregung mit Kathodenstrahlen (oder β-Strahlen) wesentlich kleiner als bei Erregung mit α-Strahlen.

Man sieht, daß man mit Hilfe der Elektronentheorie des festen Körpers unter Verwendung der von MÖGLICH und ROMPE untersuchten Abhängigkeiten der Wechselwirkung zwischen der Anregungsenergie und den Gitterschwingungen ein Modell für den Leuchtmechanismus der Kristallphosphore aufstellen kann, das sehr viele Erscheinungen des Leuchtens erklärt. Die Annahme der Anlagerungsstellen wird bereits durch die Erscheinungen der lichtelektrischen Leitfähigkeit und der Leitung in Halbleitern nahegelegt und ist kaum als ad hoc eingeführte Annahme zu bezeichnen. Die einzige Annahme dieser Art wurde bezüglich des Verhaltens der Störterme gemacht. Diese Annahme erscheint jedoch durch die Leistungsfähigkeit des Modells sehr wahrscheinlich gemacht.

Nicht behandelt wurden hier die Erscheinungen der lichtelektrischen Leitfähigkeit und die Abhängigkeit des Leuchtens von der Konzentration der Phosphorogenatome. Zur Untersuchung der Konzentrationsabhängigkeit müßte eine Annahme über die mittelbare und unmittelbare gegenseitige Beeinflussung der Störstellen gemacht werden. Das Vorhandensein einer lichtelektrischen Leitfähigkeit ergibt sich zwangsläufig aus dem Modell. Im Rahmen dieses Buches darf auf die nähere Erörterung dieser Erscheinungen verzichtet werden.

---

[1] MÖGLICH, F. u. R. ROMPE: Z. techn. Phys. Bd. 40 (1940) H. 11.

VIII. Kristallchemischer Aufbau der Kristallphosphore und verwandten Leuchtstoffe.

Die früheren Anschauungen LENARDs über den Aufbau der Phosphore beruhten auf Annahmen von besonderer amorpher Struktur derselben. Diese Annahmen sind inzwischen längst überholt, was nicht zuletzt darauf zurückzuführen ist, daß die Röntgenmethode der Kristallstrukturbestimmung inzwischen einen völligen Wandel in bezug auf die Erforschung des Aufbaues fester Körper gebracht hat.

Die ersten, die darauf hinwiesen, daß die Lumineszenzfähigkeit eines Stoffes keineswegs an eine besondere amorphe Struktur gebunden zu sein braucht und daß sie sehr wohl bei kristallinen Stoffen auftreten kann, waren TIEDE und SCHLEEDE[1]. Auch die Erdalkaliphosphore zeigen kristalline Struktur. Wir können somit bei den weiteren Betrachtungen von der Annahme einer kristallinen Struktur der Lumineszenzstoffe ausgehen. — SCHLEEDE (l. c.) hat als erster die Vorstellung vom mischkristallartigen Einbau des Phosphorogens in die Grundsubstanz benutzt. Wir wollen im folgenden nur dann vom „mischkristallartigen" Einbau sprechen, wenn das Fremdatom in einem Gitterpunkt an Stelle eines gitterbildenden Grundstoffatoms sitzt, nicht aber, wenn es etwa im Zwischengitterraum eingebaut ist.

Wie in dem Kapitel VI ausgeführt, besitzt ein völlig idealer, gar nicht gestörter Kristall keinerlei Lumineszenzfähigkeit, es sei denn, daß die ihn aufbauenden Atome oder Moleküle an und für sich lumineszenzfähig sind (derartige aus an sich schon lumineszenzfähigen Molekülen aufgebaute Stoffe gehören nicht zu dem hier behandelten Thema). Die Lumineszenzfähigkeit tritt nur dann auf, wenn in der Gitterperiodizität eine Störung auftritt. Diese Störungen können durch verschiedene Einflüsse zustandegekommen sein. Meistens treten die Störungen durch Einbau oder Einlagerung von Fremdstoffen auf. Es muß dies jedoch nicht unbedingt ein Fremdstoff sein, es kann vielmehr auch der Überschuß an einer der Komponenten, aus denen der Kristall besteht, für das Auftreten von Störstellen verantwortlich sein. So kann z. B. bei Zinksulfid ein Überschuß von Zink Lumineszenzfähigkeit hervorrufen[2]. Es scheint, als ob auch bei Wolframaten ein gewisser Überschuß an einer der Komponenten für die Lumineszenzfähigkeit verantwortlich ist, obzwar sichere Beweise hier noch fehlen. Praktisch ist es allerdings bei den meisten Luminophoren ein *Fremd*stoff, der das Entstehen der Störstellen hervorruft[3].

Aus den Untersuchungen der letzten Zeit ergibt sich[4], daß die Störstelle offenbar erst durch den Einbau entsteht und daß nicht etwa, wie man eine zeitlang annahm[5], im vollständig fremdstofffreien Gitter schon

---

[1] TIEDE u. SCHLEEDE: Chem. Ber. Bd. 53 (1920) S. 1721. Vgl. auch A. SCHLEEDE: Naturwiss. Bd. 14 (1926) S. 586. — [2] SCHLEEDE, A.: Angew. Chem. Bd. 50 (1937) S. 908. — GLASSNER, J.: Diss. Berlin 1938.

[3] Über die Möglichkeit der Erzeugung von Gitterstörungen durch das Schmelzmittel vgl. die Diskussion in Trans. Faraday Soc. Bd. 35 (1939) S. 90, sowie J. BYLER: J. Amer. chem. Soc. Bd. 60, S. 632.

[4] RIEHL u. ORTMANN: Ann. Phys., Lpz. (5) Bd. 29 (1937) S. 556.

[5] SMEKAL, A.: Über den Aufbau der Realkrystalle, Como 1927.

Störstellen vorhanden sind, die dann erst von den Phosphorogenatomen besetzt werden. Auch sind keine Anzeichen dafür vorhanden, daß im Gitter besondere singuläre Stellen vorhanden sind, die für die Aufnahme des Fremdstoff (Phosphorogen)-Atomes besonders prädestiniert sind. Vielmehr liegen die Ursachen für die Aufnahmefähigkeit gegenüber Fremdstoffatomen in der Gitterstruktur selbst (s. weiter unten).

Eine weitere Aufklärung über den kristallchemischen Aufbau der Lumineszenzstoffe wurde in den letzten Jahren möglich, und zwar durch die Arbeiten von TIEDE und seinen Schülern und die sich anschließenden Arbeiten von RIEHL. Die Entwicklung nahm ihren Anfang von der Feststellung, die TIEDE und WEISS[1] machten, wonach Phosphorogenatome in ein geglühtes zusatzfreies ZnS schon bei der außerordentlich niedrigen Temperatur von 330° einzudringen vermögen. TIEDE führte den Versuch in der Weise durch, daß er in einem Quarzröhrchen etwas Kupfersulfid mit geglühtem, schmelzmittelfreiem ZnS überschichtete und das Röhrchen auf einige Zeit erhitzte. Überschritt die Temperatur 330°, so zeigte sich, daß das ZnS, das bisher blau leuchtete, nunmehr ein grünes Leuchten aufwies, so daß man annehmen muß, daß bei dieser Temperatur das Kupfer das ZnS zu aktivieren vermag. Es wäre vielleicht denkbar, daß bei dem Versuch von TIEDE das Kupfer nur längs der Oberfläche der ZnS-Körner diffundiert ist und sich von Korn zu Korn über das ganze ZnS verteilt hat, ohne aber in die Tiefe der Körner einzudringen[2]. RIEHL[3] hat daher einen Versuch ausgeführt, um sicherzustellen, ob nur eine solche oberflächliche Verteilung des Kupfers stattfindet oder ob das Kupfer sich bis in das Innere der Körner hinein gleichmäßig in dem ZnS verteilt. Es wurde hierzu ein bei 1000° geglühtes ZnS nach dem TIEDEschen Verfahren in Berührung mit Kupfersulfid gebracht und auf 500° erhitzt, bis es ein grünes Leuchten zeigte. Das so gewonnene grünleuchtende Material wurde in warme 25%ige Salzsäure gelegt und allmählich aufgelöst. Würden die Kupferatome nur an der Oberfläche oder nur in den Außenpartien der Körner sitzen, so müßte nach Ablösen der äußeren Teile der Körner die Lumineszenzfarbe wieder von Grün nach Blau umschlagen. Ist dagegen das Kupfer bis ins Innere der Körner vorgedrungen, so muß das Leuchten grün bleiben, auch wenn ein großer Teil des Kornes bereits aufgelöst ist. Der Versuch, der sowohl visuell als auch spektrographisch durchgeführt wurde, ergab völlig eindeutig, daß beim Auflösen der Körner in Salzsäure das Leuchten bis zuletzt grün blieb, auch wenn das ZnS schon fast aufgelöst war und nur noch als schwache Trübung sich in der Flüssigkeit bemerkbar machte. Hieraus folgt also, daß das Kupfer und wohl auch alle anderen Phosphorogene

---

[1] TIEDE u. WEISS: Chem. Ber. Bd. 65 (1932) S. 364.
[2] Diese Vermutung wird durch die bekanntlich erhöhte Beweglichkeit der Atome an der Oberfläche von Kristallen nahegelegt.
[3] RIEHL: Ann. Phys., Lpz. (5) Bd. 29 (1937) S. 654; Angew. Chem. Bd. 51 (1938) S. 300; Trans. Faraday Soc. Bd. 35 (1939) S. 135.

schon bei der erwähnten niedrigen Temperatur ins Innere der ZnS-Körner eindringen und sich völlig gleichmäßig im Kristall verteilen.

Die Beobachtungen von TIEDE sowie die von RIEHL ergeben das sehr interessante Resultat, daß die Phosphorogenatome (zumindest aber die Cu- und Ag-Atome) innerhalb des ZnS-Kristalls leicht beweglich sind, jedenfalls weit beweglicher als die Zn- oder S-Atome. Es entsteht die Frage, ob diese Diffusion durch den Kristall in irgendwelchen Gitterstörungsebenen oder Kanälen oder im idealen Gitter selbst stattfindet. Trifft die erste Annahme zu, so müssen die Phosphorogenatome nicht im ganzen Gitter verteilt sein, sondern nur in den Ebenen oder Kanälen, die durch besonders lockere Bindungen und erhöhte Beweglichkeit der Atome ausgezeichnet sind. Nun hat aber RIEHL gemeinsam mit ORTMANN gezeigt [1], daß bei der sog. Druckzerstörung der Phosphore die Riß- und Bruchflächen keineswegs bevorzugt durch die Zentren, d. h. also durch den Sitz der Phosphorogenatome gehen dürften. Der Sitz des Phosphorogenatoms ist also kein Ort geringeren Widerstandes im Kristallgitter, und es ist unter diesen Umständen mehr als unwahrscheinlich, daß die Phosphorogenatome an Stellen mit gelockerter Bindung sitzen [2]. — Wenn aber die Diffusion des Phosphorogenatoms nicht längs den Flächen verminderter Bindung stattfindet, so folgt, daß die Phosphorogenatome in das *normale Gitter* bei 330° einzudringen vermögen, und es erhebt sich die Frage, wie eine solche Diffusion im normalen Gitter schon bei so tiefer Temperatur zustande kommen kann. RIEHL hat gezeigt, daß sich hierauf eine plausible Antwort ergibt, wenn man sich die Verhältnisse im ZnS-Gitter näher ansieht. Man kann sich den Bau des Zinksulfides auf Grund seiner Kristallstruktur so denken, daß der ganze Kristall aus ineinandergebauten Tetraedern gebildet wird, deren Ecken von Schwefelatomen besetzt sind. Der Mittelpunkt jedes zweiten Tetraeders ist von einem Zinkatom besetzt (vgl. Abb. 42). Die Hälfte aller Tetraeder ist also unbesetzt. In diesen unbesetzten Tetraedern ist genügend Platz für die Unterbringung des Phosphorogenatoms (bzw. Ions). Da die unbesetzten Tetraeder überdies aneinandergrenzen, so ist auch die leichte Diffusion des Phosphorogenatoms von einem unbesetzten Tetraeder zum anderen zu verstehen. Auch bei einer Reihe anderer Stoffe sind — wie inzwischen ausgeführte Versuche ergeben — ähnliche Verhältnisse vorhanden. Der Gitterbau bietet in zahlreichen Fällen genügend Raum für die Unterbringung und Diffusion von Fremdstoffatomen zwischen den Gitterpunkten. Dies gilt insbesondere auch für die Silikatphosphore [3, 4].

---

[1] RIEHL, N. u. H. ORTMANN: Ann. Phys., Lpz. (5) Bd. 29 (1937) S. 556.

[2] Es sprechen außer den angeführten Gründen auch noch andere Tatsachen gegen eine Wanderung längs den Gitterstörungsebenen, so z. B. die Tatsache, daß die Diffusionsfähigkeit des Phosphorogens im Kristall bei einer ganz bestimmten, sehr genau festlegbaren Temperatur einsetzt.

[3] Über die verschiedenen Arten von Diffusion in festen Körpern vgl. auch J. A. HEDVALL u. G. COHN: Kolloid-Z. Bd. 88 (1938) S. 224.

[4] Verwiesen sei hier auch auf die Arbeit von F. SEITZ [J. chem. Phys.

Wie aus dem eben Gesagten ersichtlich, kann das Eindringen des Phosphorogenatoms in den Zwischengitterraum und die Diffusion in demselben dann vor sich gehen, wenn die Amplituden der gitterbildenden Atome ein Durchschlüpfen des Phosphorogenatoms gestatten. Dieses Durchschlüpfen wird also bei Phosphorogenatomen kleinen Volumens leichter vonstatten gehen als bei Atomen großen Volumens. Für die Beweglichkeit bzw. Einbaufähigkeit der Phosphorogenatome im Zwischengitterraum kommt es also nicht allein auf die Art des Gitters, sondern auch auf die Art und Größe des Phosphorogenatoms an. Es mögen daher zunächst die sich auf das Phosphorogenatom-Volumen beziehenden bisherigen Ergebnisse geschildert werden.

TIEDE und WEISS[1] stellten die Regel auf, daß ein Metallatom als Phosphorogen nicht wirksam sein kann, wenn sein Durchmesser größer ist als der Durchmesser des Metall*atoms* im Wirts-gitter. Für eine ganze Anzahl von Systemen trifft diese Regel auffallend gut zu (Tab. 18).

Mit Rücksicht darauf, daß einzelne Phosphorogenatome sich in dieses Schema nicht einfügen und beispielsweise das Silber im Zinksulfid sehr wohl als Phosphorogen wirkt, obschon sein Atomdurchmesser etwas größer ist als er nach der TIEDE-schen Regel sein dürfte, hat RIEHL eine etwas abweichende Formulierung der TIEDEschen Regel vorgeschlagen, wonach ein Fremdatom dann als Phosphorogen in einem Kristall wirksam sein kann, wenn sein Volumen (oder Atomdurchmesser) eine bestimmte Grenze nicht überschreitet, und zwar liegt diese Volumen-grenze etwas oberhalb des Volumens des Metallatoms im Wirtsgitter.

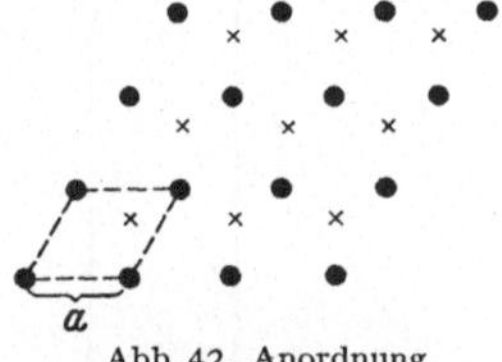

Abb. 42. Anordnung der Schwefelatome (●) und der Zinkatome (×) bei ZnS. Die Schwefelatome liegen in der Bildebene, die Zinkatome in einer höherliegenden Ebene. Man sieht, daß nur jedes zweite S-Atom-Tetraeder ein Zn-Atom enthält.

Es ist interessant, die Frage zu prüfen, ob die Metalle, die ein zu großes Volumen haben, um einen Phosphor zu ergeben, zwar in das Kristallgitter einwandern, aber keinen Luminophor ergeben, oder ob sie *überhaupt nicht in das Gitter einzudringen vermögen.* RIEHL[2] hat diese Frage untersucht und entschieden. Hierzu bediente er sich des Umstandes, daß man radioaktive Elemente dank ihrer Strahlenwirkung in sehr geringen Mengen noch nachweisen kann[3]. So besitzt das Blei und das Wismut radioaktive Isotope, die leicht der Untersuchung zugänglich sind. Diese beiden Metalle sind besonders interessant, weil sie zwar bei Kalzium- und Strontiumsulfid als hervorragende Phosphorogene wirksam sind, beim Zinksulfid aber merkwürdigerweise nicht. Die Versuche von RIEHL ergaben, daß beim Glühen von ZnS mit Blei (Thor B) und Wismut (Thor C) diese Elemente in das ZnS nicht eindringen, und zwar wird nicht einmal die äußerst geringe Menge von 10^{-6} mg,

---

Bd. 6 (1938) S. 454], der auf Grund der SCHOTTKY-WAGNERschen Theorie die Wahrscheinlichkeit des Einbaus von Cu in die Zwischengitterräume des ZnS berechnete. — [1] TIEDE u. WEISS: l. c.   [2] RIEHL: l. c.
[3] Vgl. z. B. H. KÄDING u. N. RIEHL: Angew. Chem. Bd. 47 (1934) S. 263.

Tabelle 18.

	Sulfid	Chlorid	Sulfide und Oxyde			Sulfide			Nitride		Oxyd
	Na	Na	Ca	Sr	Ba	Zn	Mg	Si	Al	B	Al
Atomdurch- messer	3,72	3,72	3,93	4,27	4,37	2,65	3,19	2,35	2,86	1,94	2,86
Iondurch- messer	1,78	1,78	2,12	2,54	2,86	1,66	1,56	0,78	1,14	0,40	1,14
Bi	—	—	3,10	3,10	3,10	—	3,10	—	—	—	—
			2,20[1]	2,20	2,20	—	2,20[1]	—	—	—	—
Pb	—	3,49	3,49	3,49	3,49	—	—	—	—	—	—
		2,64[1]	2,64[1]	2,64[1]	2,64	—	—	—	—	—	—
Tl	—	3,39	—	—	—	—	—	—	—	—	—
	—	2,98[1]	—	—	—	—	—	—	—	—	—
Pt	—	—	—	—	—	—	—	—	—	—	2,76
	—	—	—	—	—	—	—	—	—	—	1,22[1]
Sb	—	—	2,87	—	—	—	2,87	—	—	—	—
	—	—	1,80	—	—	—	1,80[1]	—	—	—	—
Ag	—	2,88	2,88	—	—	—	—	—	—	—	—
	—	2,26[1]	2,26[1]	—	—	—	—	—	—	—	—
Zn	—	—	—	2,65	—	—	—	—	—	—	—
	—	—	—	1,66	—	—	—	—	—	—	—
Cu	2,55	2.55	2,55	2,55	2,55	2,55	—	—	—	—	—
	1,92[1]	1,92[1]	1,92	1,92	1,92	1,92[1]	—	—	—	—	—
Fe	2,57	—	—	—	—	—	—	—	2,57	—	—
	1,34	—	—	—	—	—	—	—	1,34[1]	—	—
Mn	—	—	2,58	2,58	—	2,58	2,58	—	—	—	2,58
	—	—	1,82	1,82	—	1,82[1]	1,82[1]	—	—	—	—
Si	—	—	—	—	—	—	—	—	2,35	—	—
	—	—	—	—	—	—	—	—	0,78	—	—
C	—	—	—	—	—	—	—	1,54	—	1,54	—
	—	—	—	—	—	—	—	0,40	—	0,40	—

[1] Ordnet sich nicht ein.

die bei einigen der Versuche angewandt wurde, vom ZnS-Kristall
aufgenommen. — Auf Grund der obigen Versuche kann also behauptet
werden, daß die untersuchten Metalle, die nicht als Phosphorogene
wirken, deswegen nicht wirksam sind, weil sie gar nicht erst in das
Gitter eingebaut werden.

Auf Grund aller dieser Ergebnisse kann man sagen, daß ein Fremdatom dann in das Kristallgitter eingebaut werden kann, wenn sein
Volumen eine bestimmte Grenze nicht überschreitet. Nach TIEDE liegt
diese Grenze beim Volumen des Metallatoms des Wirtsgitters oder etwas
darüber. Dieses Ergebnis steht im Einklang mit der von RIEHL auf-
gestellten Anschauung über die Art des Einbaues von Phosphorogenatomen im Kristallgitter. Darnach werden die Phosphorogenatome im
Zwischengitterraum, d. h. zwischen Gitterpunkten des normalen Gitters
eingebaut. Hierbei darf aber selbstverständlich das Volumen der ein-
zubauenden Fremdstoffatome bestimmte Grenzen nicht überschreiten,
da dann die Verzerrung des Gitters zu groß und nicht mehr tragbar wird.

Daher kommt es, daß z. B. beim Zinksulfid die Atome von besonders großen Volumen wie Blei oder Wismut in das Gitter nicht einzudringen vermögen. Verständlich werden hierdurch auch die Beobachtungen, wonach ein Phosphorogen in um so größeren Mengen in das Grundmaterial eingebaut werden kann, je kleiner der Durchmesser seines Atoms oder Ions.

Wenn oben stets die Rede von dem Durchmesser der *Atome* und nicht etwa der *Ionen* war, obschon ja die in Frage kommenden Gitter zum größten Teil aus Ionen aufgebaut sind, so ist hierzu zu sagen, daß die oben aufgestellte Regel bezüglich der Atomdurchmesser letzten Endes nur heuristischen Wert hat, besonders wenn man die TIEDESche Regel in ihrer ursprünglichen Fassung betrachtet. Vielleicht ist es physikalisch gar nicht zweckmäßig, die obere Grenze für das Volumen der einbaufähigen Atome mit dem Atomvolumen des Grundgitters in Verbindung zu bringen, da ja das Gitter gar nicht aus Atomen, sondern aus Ionen besteht. Vielleicht aber ist es zweckmäßig und physikalisch fruchtbar, das Atomvolumen des Phosphorogenatoms als Kriterium heranzuziehen. Denn es wird ja das ganze Phosphorogenatom und nicht etwa nur das Phosphorogenion ins Gitter eingebaut (sonst würden ja enorme Aufladungen des Kristalls auftreten müssen). Ob allerdings das eingewanderte Phosphorogenatom seine Ladung behält oder sie an die Umgebung abgibt, ist eine Frage für sich. Jedenfalls wird letzten Endes das Atom als ganzes vom Gitter aufgenommen.

Daß der von RIEHL angenommene Einbau von Fremdstoffatomen im Zwischengitterraum und die Wanderung dieser Atome im Zwischengitterraum recht allgemein verbreitete Erscheinungen sind, wird auch durch Untersuchungen auf anderen Gebieten, so z. B. durch die Untersuchungen von GRAUE und RIEHL[1] bestätigt. Diese Autoren konnten bei Zinksulfid und bei einigen anderen Stoffen eine lebhafte Diffusion der gasförmigen Emanation innerhalb wohl ausgebildeter Kristallgitter bei mäßiger Temperaturerhöhung feststellen.

Während bisher stets die Rede vom Einbau des Phosphorogenatoms im Zwischengitterraum war, gibt es mehrere Fälle, wo ohne Zweifel das aktivierende Fremdstoffatom sich isomorph (mischkristallartig) in das Gitter einbaut, wo also das Fremdatom nicht im Zwischengitterraum sitzt, sondern an Stelle eines der gitterbildenden Atome ins Kristallgitter eintritt und dort die Stelle eines kristallbildenden Atoms einnimmt. Ein solcher Fall liegt beispielsweise beim mit Chrom aktivierten Aluminiumoxyd vor. TIEDE und PIWONKA[2], sowie TIEDE und LÜDERS[3] haben die sehr interessante Feststellung gemacht, daß bei Al_2O_3-Luminophoren man immer dann einen Phosphor im eigentlichen Sinne (mit ausgesprochener Phosphoreszenz) erhält, wenn das aktivierende Atom bzw. das Oxyd des aktivierenden Atoms mit dem Korundgitter des Al_2O_3 *nicht isomorph* ist. Das gilt insbesondere für Platin und Mangan als Fremdstoffatom. Ist dagegen das aktivierende Atom oder richtiger

---

[1] GRAUE u. RIEHL: Naturwiss. Bd. 25 (1937) S. 421; Z. anorg. allg. Chem. Bd. 233 (1937) S. 365; Angew. Chem. Bd. 51 (1938) S. 873; Bd. 52 (1939) S. 112.

[2] TIEDE u. PIWONKA: Chem. Ber. Bd. 64 (1931) S. 2252.

[3] TIEDE u. LÜDERS: Chem. Ber. Bd. 66 (1933) S. 1681.

gesagt sein Oxyd mit dem Korundgitter isomorph, d. h. läßt sich das Oxyd des Fremdmetalls mischkristallartig in das Korundgitter einbauen, so erhält man zwar Fluoreszenz, aber keine Phosphoreszenz. Dieser Fall tritt bei Chrom, Rhodium, Vanadium, Gallium und Eisen als Aktivator auf. Die Oxyde dieser Elemente sind mit dem Korund nicht isomorph[1]. Wir könnten auf Grund der RIEHLschen Vorstellung also sagen: *Ein Al_2O_3-Phosphor tritt dann auf, wenn das Phosphorogenatom im Zwischengitterraum sitzt, ein Al_2O_3-Fluorophor kommt aber zustande, wenn* gemäß den Befunden von TIEDE, PIWONKA und LÜDERS *ein mischkristallartiger Einbau des Fremdstoffatoms in das Gitter stattfindet,* wenn also das Fremdstoffatom den Platz eines gitterbildenden Atoms einnimmt. Verbindet man diese Tatsache mit den im Kapitel VI geschilderten Anschauungen über den Leuchtmechanismus, so kann man sagen, *daß zwar jedes der genannten Fremdstoffatome* — gleichgültig in welcher Weise es im Gitter eingebaut ist — *die Veranlassung zu der Bildung eines Störterms gibt,* daß aber die für die Phosphoreszenz verantwortlichen *Anlagerungsterme* nur dann zur Wirkung gelangen, *wenn das Fremdatom in das Gitter selbst nicht hineinpaßt, sondern im Zwischengitterraum sitzt.* Wir werden weiter unten sehen, daß bei dem mit *Mangan* aktivierten ZnS-Phosphor auch ein *mischkristallartiger* Einbau des Mangans im ZnS-Gitter angenommen werden muß.

Aus Gründen, die am Schluß des Kap. V, 3 näher erörtert sind, folgt, daß man die Anwesenheit des Phosphorogens nicht einfach als *die* Ursache für das Auftreten von Anlagerungsstellen (Anlagerungsterme) ansehen darf. Die Anlagerungsterme können in gewissem Umfange schon bei dem zusatzfreien Gitter vorhanden sein.

Es liegt nahe, daß die Annahme vom Einbau der Fremdatome im Zwischengitterraum zu der Konsequenz führen muß, daß die Menge an einbaufähigen Fremdatomen nur beschränkt sein kann. Denn im Gegensatz zu einem mischkristallartigen Einbau verursacht das Einzwängen der Fremdatome in den Zwischengitterraum beträchtliche Aufweitungen des Gitters[2]. Das Gitter kann also nur eine beschränkte Menge an derartig eingebauten Fremdatomen vertragen. Versucht man noch größere Mengen des Phosphorogens einzubauen, so gelingt dies nicht, das Phosphorogen scheidet sich aus dem Gitter aus. Diese Folgerungen entsprechen den zahlreichen Erfahrungen, die in der präparativen Phosphoreszenzchemie gemacht werden. Sie entsprechen insbesondere auch dem Umstand, daß man beispielsweise bei ZnS größere Mengen von Kupfer als von Silber phosphorogenartig in das Gitter einbauen kann,

---

[1] Die beiden Gruppen von Al_2O_3-Luminophoren unterscheiden sich, wie TOMASCHEK und DEUTSCHBEIN [Z. Phys. Bd. 82 (1933) S. 309] hervorheben, auch durch den Zusammenhang zwischen Absorption und Emission. Vgl. auch GORTER: Proc. Amst. Bd. 36 (1933) S. 168.

[2] Eine solche Aufweitung (um etwa $3^0/_{000}$) konnten JENKINS, McKEAG u. ROOKSBY [Nat. Bd. 143 (1939) S. 978] direkt röntgenographisch nachweisen.

da das Kupferatom einen kleineren Raum als das Silberatom beansprucht[1].

Diese Erkenntnisse werfen unter Umständen auch ein Licht auf die Tatsache, daß bei zahlreichen Phosphoren die aufspeicherbare Lichtsumme dadurch gesteigert werden kann, daß man die Abkühlungsgeschwindigkeit nach dem Glühprozeß erhöht. RIEHL[2] hat nämlich gezeigt, daß bei Zinksulfiden, und zwar insbesondere bei solchen, die nach dem Glühprozeß eine schnelle Abkühlung erfuhren, im Laufe der Jahre eine spontane Abnahme der aufspeicherbaren Lichtsumme eintritt. Er wies darauf hin, daß die Existenz phosphoreszierender Mineralien (insbesondere die Existenz phosphoreszierender ZnS-Mineralien) ein Beweis dafür ist, daß diese Abnahme nicht etwa grundsätzlich zu einem vollständigen Verschwinden der Phosphoreszenzfähigkeit führen kann. Ein gewisser Teil des Lichtspeicherungsvermögens geht jedoch im Laufe der Jahre verloren. Man kann sich also auf Grund der neueren Erkenntnisse vorstellen, daß die im Zwischengitterraum eingebauten Phosphorogenatome bei schneller Abkühlung in größeren Mengen eingefroren werden können und somit eine größere Menge an Phosphorogen im Zwischengitterraum sitzen bleibt, als wenn man die Abkühlung langsam vornimmt. Im *letzteren* Falle erreicht man ein vollständiges thermodynamisches Gleichgewicht, es sitzen im Zwischengitterraum nur so viel Phosphorogenatome, wie das Gitter im Gleichgewichtszustand vertragen kann.

Zur Beantwortung der Frage nach der Stabilität der Leuchtzentren wird auch durch eine Untersuchung von M. TRAVNIČEK[3] über mit Samarium aktivierte Phosphore ein Beitrag geleistet. TRAVNIČEK fand ebenfalls spontane Veränderungen an den von ihm untersuchten Phosphoren. Diese Veränderungen bezogen sich zwar nicht auf die Ausbeute wie in den von RIEHL untersuchten Fällen, sondern auf die spektrale Lage der Emission. Es fand eine spontane Verschiebung der Emissionsbanden bzw. Linien statt. Die Phosphore, die diesen Effekt zeigten, waren $MgSO_4$, $BaSO_4$ und MgSSm. TRAVNIČEK weist in seiner Untersuchung bereits darauf hin, daß es sich hier offenbar um thermodynamische instabile Gebilde handeln muß.

In allerjüngster Zeit haben RIEHL und ORTMANN eine eingehende (noch nicht veröffentlichte) Experimentaluntersuchung über Einbau und Diffusion von Phosphorogenen in ZnS durchgeführt, die überaus

---

[1] Ergänzend sei noch vermerkt, daß die Wanderung des Phosphorogens im Gitter auch aus den Angaben im DRP. 544 118 folgt, worin beschrieben wird, daß man schon bei verhältnismäßig geringer Erhitzung das Phosphorogen in Zinksulfid, Natriumchlorid oder Zinksilikat einwandern lassen kann, wenn man das Grundmaterial zwischen zwei Elektroden aus demjenigen Metall elektrolysiert, welches als Phosphorogen zur Wirkung gelangen soll.

[2] RIEHL: Ann. Phys., Lpz. (5) Bd. 24 (1935) S. 536.

[3] TRAVNIČEK, M.: Ann. Phys., Lpz. (4) Bd. 85 (1928) S. 645.

interessante Resultate ergeben hat. Diese Resultate stellen eine weitgehende Bestätigung und Verfeinerung der oben geschilderten Vorstellungen vom *Einbaumechanismus des Phosphorogenatoms* dar. Die Ergebnisse mögen im folgenden kurz dargestellt werden.

Riehl und Ortmann fanden zunächst, daß das mit einem *größeren Atomvolumen* versehene Silber *erst bei höherer Temperatur mit der Diffusion beginnt* als das mit *kleinerem* Volumen versehene Kupfer[1]. Sie fanden weiter, daß bei *gleichzeitigem* Einwandernlassen von Kupfer und Silber das erstere eine sehr viel schnellere Diffusion zeigt als das letztere. Sind die verwendeten Mengen des Kupfers groß genug, so kann die Diffusion des Silbers völlig zurückgedrängt werden, indem alle zur Verfügung stehenden Plätze von dem Kupfer besetzt werden, bevor das Silber an diese gelangt.

Läßt man Silber in einen ZnSCu-Phosphor einwandern, so dringt eine gewisse Silbermenge ein, sofern die Kupfermenge im Kristall nicht zu groß ist und beispielsweise $1/10000$ nicht überschreitet. Bei einem Kupfergehalt des ZnSCu von $1/1000$ ist bereits gar kein Eindringen des Silbers mehr zu beobachten.

Läßt man umgekehrt Kupfer in einen ZnSAg-Phosphor einwandern, so tritt diese Einwanderung unter allen Umständen leicht ein. Dieses hängt damit zusammen, daß die Menge an Kupfer, die im Zwischengitterraum des ZnS untergebracht werden kann, sehr viel größer ist als die Menge an Silber. Wenn also die maximale Menge an Silber eingebaut ist, so verbleibt dennoch genügend Platz für eine Einwanderung des Kupfers.

Steigert man die Ausgangsmenge an verwendetem Kupfer, so gelingt es, durch das Kupfer die Silberatome aus ihren Plätzen zu *verdrängen*! Dieses offenbart sich erstens durch das Verschwinden der Silberlumineszenz und insbesondere aber dadurch, daß man das verdrängte Silber direkt chemisch an der *Oberfläche der Kristallkörnchen* nachweisen kann. Der umgekehrte Prozeß, nämlich die Verdrängung des Kupfers durch das Silber ist naturgemäß, vermöge der geringeren Einwanderungsfähigkeit des Silbers gegenüber dem Kupfer, nicht vorhanden.

Das *Mangan* als Phosphorogen des Zinksulfids zeigt in bezug auf Diffusion *ein ganz anderes Verhalten als Silber und Kupfer*. Während bei diesen alle Beobachtungen für eine Diffusion innerhalb des *Zwischengitterraumes* sprechen, sprechen die Erscheinungen beim Mangan dafür, daß sich dieses *mischkristallartig* ins Zinksulfid einbaut[2]. *Das Mangan nimmt also in einem Zinksulfidphosphor nicht die gleichen Stellen ein wie das Silber oder das Kupfer.* Dementsprechend läßt sich weder das Mangan

---

[1] Die Autoren überzeugten sich auch noch, daß bei den genannten Phosphorogenen die Temperatur des Beginns der Diffusion und die Schnelligkeit der Diffusion *un*abhängig von Schmelzmittelzusätzen ist und von der Art des Anions, an das das Phosphorogen vor der Einwanderung in den Kristall gebunden war.

[2] Vgl. hierzu die auf S. 59 erwähnten Ergebnisse von Kröger, Riehl und Tiede und Weiss.

durch Silber bzw. Kupfer, noch das Kupfer bzw. Silber durch Mangan verdrängen! Die Diffusion des Kupfers oder Silbers einerseits und des Mangans andererseits geht völlig unabhängig, ohne gegenseitige Beeinflussung vonstatten. Da das Mangan sich mischkristallartig einbaut und zu einer Diffusion also ein Platzwechsel der Gitterbausteine erforderlich ist, so tritt seine Diffusion im Gegensatz zu Cu und Ag erst bei sehr hohen Temperaturen (oberhalb 800°) auf.

Im Rahmen der eben geschilderten Untersuchung konnten RIEHL und ORTMANN noch durch eine große Zahl von Versuchen nebenher zeigen, daß bei der Herstellung von ZnS-Phosphoren (durch Glühen des amorphen, gefällten ZnS mit einem Schmelzmittel) die Ausbildung der Kristalle durch die Anwesenheit des Phosphorogens — trotz seiner geringen Menge — beeinflußt, und zwar gefördert wird, wobei das Cu das Kristallwachstum mehr fördert als das Ag.

Interessant ist schließlich noch die Frage, ob grundsätzlich eine Erhitzung des Phosphors für das Zustandekommen der Phosphoreszenz erforderlich ist, ob es also nur unter Anwendung sehr hoher Temperaturen gelingt, die Phosphorogenatome in die Zwischengitterräume einzubringen. Die von RIEHL[1] untersuchte Lumineszenzfähigkeit der Zinkblende von TSUMEB liefert einen Beweis dafür, daß Zinksulfidphosphore auch ohne vorangegangene Glühung entstehen können, denn diese Blende hat, wie es aus ihrer geologischen Genesis hervorgeht, niemals eine Temperatur gehabt, die höher als 200° lag. Diese Temperatur liegt weit unterhalb des Temperaturbereiches, der sonst bei der Herstellung von Phosphoren angewendet wird. Es ist dies der zweite Fall, wo die Entstehung von Zinksulfidphosphoren in Kälte beobachtet wird. C. BOSCH hat nämlich schon vor längerer Zeit beobachtet, daß Zinkbestandteile (Dachrinnen usw.) eines Fabrikgebäudes in Ludwigshafen, die seit langer Zeit schwefelwasserstoffhaltiger Luft ausgesetzt sind, während der Nacht nach hellem Tage eine merkliche Phosphoreszenz zeigen. TOMASCHEK[2] hat diese Beobachtung veröffentlicht und bemerkt hierzu, daß hier offenbar ein ZnS-Phosphor in Kälte entstanden ist. — Wenn auch durch Erhitzung und nachträgliche schnelle Abkühlung in vielen Fällen die Phosphoreszenzfähigkeit erhöht werden kann, was offenbar auf eingefrorene Zustände zurückzuführen ist, so beweist doch die Zinkblende von TSUMEB und die Beobachtung von C. BOSCH, daß derartige eingefrorene Zustände zur Ausbildung der Phosphoreszenzfähigkeit keineswegs prinzipiell notwendig sind[3].

Während die bisher angeführten Ergebnisse durch eine vorwiegend kristallchemische Betrachtungsweise gewonnen sind, haben R. SCHENCK und seine Mitarbeiter eine Reihe von Untersuchungen durchgeführt, die zum Ziele haben, die Wechselwirkungen zwischen den Phosphorogenatomen und den Grundsulfiden (CaS, SrS, ZnS) von einem rein

---

[1] RIEHL: Fundamenta Radiologica Bd. 4 (1939) S. 3.
[2] TOMASCHEK: Ann. Phys., Lpz. Bd. 65 (1921) S. 191.
[3] In allerjüngster Zeit hat KRÖGER [Physica Bd. 7 (1940) S. 99] gezeigt, daß kalt gefälltes, bei 45° C getrocknetes ZnMnS ebenfalls lumineszierend ist.

chemischen Gesichtspunkt aus zu beleuchten[1]. SCHENCK konnte durch seine Untersuchungen über den isothermen Abbau von Mischungen der Erdalkali- und Schwermetallsulfide durch Wasserstoff den Nachweis für die Existenz WERNERscher Komplexverbindungen erbringen. Diese Komplexverbindungen, z. B. der Art $Ca_2(Sb_2S_2)$ sollen die Zentren bilden, an denen die Leuchtreaktion verläuft. Es sei darauf hingewiesen, daß bei den Halogenidleuchtstoffen die komplexartige Beschaffenheit der Leuchtzentren sehr wahrscheinlich ist (vgl. Kap. IV, 5a). Eine Übertragung der für Halogenidphosphore gewonnenen Ergebnisse auf Sulfide, Silikate und ähnliche Lumineszenzstoffe ist allerdings nicht statthaft.

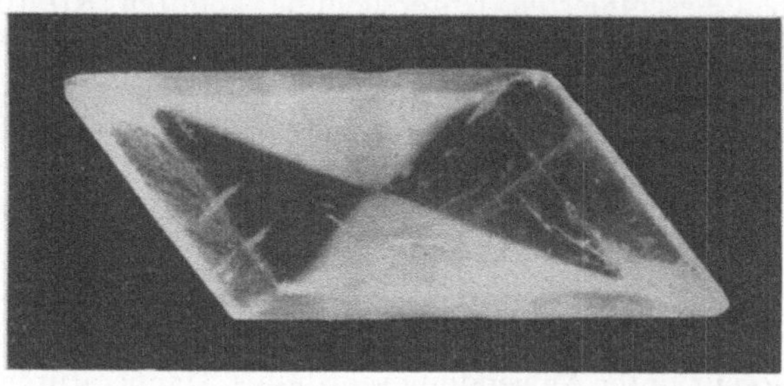

Abb. 43a. Fluoreszierender Gipskristall mit sanduhrförmig eingebautem aktivierendem Fremdstoff (im eigenen Fluoreszenzlicht aufgenommen).

Auch darf die Beobachtung SCHENCKs über die Bildung von festen Lösungen von Ag_2S in ZnS (mit bis zu 5% Ag_2S) keineswegs als Beweis für einen mischkristallartigen Einbau von Ag ins ZnS-Gitter aufgefaßt werden, denn SCHENCKs Ergebnisse sind an *nichtkristallinischem* ZnS gewonnen. Die Übertragung dieser Ergebnisse auf kristallinisches ZnS würde der direkt beobachtbaren Tatsache widersprechen, daß man in *kristallinisches* ZnS nur äußerst geringe Mengen Ag einbauen kann. (Der nicht eingebaute Ag-Überschuß scheidet sich als feinverteiltes Ag_2S aus.)

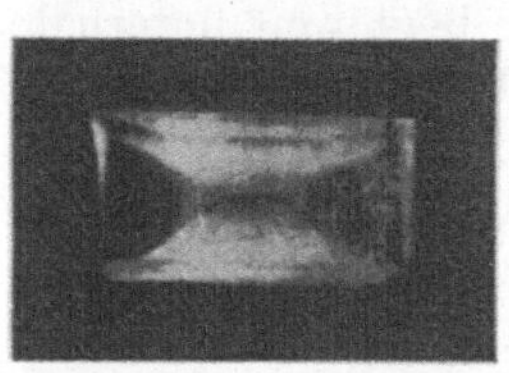

Abb. 43b. Bleiazetat-Kristall mit sanduhrförmig eingebautem Fluoreszein (im eigenen Fluoreszenzlicht aufgenommen). (Nach H. RUPP.)

Interessant sind in Verbindung mit der Kristallchemie der Phosphore die Ergebnisse, die an natürlich gewachsenen Gipskristallen mit einem eingebauten, noch unbekannten aktivierenden Fremdstoff gewonnen wurden. Es hat sich hierbei gezeigt, daß sowohl bei dem erwähnten Gipskristall als auch bei von H. RUPP[2] künstlich hergestellten wasserhaltigen Azetaten die für die Fluoreszenz verantwortlichen Zusätze *sanduhrförmig* (vgl. Abb. 43a und b) eingebaut werden. Im Falle der Azetate handelte es sich um Zusätze von organischen fluoreszierenden Farbstoffen. Diese interessanten Ergebnisse stehen mit den Befunden von HAHN und seinen Schülern in Verbindung, wo beim Einbau radioaktiver Zusätze in sich aus der Lösung aus-

---

[1] SCHENCK, R.: Z. anorg. allg. Chem. Bd. 211 (1933) S. 303; Naturwiss. Bd. 25 (1937) S. 260. — SCHENCK, R. u. H. PARDUN: Z. anorg. allg. Chem. Bd. 211 (1933) S. 209. Eine sehr vollständige Darstellung der Untersuchungsergebnisse dieser Schule findet sich im zusammenfassenden Bericht von R. SCHENCK in Z. Elektrochem. Bd. 46 (1940) S. 27.

[2] RUPP, H.: Die Leuchtmassen und ihre Verwendung, S. 100. Berlin 1937.

scheidende Kristalle unter bestimmten Bedingungen ebenfalls ein derartiger sanduhrförmiger Einbau auftrat. Dieser sanduhrförmige Einbau bedeutet, daß die verschiedenen Flächen des Kristalls verschieden aufnahmefähig für den Fremdstoff sind. Es handelt sich hier also um einen orientierten Einbau der Fremdstoffe in den Kristall. Man kann sich die Verhältnisse so veranschaulichen, daß das Fremdstoffatom (oder -molekül) nur dann in das Gitter eingelagert werden kann, wenn die Gitteratome in einer ganz bestimmten Weise ihm gegenüber orientiert sind. Die Orientierungsverhältnisse der kristallbildenden Atome sind aber von außen her gesehen in den verschiedenen Flächen des Kristalls verschieden. Dementsprechend kann der Fremdstoff sich wohl auf der einen Fläche einbauen, nicht aber auf der anderen.

Im Zusammenhang mit der Kristallchemie der Phosphore sind wohl auch die interessanten Arbeiten von A. HEDVALL und seinen Mitarbeitern zu erwähnen[1], durch die ein Einfluß des Erregungszustandes des Phosphors auf die Adsorptionsfähigkeit seiner Kristalloberfläche festgestellt wurde.

Zum kristallchemischen Aufbau leuchtfähiger Halogenide vgl. Kap. IV, 5a.

IX. Technische Anwendungen der Lumineszenzstoffe.

Bei den praktisch verwendeten Leuchtstoffen wird die Erregung nicht nur durch Licht oder Ultraviolett, sondern vielfach auch durch α-Strahlen, Kathodenstrahlen und Röntgenstrahlen hervorgerufen. Diese letzteren, bisher noch nicht gesondert erörterten Erregungsarten seien daher in den zunächst folgenden Abschnitten im Zusammenhang mit der Beschreibung ihrer technischen Anwendung behandelt.

1. Erregung durch α-Strahlen (und Kanalstrahlen). Radioaktive Leuchtfarben.

a) Besonders charakteristisch für die Erregung durch α-Strahlen ist das Auftreten von *Szintillationen*, d. h. einzelnen Lichtblitzen, deren jeder dem Aufprall eines einzelnen α-Teilchens (Heliumions) entspricht[2]. Die Szintillation war die erste Erscheinung, die es ermöglichte, die Wirkung *eines einzelnen Atomes* beobachtbar zu machen. Die Szintillationen spielten daher eine bedeutende Rolle in der Entwicklung der modernen Physik, da man lange Zeit szintillationsfähige Leuchtschirme als einziges Mittel zur Feststellung und Zählung einzelner α-Teilchen benutzte.

Szintillationen werden sowohl an ZnS-Phosphoren als auch an Zinksilikat, Bariumplatincyanür und Diamant beobachtet. Weitaus am

---

[1] HEDVALL, A.: Z. phys. Chem. Abt. B Bd. 32 (1936) S. 383. — HEDVALL, J. A. u. J. AFZELIUS: Svensk kem. T. Bd. 47 (1935) S. 156.

[2] CROOKES, W.: Chem. News Bd. 87 (1903) S. 241. — ELSTER u. GEITEL: Phys. Z. Bd. 4 (1903) S. 439.

stärksten ist die Szintillationsfähigkeit der Zink- und Zinkkadmium-sulfidphosphore. Wird der Leuchtschirm einem starken α-strahlenden radioaktiven Präparat ausgesetzt, so tritt durch Überlagerung der Szintillationen ein allgemeines gleichmäßiges Leuchten auf. Bei Bestrahlung mit einem Präparat geringer Intensität kann man unter Zuhilfenahme einer Lupe die einzelnen Szintillationen wahrnehmen.

Das Spektrum des durch α-Strahlen erregten Lichtes ist identisch mit dem Emissionsspektrum, das bei der Erregung durch Ultraviolett bzw. bei der Tribolumineszenz auftritt. Es bestehen auch noch andere, weiter unten näher erörterte Gründe dafür, daß der Emissionsvorgang bei der α-Strahlenerregung der gleiche ist wie bei der üblichen Ultravioletterregung.

Die Eindringungstiefe der α-Strahlen in den lumineszenzfähigen Stoff ist sehr gering, entsprechend der Tatsache, daß die Reichweite der α-Strahlen in kondensierten Stoffen stets äußerst klein ist. RUTHERFORD und GEIGER[1] konnten durch mikroskopische Beobachtung und Ausmessung an einem Dünnschliff aus Zinksilikat, auf den streifende α-Strahlung auftraf, feststellen, daß die Bahn des α-Teilchens im Zinksilikat in Gestalt einer sehr schmalen leuchtenden Linie von beispielsweise 0,02 mm Länge erscheint. Auf dieser Bahn erregt jedes α-Teilchen eine sehr große Anzahl von Atomen, und zwar beträgt diese Anzahl, wie RIEHL zeigen konnte, etwa 2 Millionen[2].

Bei Kanalstrahlen ist eine den Szintillationen entsprechende Erscheinung nicht bekannt, da die Energie eines einzelnen Kanalstrahlenteilchens nicht ausreicht, um die Sichtbarkeit eines einzelnen Blitzes zu bewirken. Die durch Kanalstrahlen erregte Lumineszenz kann daher nur in Form eines gleichmäßigen, homogen erscheinenden Leuchtens beobachtet werden. Hingewiesen sei hier noch darauf, daß nicht nur elektrisch geladene, sondern auch ungeladene Teilchen Lumineszenz erregen können. Die Lumineszenzerregung durch Kanalstrahlen hat im Gegensatz zu der durch α-Strahlen bisher noch keinerlei technische Anwendung gefunden.

Zu den Nachleuchteigenschaften der durch α-Strahlen erregten Lumineszenz ist folgendes zu sagen. Erregt man das gut nachleuchtfähige ZnSCu mit einem starken α-strahlenden Präparat und nimmt dieses Präparat nach einiger Zeit fort, so bleibt eine Phosphoreszenz zurück, die in all ihren typischen Eigenschaften mit der durch Ultraviolett bzw. Licht erregten Phosphoreszenz identisch ist. Das Leuchten jeder einzelnen Szintillation klingt jedoch zum allergrößten Teil in sehr kurzer Zeit ab, und der als Phosphoreszenz verbleibende Anteil ist gegenüber dem gesamten Licht einer Szintillation nur gering. Häuft man aber diesen Prozeß durch Bestrahlung des Zinksulfides mit sehr viel α-Strahlen, so entsteht dadurch nach einiger Zeit dennoch eine

---

[1] RUTHERFORD u. GEIGER: Proc. roy. Soc., Lond. Bd. 81 (1908) S. 141.
[2] Diese Zahl gilt für die Erregung von Zinksulfid.

beträchtliche gespeicherte Lichtsumme, so daß man schon mit einem Präparat von nur wenigen Milligramm Radium innerhalb weniger Minuten eine Vollerregung der Phosphoreszenz erhält. Das Leuchten einer einzigen Szintillation dagegen klingt, wie schon gesagt, in einer sehr kurzen Zeit ab, und zwar beträgt diese Zeit, wie WOOD[1] sowie v. HAUER[2] gezeigt haben, nur etwa $1/20000$ s. Die Tatsache, daß der größte Teil des von einem α-Teilchen erregten Lichtes schon innerhalb dieser kurzen Zeit abklingt und nur ein kleiner Teil in Form von Phosphoreszenz verbleibt, mag zum Teil dadurch bedingt sein, daß der α-Strahl eine gewisse molekular-lokale Erwärmung auf seiner Bahn hervorruft (RIEHL hat aus seinen Messungen die Temperatur des leuchtenden Tunnels, den das Teilchen im Zinksulfid erzeugt, auf größenordnungsmäßig 100° C geschätzt[3]). Entscheidend jedoch für die Kürze des Nachleuchtens ist der Umstand, daß das schnell abklingende spontane Nachleuchten den Gesetzen einer bimolekularen Reaktion entspricht. Je höher die Konzentration der erregten Elektronen also, um so schneller das Abklingen. Die Konzentration der erregten Elektronen ist aber bei Erregung durch α-Strahlen infolge der hohen eingestrahlten Energiedichte außerordentlich hoch. Daher das schnelle Abklingen einer Szintillation[4]. — Die Menge an speicherbarem Phosphoreszenzlicht ist pro α-Teilchen nur sehr gering, weil das von einem Teilchen erfaßte Volumen eine sehr geringe Ausdehnung hat.

Wird das α-Teilchen vor dem Auftreffen auf den Phosphor verlangsamt, d. h. wird seine kinetische Energie geringer, so verkleinert sich auch die Lichtstärke der Szintillation. Die Abhängigkeit der Szintillationshelligkeit von der kinetischen Energie des α-Teilchens (Restreichweite) hat B. KARLIK[5] eingehend untersucht.

Zur Temperaturabhängigkeit des Szintillationsvorganges vgl. Kap. V, 5.

b) Radioaktive Leuchtfarben stellen eine Anwendungsform lumineszierender Stoffe dar, die bereits seit Jahrzehnten bekannt und verbreitet ist. Hauptsächlich werden die radioaktiven Leuchtfarben für die Herstellung der Leuchtzifferblätter von Uhren und Skalen für Meßinstrumente verwendet.

Radioaktive Leuchtfarben sind Gemische radioaktiver Substanz mit lumineszenzfähigem Stoff, der durch die Strahlung der radioaktiven Substanz, und zwar insbesondere durch die α-Strahlung, zu dauerndem schwachen Leuchten erregt wird. Zur Herstellung dieser Mischung löst man eine vorher dosierte Menge eines radioaktiven Salzes (etwa Radium-, Mesothor- oder Radiothorsalzes) in Wasser, mischt diese Lösung mit einer

[1] WOOD: Phil. Mag. (6) Bd. 10 (1905) S. 427.
[2] HAUER, v.: Wien. Ber. Bd. 127 (1918) S. 369.
[3] RIEHL: Ann. Phys., Lpz. (5) Bd. 29 (1937) S. 650.
[4] RIEHL, N.: Ann. Phys., Lpz. (5) Bd. 29 (1937) S. 654.
[5] KARLIK, B.: Wien. Ber. Bd. 136 (1927) S. 531; Mitt. Inst. Radiumforsch. 1930 Nr. 209, sowie Nr. 266.

abgewogenen Menge des Lumineszenzstoffes und trocknet die Mischung unter vorsichtigem Rühren auf einem Wasserbad. Gewichtsmäßig ist der Anteil der radioaktiven Substanz an der Mischung vernachlässigbar gering. Die radioaktive Substanz ist — entsprechend dem eben geschilderten Mischungsverfahren — als ganz feiner, unsichtbarer Niederschlag auf den Oberflächen der Lumineszenzstoffkörner verteilt.

Als Lumineszenzstoff kommt für die Herstellung radioaktiver Leuchtfarben fast ausschließlich Zinksulfid und zwar ZnSCu in Frage. Gelegentlich wurden auch Zinkkadmiumsulfide mit Kupferzusatz und auch Zinksulfide bzw. Zinkkadmiumsulfide mit Silberzusatz für die Herstellung radioaktiver Leuchtfarben hinzugezogen, doch gewannen sie keinerlei große Bedeutung. Immerhin ist es notwendig, darauf hinzuweisen, daß man mit Hilfe von Zinkkadmiumsulfid radioaktive Leuchtfarben herstellen kann, die nicht die übliche grüne Farbe des Leuchtens geben, sondern andere Farben, beispielsweise gelb. Hierbei ist jedoch nicht zu vergessen, daß die Anwendung nicht grüner Leuchtfarben ein sehr wenig ökonomisches Verfahren darstellt, da ja das Grün gerade dem spektralen Empfindlichkeitsmaximum des menschlichen Auges entspricht. Verhältnismäßig am hellsten sind neben den üblichen grünen Leuchtfarben noch die gelbleuchtenden. Die orangeleuchtenden und die blauleuchtenden sind dagegen (bei gleichem Gehalt an radioaktiver Substanz) schon sehr wesentlich dunkler. Da überdies durch das PurKINJEsche Phänomen bei der geringen Leuchtdichte der radioaktiven Leuchtfarbe die Farbunterschiede sowieso nicht allzu stark empfunden werden, so kann die Anwendung nicht grüner Leuchtfarben nur dann Sinn haben, wenn es sich um die hellsten Stufen mit verhältnismäßig hohem Gehalt an radioaktiver Substanz handelt.

Als radioaktive Substanz werden Radium, Mesothor, Radiothor oder Mischungen dieser Stoffe verwendet. Bei Radium hat man es bekanntlich mit einer Substanz zu tun, deren Halbwertszeit sehr groß ist (1700 Jahre), so daß die Anwendung des Radiums eine vollständig konstante *erregende* Strahlung gewährleistet. Allerdings hat diese Konstanz praktisch deswegen keine Bedeutung, weil sich — wie wir weiter unten sehen werden — das Zinksulfid selbst unter der Einwirkung der α-Strahlung allmählich zersetzt und seine Lumineszenzfähigkeit schon nach einigen Jahren stark einbüßt. Die besonders große Lebensdauer des Radiums kommt also daher praktisch gar nicht zur Geltung. Dies ist der Grund, der dazu geführt hat, daß an Stelle des Radiums sehr oft das Mesothor mit seinen Zerfallsprodukten verwendet wird. Das Mesothorium selbst sendet keinerlei α-Strahlen aus, so daß eine mit Mesothor angesetzte radioaktive Leuchtfarbe praktisch keine Helligkeit haben würde, wohl aber stellt das aus dem Mesothor entstandene Radiothor und seine weiteren Zerfallsprodukte eine sehr starke α-Strahlenquelle dar. Bei der Herstellung von Mesothorleuchtfarbe geht man daher derart vor, daß man der Leuchtfarbe außer dem Mesothor gleich auch sein Zerfallsprodukt, das Radio-

thor, zusetzt, damit das Leuchten von Anfang an vorhanden ist und nicht
erst die Nachbildung des Radiothors aus dem Mesothor abgewartet
werden muß. Je nach der Menge Radiothor, die man der Leuchtfarbe
zusetzt, kann man die zeitliche Änderung der erregenden α-Strahlenintensität in der einen oder anderen gewünschten Weise beeinflussen.
Setzt man sehr wenig Radiothor (d. h. weniger als es der im Gleichgewicht
mit dem Mesothor vorhandenen
Radiothormenge entspricht) zu, so
findet in den ersten Monaten eine
Zunahme der α-Strahlenintensität
statt. Legt man also Wert auf
eine möglichst konstante Leuchtintensität, so kann man durch
Wahl eines genügend geringen ursprünglichen Radiothorgehaltes es
erreichen, daß die α-Strahlenintensität in den ersten Monaten etwa
in dem gleichen Maße zunimmt
wie die Leuchtfähigkeit des Zink-

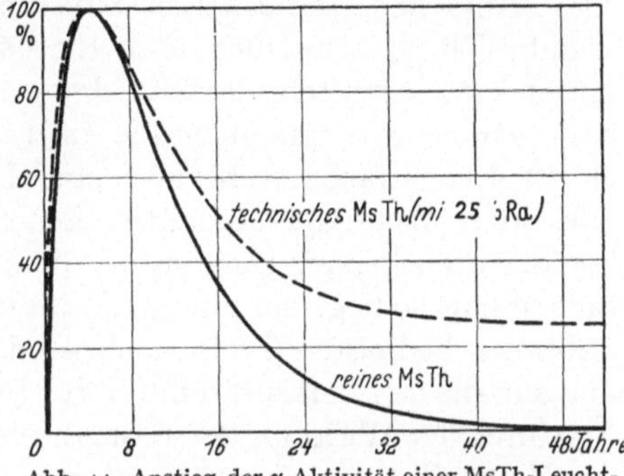

Abb. 44. Anstieg der α-Aktivität einer MsTh-Leucht-
farbe infolge Nachbildung von RdTh.

sulfides (infolge der Zerstörung durch α-Strahlen) abnimmt. Die Kurven
in Abb. 44 und 45 veranschaulichen die zeitliche Änderung der α-Strahlen-
aktivität bei Mesothor und verschiedenen Mischungen von Mesothor und
Radiothor. Hierbei ist zwischen
reinem Mesothor und technischem
Mesothor unterschieden. Technisches Mesothor, das bei den radioaktiven Leuchtfarben tatsächlich
zur Anwendung gelangt, enthält
stets rund 25 % Radium[1]. Durch
diesen Radiumgehalt wird der
zeitliche Anstieg bzw. Abfall der
α-Strahlenintensität von Meso-
thorpräparaten verlangsamt, da
eine additive Konstante hinzukommt. Die Anstiegs- und Ab-

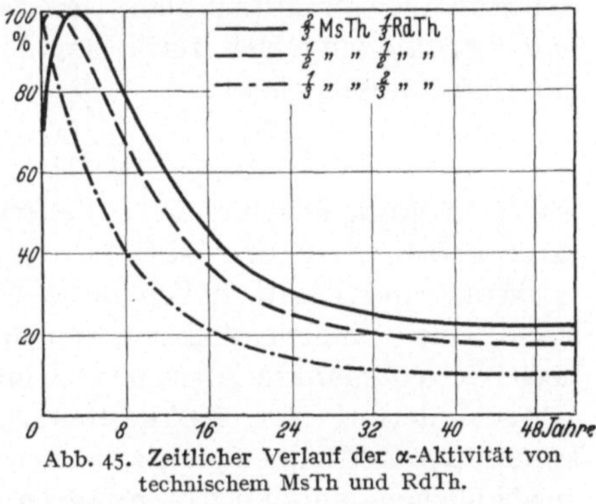

Abb. 45. Zeitlicher Verlauf der α-Aktivität von
technischem MsTh und RdTh.

fallkurven werden also durch den vorhandenen Radiumgehalt flacher
als sie bei reinem Mesothorpräparat sein würden.

Wie bereits angedeutet, kommen von den verschiedenen radioaktiven
Strahlen (α-, β-, γ-Strahlen) bei den radioaktiven Leuchtfarben nur die
α-Strahlen zur Geltung. Dies liegt erstens daran, daß in den α-Strahlen
der weitaus größte Teil der freiwerdenden radioaktiven Strahlenenergie
enthalten ist und zweitens daran, daß die β-Strahlung und ganz besonders

---

[1] Das Mesothor ist ein Radiumisotop und kann von diesem bekanntlich
chemisch nicht getrennt werden.

die γ-Strahlung infolge ihrer Durchdringungsfähigkeit nur zum kleinsten Teil in der Zinksulfidschicht absorbiert werden, die α-Strahlen dagegen, deren Reichweite in festen Stoffen nur nach Hundertsteln von Millimetern mißt, werden fast vollständig vom Zinksulfid absorbiert und verwandeln hierbei eine hohe kinetische Energie in Licht.

c) Die Helligkeit einer radioaktiven Leuchtfarbe ist ihrem Gehalt an α-strahlender radioaktiver Substanz proportional. Interessanterweise konnte RIEHL feststellen, daß die Ökonomie der radioaktiven Leuchtfarben eine sehr hohe ist und daß nahezu 100% der auf das Zinksulfid auffallenden α-Strahlenenergie in Licht umgesetzt wird. Eine radioaktive Leuchtfarbe stellt also eine Lichtquelle von sehr hohem Nutzeffekt dar. Wenn die radioaktive Leuchtfarbe trotz ihres hohen Ökonomiekoeffizienten keinen Eingang in die allgemeine Beleuchtungstechnik gefunden hat, so liegt das einmal an ihrem durch den Wert der radioaktiven Substanz bedingten Preis, insbesondere aber an den Alterungserscheinungen, die das Zinksulfid unter der Einwirkung der α-Strahlung erleidet.

Unter der Wirkung der radioaktiven Strahlung (α-Strahlung) erleidet das Zinksulfid eine Zerstörung und büßt allmählich seine Lumineszenzfähigkeit ein. Diese Alterungserscheinungen hat man sich bisher nach RUTHERFORD so vorgestellt, daß jedes lumineszenzfähige Zentrum (LENARDsches Zentrum), welches einmal vom α-Strahl erregt worden ist und geleuchtet hat, nicht mehr lumineszenzfähig ist, daß also jedes Zentrum nur einmal Licht emittieren kann. Auf Grund dieser Vorstellung hat RUTHERFORD[1] den zeitlichen Abfall der Helligkeit durch folgende Gleichung ausgedrückt:

$$I = \frac{I_0}{A\,t}\,(1 - e^{-A\,t}) \tag{1}$$

wo I_0 die Anfangshelligkeit, t die Zeit, A eine für die gegebene Leuchtfarbe konstante Größe ist.

WOLF und RIEHL haben diese Alterungserscheinungen zum Gegenstand einer eingehenden Untersuchung gemacht und konnten dabei neue Gesichtspunkte über den Szintillationsvorgang gewinnen, die zu einer Änderung der RUTHERFORDschen Vorstellung zwingen. Auch konnte der Zusammenhang zwischen dem Szintillationsvorgang und der gewöhnlichen, durch Licht erregten Lumineszenz geklärt werden[2].

Die ersten genauen Messungen über die Zerstörung von Zinksulfid durch α-Strahlung stammten von BERNDT[3]. Seine Messungen sind an *Radium*leuchtfarben durchgeführt. Bei diesen ist die Intensität der α-Strahlung infolge der großen Lebensdauer des Radiums praktisch konstant, so daß der Abfall der Helligkeit lediglich von der Alterung des Zinksulfides herstammte. BERNDTs Messungen sind an Leuchtfarben verschiedenen Ra-Gehaltes durchgeführt. Seine Beobachtungen erstrecken sich über einen Zeitraum von 5 Jahren. Seine Meßergebnisse

<hr>

[1] RUTHERFORD, E.: Proc. roy. Soc., Lond. (A) Bd. 83 (1910) S. 561.
[2] WOLF, P. M. u. N. RIEHL: Ann. Phys., Lpz. Bd. 11 (1931) S. 103.
[3] BERNDT, G.: Radioaktive Leuchtfarben, S. 86.

lassen sich (nach WOLF und RIEHL) am besten mittels einer exponentiellen Beziehung wiedergeben. Die Helligkeit I der Farbe zur Zeit t wird also durch die Formel

$$I = I_0 \cdot e^{-\lambda t} \tag{2}$$

dargestellt, wo I_0 die Anfangshelligkeit und eine Konstante ist[1]. Man erhält diese Gleichung unter der Annahme, daß die Zahl der pro Zeiteinheit zerstörten Zentren proportional der α-Strahlenintensität und der Zahl der jeweils noch vorhandenen Zentren ist. Dies ist eine Annahme, die — unabhängig von allen speziellen Hypothesen — zutreffend sein dürfte.

Die Konstante in der Formel (2) ist um so größer, d. h. die Helligkeitsabnahme um so stärker, je größer der Gehalt der Farbe an Radium ist. Auf Grund der Kurven von BERNDT stellten WOLF und RIEHL fest, daß λ genau proportional dem Radiumgehalt der Farbe ist. Die Zahl der Zentren, die pro Einheit zerstört werden, ist also der Intensität der α-Strahlung proportional, d. h. die Zahl der in irgendeinem Zeitraum zerstörten Zentren ist proportional dem Produkt aus Zeit mal Strahlungsintensität. Es ist also gleichgültig, ob man das Zinksulfid 10 h lang mit 1 mg Radium oder 1 h mit 10 mg Radium bestrahlt. Dieser Umstand führte dazu, die Alterung des Zinksulfides mittels einer Schnellmethode zu untersuchen. Hierzu wurde das Zinksulfid mit einer großen Aktivitätsmenge versetzt. In ein kleines Glasröhrchen, das einseitig zu einer Kapillare ausgezogen war, wurden einige Gramm einer radioaktiven Leuchtfarbe bekannter Helligkeit[2] gebracht und durch die Kapillare eine größere Menge Radiumemanation[3] eingeleitet. Alsdann wurde das Röhrchen abgeschmolzen und die Farbe der Einwirkung der α-Strahlen überlassen, die beim Zerfall der Emanation auftreten. Nachdem die Emanation zerfallen war (3 bis 4 Wochen), wurde das Röhrchen aufgeschnitten, um die letzten Reste der Emanation entweichen zu lassen. Nunmehr wurde die Helligkeit der Farbe gemessen und mit der Ursprungshelligkeit verglichen. So ließ sich in wenigen Wochen der Alterungsprozeß verfolgen, der bei den normalen Leuchtfarben Jahre dauert.

Die Versuche bezweckten insbesondere die Beantwortung der Frage, welche Beziehung zwischen der Zerstörbarkeit (Alterung) des Zinksulfides und seiner Lumineszenzfähigkeit (Radiosensibilität) besteht. WOLF und RIEHL verwendeten daher Zinksulfide verschiedener Qualität[4]. Überraschenderweise zeigten die Versuche (vgl. Tabelle 1), daß die Alterung des Zinksulfides nahezu unabhängig von seiner Lumineszenz-

---

[1] Erst im weiteren Verlauf der Kurven (nach mehreren Jahren) läßt sich eine geringe Abweichung vom exponentiellen Abfallgesetz konstatieren, deren Ursache WOLF und RIEHL in einer weiteren Untersuchung geklärt haben [Ann. Phys., Lpz. (5) Bd. 17 (1933) S. 581 u. Z. Elektrochem., Bunsentagungsheft 1932 S. 76].

[2] Als besonders zweckmäßig erwies sich hierbei die Anwendung von reinen Radiothorleuchtfarben.

[3] Radiumemanation ist das gasförmige, unmittelbare Zerfallsprodukt des Radiums.

[4] Das aktivierende Metall war stets Kupfer.

fähigkeit, seinem Kupfergehalt und seinen Herstellungsbedingungen ist. Auch Zinksulfide verschiedener Provenienz gaben wieder dieselbe Alterungsgeschwindigkeit. Die Halbwertszeit[1] einer Zinksulfidleuchtfarbe, die 0,01 mg Ra pro Gramm Farbe enthält, beträgt durchschnittlich 4600 Tage. Die Abweichungen von diesem Durchschnittswert bei verschiedenen Zinksulfiden sind nur gering (vgl. Tabelle 19) und erklären sich aus den Versuchsfehlern bei der Photometrierung.

Die Unabhängigkeit der Haltbarkeit von der Provenienz und Lumineszenzfähigkeit des Zinksulfides geht überraschenderweise so weit, daß die erhaltenen Halbwertszeiten nicht nur für die untersuchten Zinksulfide übereinstimmen, sondern daß fast genau dieselbe Alterungsgeschwindigkeit wie sie BERNDT erhalten, gefunden wurde, obschon BERNDTs Zinksulfide sicher ganz anderer Herkunft waren als die von WOLF und RIEHL verwendeten. Es ergibt sich also das wichtige Resultat, daß die Abnahme der Lumineszenzfähigkeit des Zinksulfides mit dem Bau oder der Anzahl der „Zentren" nichts zu tun hat. Die Alterungsgeschwindigkeit des Zinksulfides ist ganz unabhängig von seiner Lumineszenzfähigkeit, seinem Spektrum, seiner Nachleuchtdauer usw. Diese Tatsache läßt vermuten, daß es bei der Alterung nicht auf die Art der „Zentren", sondern lediglich auf die Grundsubstanz, d. h. auf die Verbindung ZnS ankommt. Diese Vermutung wurde noch in der Weise geprüft, daß ein Zinksulfid untersucht wurde, das nicht Kupfer, sondern Mangan als Phosphorogen enthielt[2]. Auch bei diesem Phosphor ergab sich genau dieselbe Halbwertszeit wie beim kupferhaltigen. Bei der Alterung des Zinksulfides unter dem Einfluß der α-Strahlung kommt es also tatsächlich nur auf die Grundsubstanz, nicht aber auf die Art des aktiven Zentrums an.

WOLF und RIEHL haben noch folgende Überlegung angestellt: Wie erwähnt, wird nahezu die gesamte Energie der α-Strahlung in Licht umgesetzt. Man kann auf Grund dieser Ökonomiemessung ausrechnen, wieviel Lichtquanten durch ein α-Teilchen im Zinksulfid erzeugt werden. Jedes Lichtquant wird von einem angeregten Elektron ausgesandt. Nach den Vorstellungen von LENARD kann man annehmen, daß in jedem Zentrum zwei Elektronen erregbar sind, daß also jedes Zentrum bei der

Tabelle 19. Ergebnis der Versuche über die Alterung verschiedener ZnS-Phosphore.

Nr. des Zinksulfides	Helligkeit bei einem Ra-Gehalt von 0,01 mg pro Gramm in relativen Einheiten	Halbwertszeit bei einem Ra-Gehalt von 0,01 mg pro Gramm in Tagen
1.	100	4400
2.	67	4700
3. Cu-haltiges ZnS	83	4700
4.	22	4600
5.	100	5100
6. Mn-haltiges ZnS	—	4600

---

[1] Halbwertszeit ist die Zeit, in der die Helligkeit der Farbe bei unveränderter Intensität der radioaktiven Strahlenquelle auf die Hälfte gesunken ist.

[2] Ein derartiges Zinksulfid zeigt gelbes Leuchten.

Erregung zwei Lichtquanten aussendet. Da die Zahl der von einem α-Strahl erzeugten Lichtquanten bekannt ist, so kann man also auch angeben, wieviel Zentren von einem α-Strahl erregt werden. Nimmt man mit RUTHERFORD an, daß jedes Zentrum bei seiner Erregung zerstört wird, so kann man weiter leicht ausrechnen, wie schnell das Zinksulfid durch eine α-Strahlenquelle bestimmter Intensität zerstört werden müßte. Denn man kennt einerseits die Zahl der von einem α-Strahl erregten und zerstörten Zentren und andererseits den Gesamtvorrat an Zentren im Zinksulfid. Dieser Gesamtvorrat ist nämlich gleich der Zahl der im Zinksulfid enthaltenen Kupferatome. Führt man diese Rechnung durch, so findet man für eine Zinksulfidleuchtfarbe mit einem Radiumgehalt von 0,01 mg pro Gramm eine Halbwertszeit von 2 bis 3 Tagen. Aus den Messungen ergibt sich aber die Halbwertszeit zu 4600 Tagen. Diese ungeheure Diskrepanz beweist, daß die eingangs erwähnte Annahme von RUTHERFORD nicht zutreffen kann. Die Erregung eines Zentrums hat nicht seine Zerstörung zur Folge, das Zentrum kann vielmehr unzählige Male erregt werden. Aus den genannten Zahlen ergibt sich, daß es etwa 1000 bis 2000mal Licht emittieren kann, bevor es zerstört wird.

Durch die Feststellung, daß das Zentrum nach dem einmaligen Aufleuchten nicht abstirbt, wird auch eine mehrfach ausgesprochene Auffassung vom Szintillationsvorgang unhaltbar, wonach nämlich die ausgestrahlte Lichtenergie nicht vom α-Teilchen stammt, sondern bereits in Form von *potentieller* Energie im Zinksulfid enthalten ist. Nach dieser Vorstellung befindet sich das leuchtfähige Zinksulfid bzw. das aktive Zentrum in einem ,,Spannungszustand'', der durch den Aufprall des α-Teilchens aufgehoben wird. Mit dieser Auffassung ist das beobachtete vielfache Leuchten des Zentrums unvereinbar.

Nachdem die Erkenntnis gewonnen war, daß die Erregung mit α-Strahlen keine Zerstörung des Zentrums als kausale Folge des Leuchtvorganges mit sich bringt, war auch kein Grund mehr vorhanden, für die durch α-Strahlen erregte Lumineszenz einen anderen Mechanismus anzunehmen als für die etwa durch Ultraviolett erregte. Diese Annahme konnte durch eine Reihe von Versuchen bestätigt werden, indem nachgewiesen wurde, daß zwischen der Zinksulfiderregung durch α-Strahlen und der Ultravioletterregung eine weitgehende Parallelität besteht. So zeigte sich z. B. hier wie da ein Nachleuchten (Phosphoreszenz), und zwar ist dasselbe in bezug auf seine Farbe, seine Intensität und seine Dauer in beiden Fällen nahezu identisch. Alle diese Versuche, die hier nicht näher beschrieben werden sollen, ergeben, daß offenbar in beiden Fällen dieselben Elektronen bzw. Terme am Vorgang teilnehmen[1].

Gelegentlich wird noch die Auffassung vertreten, wonach eine durch α-Strahlen hervorgerufene Szintillation durch das Aufspalten des Kristalls beim Aufprall des α-Teilchens entstehe (vgl. z. B. Kap. V, 7). Es sei hier jedoch hervorgehoben, daß durch die Druckzerstörung sowohl die

---

[1] Die Zerstörung von ZnS durch α-Strahlen ist neuerdings auch von E. STRECK studiert worden [Ann. Phys., Lpz. Bd. 34 (1939) S. 96 u. Bd. 35 (1939) S. 58]. Im wesentlichen stehen seine Resultate im Einklang mit den oben mitgeteilten Ergebnissen.

langsam abklingende Phosphoreszenz als auch das schnell abklingende
Leuchten (spontanes Nachleuchten oder Momentanprozeß) im gleichen
Maße geschwächt werden[1]. Hierin besteht ein ganz grundlegender
Unterschied gegenüber der Zerstörung durch α-Strahlen, bei der wie
WOLF und RIEHL[2] gezeigt haben, das Nachleuchten viel mehr zerstört
wird als das Momentanleuchten.

d) Nachdem untersucht war, welche Schlüsse man aus den Alterungs-
messungen in bezug auf den Mechanismus des Szintillationsvorganges ziehen
kann, sei noch die Frage erörtert, inwieweit sich aus diesen Messungen Folgerungen für die Haltbarkeit der radioaktiven Leuchtfarben in der Praxis
ergeben. Zunächst fällt auf, daß nach BERNDT und anderen Forschern
die Abnahme der Helligkeit einer Leuchtfarbe um so rascher vor sich geht,
je größer der Gehalt der Farbe an Radium ist, d. h. je heller die Farbe
ist. Aus diesem Grunde muß man sich bei Anwendung radioaktiver
Leuchtfarben stets vorher überlegen, oder sich beraten lassen, ob man
von Anfang an auf eine besonders hohe Leuchtstufe zurückgreift oder
lieber sich mit einer geringeren Leuchtstufe begnügt. Wo keine besonders
hohe Leuchtstufe der Leuchtfarbe verlangt wird, wird man den geringeren Leuchtstufen den Vorzug geben, weil bei diesen die Lebensdauer
eine größere ist[3]. So kommt es, daß z. B. in der Uhrenindustrie vorwiegend
geringe Leuchtstufen mit schwachem Leuchten und entsprechend geringem Gehalt an radioaktiver Substanz verwendet werden, da hier
neben einem niedrigen Preis der Leuchtfarbe eine möglichst große Lebensdauer derselben verlangt wird, nicht aber eine besonders hohe Helligkeit
der Leuchtziffern. Ganz anders liegen die Verhältnisse bei der Anwendung
radioaktiver Leuchtfarben für die Leuchtskalen von Meßinstrumenten beispielsweise in Flugzeugen. Hier werden mit Rücksicht auf die Notwendigkeit, die Instrumentenablesung schnell und sicher vorzunehmen, und mit
Rücksicht auf die Tatsache, daß wirtschaftliche Erwägungen eine geringe
Rolle spielen gegenüber der Flug*sicherheit* nur die hellsten vorhandenen
Leuchtstufen mit dem größten Gehalt an radioaktiver Substanz verwendet.

In Tabelle 20 sind die Helligkeiten der heute üblichen verschiedenen
Leuchtstufen radioaktiver Leuchtfarben in absolutem Maß angegeben.
Die Zahlen beziehen sich auf ein bestimmtes technisches Fabrikat, und
zwar auf die Toran-Leuchtfarben.

In Abb. 46 ist die zeitliche Änderung der Helligkeit der in Tabelle 20
aufgeführten radioaktiven Leuchtfarben dargestellt.

Neben der durch α-Strahlung erregten Helligkeit besitzen die radioaktiven Leuchtfarben naturgemäß auch Nachleuchtfähigkeit nach voran-
gegangener Erregung durch Licht. Bei radioaktiven Leuchtfarben
niedriger Leuchtstufen kommt diesem Nachleuchten eine wesentliche
praktische Bedeutung zu. — Bei Prüfung der Güte (Helligkeit) einer

---

[1] Handbuch der Experimentalphysik, Bd. 22, S. 630.
[2] WOLF, P. M. u. N. RIEHL: Ann. Phys., Lpz. (5) Bd. 17 (1933) S. 581.
[3] Aus dem gleichen Grund ist auch eine *größere* Leuchtfarbenfläche
niedriger Leuchtstufe einer kleineren Fläche höherer Leuchtstufe (bei gleichem
Gesamtlichtstrom) vorzuziehen.

radioaktiven Leuchtfarbe muß Sorge dafür getragen sein, daß das Nachleuchten abgeklungen ist. Dies erreicht man durch genügend langes Liegenlassen der Farbe im Dunkeln (etwa 24 h); es ist nicht ratsam, das Nachleuchten durch rotes Licht auszulöschen, da hierbei auch ein Teil der durch α-Strahlen erregten und angesammelten Lichtsumme ausgelöscht wird, wodurch die Helligkeit der radioaktiven Leuchtfarbe vorübergehend unter ihren Normalwert sinkt. — Eine radioaktive Leuchtfarbe kann man dadurch leicht von einer nichtradioaktiven unterscheiden, daß man sie im Dunkeln mit einer Lupe betrachtet. Bei radioaktiven Leuchtfarben sieht man nämlich ein deutliches Flimmern, das durch die einzelnen Szintillationen hervorgerufen ist. — Bei der Messung und Beurteilung Ra-haltiger Farben

Tabelle 20.
Helligkeit radioaktiver Leuchtfarben verschiedener Helligkeitsstufen in absolutem Maße.

Helligkeitsstufe	Anfangshelligkeit in milliapostilb
1	35
2	55
4	82
6	154
8	225
10	327
12	675
14	1246

ist größter Wert darauf zu legen, daß die der Ra-Menge entsprechende Gleichgewichtsmenge Emanation in der Leuchtfarbe enthalten ist, und nicht etwa durch Vorliegen von ,,Emaniervermögen'' bzw. durch undichten Abschluß ein Entweichen der Emanation auftritt[1]. — Lacke (Bindemittel) setzen die Helligkeit von radioaktiven Leuchtfarben auf einen Bruchteil herab. — Die optimale (wirtschaftlich günstigste) Schichtdicke beträgt bei radioaktiven Leuchtfarben etwa 0,2 mm, die maximale Schichtdicke(oberhalb derer kein Helligkeitszuwachs mehr auftritt) etwa 2 mm.

e) Die Anwendungsgebiete radioaktiver Leuchtfarben liegen überall dort vor, wo man auf einer kleinen Fläche ein schwaches Leuchten ohne äußere

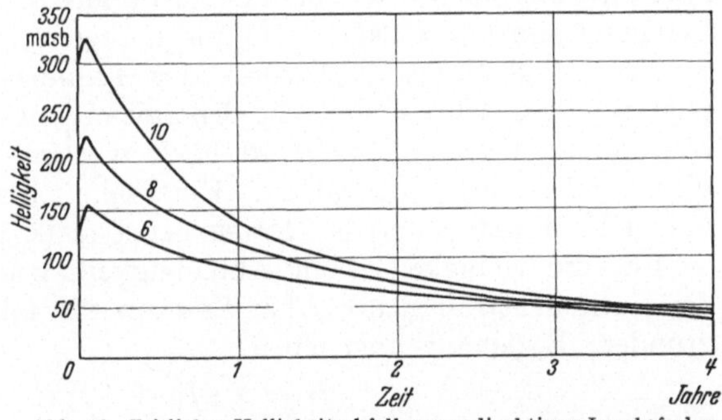

Abb. 46. Zeitlicher Helligkeitsabfall von radioaktiven Leuchtfarben (Toran-Farben) verschiedener Leuchtstufen (6, 8 u. 10). Die Kurven gelten für pulverförmige Farbe ohne Bindemittel.

Energiezufuhr erzielen will. So liegt also das Hauptanwendungsgebiet der radioaktiven Leuchtfarben bei der Ausrüstung der Zifferblätter von Uhren, und bei der Ausrüstung der Skalen und Zeiger von Meßinstrumenten, so insbesondere von Kompassen, Manometern, Höhenmessern, Benzinuhren, Libellen u. dgl. — Ein weiteres, allerdings nur wenig verbreitetes Anwendungsgebiet liegt in der Schaffung schwacher

[1] WOLF, P. M. u. N. RIEHL: Z. techn. Phys. Bd. 12 (1931) S. 203.

konstanter Lichtquellen bei Adaptometern zur Prüfung der Dunkeladaptation des Auges. Auch die Anwendung der radioaktiven Leuchtfarben in Luftschutzräumen ist vorgeschlagen worden[1].

2. Erregung durch Kathodenstrahlen. Anwendungen für Fernsehen, Kathoden-Oszillographen, elektronenoptische Bildwandler und Elektronenmikroskope bzw. Übermikroskope.

Die meisten Kristallphosphore, insbesondere Zink- und Zinkkadmiumsulfide sowie auch Silikate werden durch Kathodenstrahlen zu starkem Leuchten erregt. Einzelne dieser Stoffe lassen sich schon durch Kathodenstrahlen von nur wenigen Volt Geschwindigkeit (z. B. 10 V) erregen, die meisten jedoch zeigen ihre höchste Erregbarkeit erst bei Kathodenstrahlen von einigen tausend Volt. Die Erregbarkeit ist nicht auf schmale Geschwindigkeitsbezirke beschränkt. Eine Analogie mit den „Erregungsbanden" besteht also nicht. Immerhin gehören zu jedem Kristallphosphor bestimmte, allerdings sehr breite Elektronengeschwindigkeitsbereiche, in denen die Erregung besonders intensiv auftritt.

Interessant ist es, daß bei Elektronenanregung (ebenso wie bei kurzwelliger Ultraviolettanregung) der Erregungsvorgang nicht unmittelbar an den Phosphorogenatomen stattfindet, sondern (im Sinne der RIEHL-SCHÖNschen Theorie) im gesamten Gitter des Kristallphosphors stattfinden kann. Denn schon aus LENARDs Messungen folgt, daß der Absorptionsquerschnitt der Gebilde, die durch Elektronen anregbar sind, bis zu 1000mal größer sein muß als der der Phosphorogenatome selbst. Die Energie muß also hier ebenso wie bei der Ultravioletterregung von dem Ort der Erregung zum emissionsfähigen Phosphorogenatom beträchtliche Strecken wandern (vgl. Kapitel „Theorie der Lumineszenz von Kristallphosphoren"). Allerdings sind die Energieausbeutekoeffizienten bei Elektronenanregung lange nicht so hoch wie bei Erregung durch Ultraviolett oder durch α-Strahlen. Eine sehr plausible Erklärung hierfür haben F. MÖGLICH und R. ROMPE gegeben (s. S. 121).

Für die Helligkeit H in Abhängigkeit von der Spannung V und der Kathodenstrahldichte J hat LENARD die folgende experimentell begründete Beziehung angegeben:

$$H = A \cdot J \cdot (V - V_0).$$

Hier sind A und V_0 zwei für den betreffenden Leuchtstoff charakteristische Konstanten. Diese Formel besagt, daß Kathodenstrahlen, deren Geschwindigkeit unterhalb einer gewissen Grenze (V_0) liegt, überhaupt keine Erregung hervorbringen. Die angegebene Beziehung konnte von einer Reihe von Autoren annähernd bestätigt werden[2]. In Abb. 47

---

[1] WOLF, P. M. u. N. RIEHL: „Die Gasmaske" 1935, Heft 1.

[2] BROWN, T. B.: J. opt. Soc. Amer. Bd. 27 (1937) S. 168. — LEVERENZ: J. opt. Soc. Amer. Bd. 27 (1937) S. 25. — LEVY u. WEST: J. Instn. electr. Engrs. Bd. 79 (1936) S. 11. — MALOFF u. EPSTEIN: Electronics, November 1937 S. 31—34, 85, 86. — NOTTINGHAM: J. Appl. phys. Bd. 8 (1937) S. 762;

und 48 ist die gemessene Abhängigkeit der Helligkeit von der Elektronenenergie für einige Leuchtstoffe wiedergegeben. Man sieht, daß insbesondere bei kleinen Elektronengeschwindigkeiten eine Abweichung von der linearen Beziehung auftritt und daß der Anstieg der Helligkeit hier steiler als proportional der Spannung ist[1]. Alle angegebenen Beziehungen geben allerdings die tatsächlichen Verhältnisse nur mit einer gewissen Näherung wieder.

Grundsätzlich von Interesse ist das Vorhandensein einer Mindestgeschwindigkeit für die Erregung, ein Umstand, der so gedeutet werden muß, daß bei allzu geringen Geschwindigkeiten die Elektronen in der äußersten Oberflächenschicht der Kristalle stecken bleiben, ohne die leuchtfähigen Teile des Kristalls zu erreichen. Dies bedeutet also,

Phys. Rev. Bd. 51 (1937) S. 591, 1008. — ORTH, RICHARDS u. HEADRICK: Proc. Inst. Radio Engrs., N. Y. Bd. 23 (1935) S. 1308. — SCHERER, K. u. R. RÜBSAAT: Arch. Elektrotechn. Bd. 31 (1937) S. 821. — SCHNABEL, W.: Arch. Elektrotechn. Bd. 28 (1934) S. 789.

[1] Bei kleinen Elektronengeschwindigkeiten ergibt sich eine quadratische Beziehung, die von BROWN in der Form

$$L = KIV^2,$$

wo $K = 4,94 \cdot 10^{-4}$, von NOTTINGHAM in der allgemeineren Form

$$L = Q(i) \cdot (V_s - V_0)^2$$

angegeben wird. V_s ist dabei das Potential des Schirmes gegen die Kathode, $Q(i)$ ist eine Funktion der Stromstärke i.

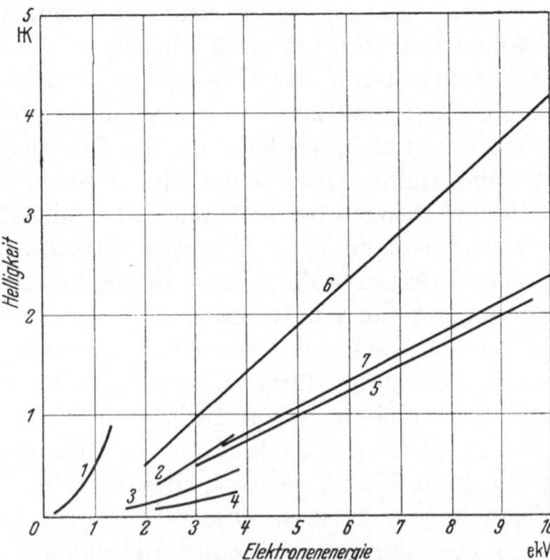

Abb. 47. Helligkeit verschiedener Leuchtstoffe als Funktion der Elektronenenergie. [Nach W. REUSSE: T.F.T. Bd. 27 (1938) S. 237], 1 Zinksilikat. Elektronenstrom 1 mA (BROWN). 2 ZnS G 86. Elektronenstrom 100 μ A (LEVY u. WEST). 3 Zinkcadmiumsulfid Z 23. Elektronenstrom 100 μA (LEVY u. WEST). 4 Zinkcadmiumsulfid. Elektronenstrom 100 μA (LEVY u. WEST). 5 Zinksilikat. Elektronenstrom 100 μA (MALOFF u. EPSTEIN). 6 Zinksilikat. Elektronenstrom 200 μA (MALOFF u. EPSTEIN). 7 Zinksilikat. Elektronenstrom 100 μA (LEVERENZ).

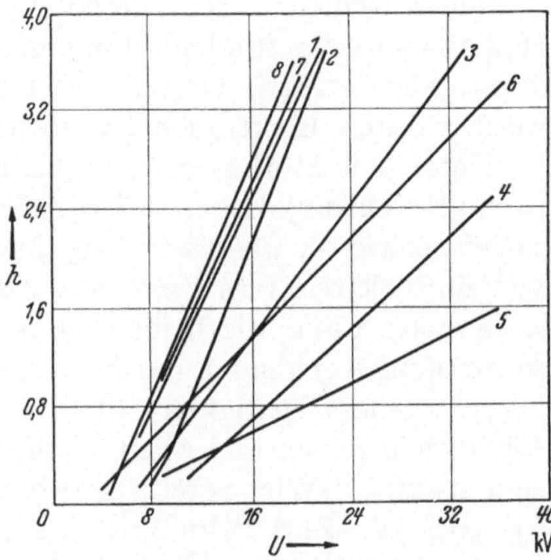

Abb. 48. Leuchtdichte h in Stilb (HK/cm³) in Abhängigkeit von der Spannung U in kV der erregenden Kathodenstrahlen bei konstantem Schirmstrom von 0,1 mA. (Nach W. SCHNABEL.) 1 ZnSAg. 2 ZnSCu. 3 Zn-CdSCu. 4 Zinksilikat. 5 Magnesiumwolframat. 6 Calciumwolframat. 7 ZnS, zusatzfrei. 8 Zn-CdS.

daß die in Frage kommenden Lumineszenzstoffe in ihren äußersten, unmittelbar unter der Oberfläche liegenden Schichten nicht lumineszenzfähig sind. Bei den schon durch Elektronen von 10 V erregbaren (speziell präparierten) Stoffen muß allerdings die Lumineszenzfähigkeit bereits unmittelbar unter der Oberfläche des Kristalls vorhanden sein.

Im Gegensatz zu den Ultraviolettstrahlen dringen Kathodenstrahlen sehr wenig tief in die Kristalle der Phosphore ein, so daß im allgemeinen nur eine dünne Oberflächenschicht jedes Körnchens erregt wird. Nach E. RUPP[1] dringen beispielsweise Kathodenstrahlen von 35 000 V in CaSCu nur bis zu einer Tiefe von etwa 0,04 mm ein. Für die Elektronen von einigen tausend Volt, wie sie beispielsweise in Fernsehröhren verwendet werden, ist die Eindringungstiefe noch um eine Zehnerpotenz kleiner.

Zunächst sei eine Übersicht über die Lumineszenzstoffe gegeben, die für die Erregung durch Kathodenstrahlen besonders in Frage kommen und auch technisch von Bedeutung sind. Es sind dies in erster Linie die Phosphore der Zinkkadmiumsulfidgruppe, ferner die Silikate und in geringerem Umfange auch Wolframate. In letzter Zeit ist durch die Versuche von A. SCHLEEDE, W. SCHMIDT und A. KAMM (unveröffentlicht) auch die Eignung der Zinksulfidselenide für technische Anwendungen bei Kathodenstrahlerregung gefunden worden. Ferner hat auch das Zinkoxyd (aus weiter zu erörternden Gründen) in dem vorliegenden Zusammenhang technische Bedeutung. Die LENARDschen Erdalkalisulfidphosphore zeigen zwar beträchtliche Erregungsfähigkeit durch Kathodenstrahlen und sind in dieser Beziehung auch ausführlich untersucht, doch ist ihre Eignung für die *technische* Anwendung aus verschiedenen Gründen, hauptsächlich wegen ihrer mangelnden chemischen Stabilität, schlecht. Auffallend stark wird auch der von E. TIEDE und H. TOMASCHEK gefundene lumineszenzfähige Borstickstoff durch Kathodenstrahlen erregt. Organische Leuchtstoffe sowie Borsäurephosphore werden durch Elektronen gar nicht erregt.

Unter den Stoffen der Zinkkadmiumgruppe haben besondere praktische Bedeutung die *mit Silber aktivierten Zinksulfide und Zinkkadmiumsulfide,* sowie die *aktivatorfreien* (nach SCHLEEDE durch einen Überschuß von Zink aktivierten) *Zink- und Zinkkadmiumsulfide.* Diese Stoffe sind es in erster Linie, die beim Bau von BRAUNschen Röhren für den Fernsehempfang verwendet werden. Ausschlaggebend ist hierbei erstens die hervorragende Helligkeit, die diese Stoffe beim Bombardement mit Elektronen zeigen und zweitens die weitgehende Variabilität ihrer Emissionsspektra. Wie bereits erörtert (vgl. Kap. IV, 1) kann man das Spektrum der Zinkkadmiumsulfide durch Variation des Kadmiumgehaltes innerhalb weiter Grenzen verändern. Man kann die Farbe des Leuchtens von blau-violett bis rot variieren, wobei bei Vergrößerung des Kadmiumgehaltes eine Verschiebung nach langen Wellen stattfindet. Die Variabilität des Spektrums ist deshalb von besonderer Bedeutung, weil es beim

---

[1] RUPP, E.: Ann. Phys., Lpz. Bd. 72 (1923) S. 81.

praktischen Fernsehempfang darauf ankommt, eine möglichst *weiße* Emissionsfarbe der Fluoreszenzschicht zu erreichen. Der Versuch, durch Anwendung eines einzelnen Stoffes zu einem weiß emittierenden Fluoreszenzmaterial zu gelangen, ist nur bis zu einem gewissen Grade realisierbar[1], zumindest dann, wenn man hohe Anforderungen an die Helligkeit des Materials stellt. Im allgemeinen wird daher bei der Herstellung von weißleuchtenden Schirmen für BRAUNsche Röhren auf eine mechanische Mischung von zwei Lumineszenzstoffen mit zueinander komplementären Emissionsfarben zurückgegriffen. Vorwiegend benutzt man hierbei die Mischung eines blau- und eines gelbleuchtenden Materials. Es handelt sich also bei den BRAUNschen Fernsehröhren nicht um ein physikalisch weißes, sondern um ein physiologisch weißes Licht. Als blaue Komponente kann entweder das mit Silber aktivierte Zinksulfid oder das aktivatorfreie, grünstichig-blau leuchtende Zinksulfid verwendet werden, als gelbe Komponente dagegen das silberhaltige oder aktivatorfreie Zinkkadmiumsulfid mit einem Kadmiumgehalt, der meist in der Nähe von etwa 50% liegt. Bei den weißleuchtenden Mischungen der blauen und gelben Komponente beträgt die gelbe Komponente den größeren Anteil (rund $^3/_4$ des Gesamtmaterials), der Rest ist blauleuchtend. Wird das zusatzfreie Zinksulfid mit Kupfer bzw. mit Silber aktiviert, so tritt nach Spektraluntersuchungen von RIEHL[2] und GLASNER[3] zu der Fluoreszenz des reinen Zinksulfides noch die des Phosphorogens hinzu, und zwar in steigendem Maße mit steigender Menge des Phosphorogens. Für das Verhältnis zwischen der Eigenemission des Zinksulfides und der des Phosphorogens ist allerdings auch noch die Erregungsintensität maßgebend. Die Emissionsfarben verschieben sich gegenüber den reinen Materialien bei Kupferzusatz nach langen Wellen, bei Silberzusatz nach kurzen Wellen. Mit Kupfer aktivierte Zinkkadmiumsulfide kommen beim Fernsehen kaum zur Verwendung, und zwar hauptsächlich wegen des ihnen eigenen starken Nachleuchtens, wobei allerdings bemerkt sei, daß es Möglichkeiten gibt, dieses Nachleuchten weitestgehend zu vermindern. Wohl eignet sich aber das ZnSCu für die Schirme von Kathodenoszillographen in den Fällen, wo es darauf ankommt, das Oszillogramm eine Zeitlang im Nachleuchten festzuhalten[4]. Durch die Anwendung der Zink- und Zinkkadmiumsulfide mit oder ohne Silberzusatz ist das Problem der Erzeugung weißen Lichtes für Fernsehempfangsröhren gelöst.

Bei der Anwendung der Zinkkadmiumsulfide für die Herstellung von Fernsehschirmen ist noch folgender Umstand zu berücksichtigen: Die kadmiumreiche, gelbleuchtende Komponente der angewandten Zinkkadmiumsulfidmischungen besitzt stets eine mehr oder weniger

[1] DRP. 640056.
[2] RIEHL: Ann. Phys., Lpz. (5) Bd. 29 (1937) S. 636.
[3] GLASNER: Diss. Berlin 1938.
[4] Vgl. hierzu M. v. ARDENNE: Z. Phys. Bd. 105 (1937) S. 193.

ausgeprägte gelbe Körperfarbe. Demgemäß erfährt also das vom Schirm emittierte, auf der Innenseite des Schirmes entstehende Licht beim Durchdringen desselben eine gewisse farbliche Ausfilterung und Umfärbung. Von der Innenseite betrachtet besitzt daher der Schirm eine etwas bläulichere Farbe als von außen betrachtet. Der Grad dieser Umfärbung ist naturgemäß sehr von der Schichtdicke des Schirmes abhängig. Es kommt daher für die Vermeidung dieses Effektes sehr auf eine möglichst gleichmäßige Färbung der Schichtdicke an, da sonst kleine Farbunterschiede innerhalb des Schirmes auftreten können und auf diese Weise im Schirm gelblich aussehende Partien sichtbar werden. Die Auftragungsmethoden bei der Herstellung der Fernsehleuchtschirme sind allerdings heute so weit durchgearbeitet, daß derartige Erscheinungen vermieden werden[1].

Auch in bezug auf die *Haltbarkeit* entsprechen die Zink- und Zinkkadmiumsulfide schon recht weitgehend den praktischen Anforderungen. Wie KORDATZKI, SCHLEEDE und SCHRÖTER[2] wohl zuerst ausdrücklich ausgesprochen haben, kommt es für die Haltbarkeit des Materials bei Kathodenstrahlanregung ausschlaggebend auf die Güte des Vakuums an, so daß man durch genügend gutes Vakuum die praktischen Anforderungen in bezug auf Haltbarkeit des Schirmes weitgehend erfüllen kann. Dies gilt selbstverständlich nur für Stromdichten des Kathodenstrahls, bei denen noch keine nennenswerte Temperaturerhöhung des Schirmes auftritt. Denn im letzteren Falle tritt die Zerstörung infolge der Erhitzung ein. Überdies tritt infolge der Temperaturerhöhung auch noch eine reversible, vorübergehende Verminderung der Leuchtfähigkeit auf (vgl. Kapitel „Temperaturabhängigkeit der Lumineszenzen").

Außer den Zink- und Zinkkadmiumsulfiden haben aber auch noch andere Stoffe in den letzten Jahren in steigendem Maße Interesse für das Gebiet der Kathodenstrahlanregung gefunden. Hiervon ist zunächst das gelbleuchtende sowie das grünleuchtende (mit Mangan aktivierte) *Zinksilikat* zu erwähnen. Eine besondere von RIEHL und THIEME entwickelte Art von grünleuchtendem Zinksilikat ist durch gute Erregbarkeit mit sehr langsamen Elektronen von nur etwa 10 V gekennzeichnet. Ein derartiges Zinksilikat findet beispielsweise beim Bau von „magischen Augen" Anwendung. Dieses Material ist, wie RÜTTENAUER fand, gleichzeitig auch durch SCHUMANN-Strahlung besonders gut erregbar. Eine sehr interessante Stoffgruppe stellen ferner auch die von SCHLEEDE und SCHMIDT gefundenen, von RIEHL und THIEME eingehend weiter untersuchten Silikate dar, die als Kationen *Zink, Beryllium* und *Mangan* enthalten. Diese Stoffgruppe ist insofern besonders bemerkenswert, als man hier durch Variation das Verhältnis Zink:Beryll, insbesondere aber

---

[1] Vgl. hierzu M. v. ARDENNE: Telegr.-, Fernspr.-, Funk- u. Fernsehtechn. Bd. 27 (1938) S. 106 sowie die zusammenfassende Darstellung von W. REUSSE: Telegr.-, Fernsprech.-, Funk- u. Fernsehtechn. Bd. 27 (1938) S. 237.
[2] KORDATZKI, SCHLEEDE u. SCHRÖTER: Phys. Z. Bd. 27 (1926) S. 392.

durch die Variation des Mangangehaltes (der übrigens mehrere Prozent und sogar noch mehr betragen kann) das Emissionsspektrum in weiten Grenzen von grün bis rot variieren kann. Es liegen hier also ähnliche Verhältnisse wie bei der Variation der Emission des Zinkkadmiumsulfides durch Veränderung des Kadmiumgehaltes vor. Wenn auch die Leuchtfähigkeit der Silikate bei Erregung mit Kathodenstrahlen beträchtlich geringer ist als die der Zinkkadmiumsulfide, so ist doch der Umstand von Interesse, daß die Silikate eine chemisch sehr stabile Verbindungsart darstellen, so daß man immer wieder daran gedacht hat, Stoffe dieser Gruppe dort zu verwenden, wo es auf die Haltbarkeit des Schirmes besonders ankommt, so beispielsweise bei BRAUNschen Röhren für Projektionszwecke. In Deutschland ist man allerdings im allgemeinen wieder zu den Zinkkadmiumsulfiden zurückgekehrt. Dagegen scheint im Ausland, insbesondere in Amerika und auch in England, das Interesse für die Silikatphosphore nach wie vor zu bestehen.

Für die Hochspannungsprojektionsröhren scheinen auch die bereits erwähnten Zinksulfid*selenide* geeignet zu sein. Interessant ist es, daß man beim Ersetzen des Schwefels durch Selen ähnliche Farbverschiebungen erhält, wie sie beim Zinkkadmiumsulfid durch Variation des Kadmiumgehaltes auftreten. Die hierbei erhaltbaren Helligkeiten erreichen fast die Helligkeit der Zinkkadmiumsulfide.

Ein weiterer für das Fernsehen bedeutsamer Stoff ist ferner das *Zinkoxyd*, und zwar das zusatzfreie Zinkoxyd, dessen Leuchtfähigkeit nach SCHAEFERS[1] auf einem geringen Zinküberschuß beruht. Interessant ist dieser Stoff durch die geringe Dauer seiner Abklingung. Er kann also dort eingesetzt werden, wo ein schnelles An- und Abklingen verlangt wird, so z. B. bei den heute im Vordergrund des Interesses stehenden Fernsehabtaströhren. Sein Einsatz erfolgt also nicht auf der Empfänger-, sondern auf der Sendeseite. Die Helligkeit des Zinkoxydes liegt unter der der Zinkkadmiumsulfide, doch war es möglich, hier in den letzten Jahren schon beträchtliche Fortschritte zu erzielen.

Die *Wolframate* haben bislang keinerlei praktische Bedeutung im Fernsehen und auf verwandten Gebieten erlangt, und zwar wegen ihrer nicht ausreichend hohen Helligkeit, die nicht etwa in einer schlechten Ausbeute an emittierten Quanten, sondern in dem Umstand begründet ist, daß die Wolframate vorwiegend im blauen Teil des Spektrums emittieren, in einem Teil also, wo die spektrale Empfindlichkeit des Auges gering ist.

Vergleicht man die Haltbarkeit der verschiedenen erwähnten Lumineszenzstoffe, so ist sie an und für sich bei den Silikaten und Wolframaten am höchsten. Das Zinksilikat läßt sich sogar in die Glaswand einsintern, ohne an Leuchtfähigkeit einzubüßen. Bei Zinkkadmiumsulfiden kommt es, wie bereits erwähnt, sehr auf die Güte des Vakuums an, doch nicht allein das Vakuum, sondern auch die metallischen Verunreinigungen spielen

---

[1] SCHAEFERS: Dipl.-Arbeit Techn. Hochsch. Berlin 1938.

bei der Verarbeitung der Zinkkadmiumsulfide eine große Rolle. Eisen, Kobalt und Nickel können, wenn sie an die Zinkkadmiumsulfidschicht gelangen, sehr gefährlich werden, dies um so mehr, als ja der Leuchtschirm vor der Inbetriebnahme stets einer Ausheizung unterworfen wird, bei der er eine Temperatur von 400 bis 500° annimmt. Bei dieser Temperatur dringen unter Umständen Fremdatome in das Gitter ein (vgl. Kapitel „Kristallchemie") und können hierdurch die Leuchtfähigkeit des Schirmes sehr stark schädigen. — Über die Ermüdungserscheinungen an Leuchtschirmen in BRAUNschen Röhren haben neuerdings HAGEN[1] und GROTHEER[2] eingehende Untersuchungen ausgeführt. Sie unterscheiden hierbei zwischen dem eigentlichen Ermüdungsvorgang, d. h. dem eigentlichen Nachlassen der Lumineszenzfähigkeit und der zusätzlichen Lichtschwächung, die durch Transparenzverminderung des Schirmes infolge Ausscheidung von Metallatomen in der Leuchtsubstanz zustande kommt (vgl. hierzu die Ergebnisse über Ermüdung von ZnS durch α-Strahlenbombardement im Kapitel IX, 1c). Unter Berücksichtigung der Lichtschwächung durch die ausgeschiedenen Metallkomplexe kann aus dem durch Messung gefundenen Verlauf die absolute Ermüdung ermittelt werden. Die so erhaltenen Kurven zeigen für längere Bestrahlungszeiten einen der Abszisse parallelen Verlauf, der auf einen der Ermüdung entgegenwirkenden Prozeß der Regeneration schließen läßt. — Bemerkt sei noch, daß man aus zeitlichen Ermüdungskurven, die bei *dauernder* Beschießung des Schirmes mit Kathodenstrahlen aufgenommen sind, nicht ohne weiteres auf die Haltbarkeit der Fernsehschirme in der Praxis schließen kann; beim Fernsehen liegen die Verhältnisse um Zehnerpotenzen günstiger, und zwar deswegen, weil jeder Punkt des Schirmes nicht unter dauernder Einwirkung des Kathodenstrahls steht, sondern nur hin und wieder von ihm getroffen wird, da ja der Strahl dauernd über die ganze Schirmfläche wandert.

Was die Helligkeit des Leuchtens bei Kathodenstrahlerregung anbelangt, so ist zunächst auf die bereits erwähnte Abhängigkeit der Helligkeit von der Geschwindigkeit (Spannung) des Elektronenstrahls hinzuweisen. Die bei der Erregung von Lumineszenzstoffen durch Kathodenstrahlen erhaltbaren Energieausbeuten hat schon LENARD zu bestimmen versucht[3]. Er erhielt bei seinen Versuchen außerordentlich hohe Ökonomiekoeffizienten. KORDATZKI, SCHLEEDE und SCHRÖTER[4] konnten jedoch zeigen, daß dieses Ergebnis auf einer unrichtigen Messung des auf den Leuchtschirm auffallenden Stromes beruht. LENARD bestimmte nämlich den vom Leuchtpräparat durch die Unterlage abfließenden Strom. KORDATZKI, SCHLEEDE und SCHRÖTER zeigten aber, daß der größte Teil der auf das Leuchtpräparat aufprallenden Elektronen in

---

[1] HAGEN, C.: Phys. Z. Bd. 40 (1939) S. 621.
[2] GROTHEER, W.: Z. Phys. Bd. 112 (1939) S. 541.
[3] LENARD: Ann. Phys., Lpz. (4) Bd. 12 (1903) S. 449.
[4] KORDATZKI, SCHLEEDE u. SCHRÖTER: Phys. Z. Bd. 27 (1926) S. 392.

Gestalt von Sekundärelektronen wieder fortgeht und nicht durch die Unterlagen abfließt. Die von LENARD gemessenen Ströme waren also viel geringer als der tatsächlich auf das Präparat auffallende Strom. Unter Berücksichtigung dieser Tatsache gelangten KORDATZKI, SCHLEEDE und SCHRÖTER zu einer technischen Ökonomie von nur etwa 0,6 HK pro Watt, wobei allerdings zu bedenken ist, daß sie mit Kathodenstrahlen von nur 440 V Spannung arbeiteten[1]. Wie die neueren Messungen ergeben, gelangt man bei Kathodenstrahlen von einigen 1000 V Spannung auf eine etwa zehnmal günstigere technische Ökonomie. Bei 6 kV Spannung erhält man eine Ausbeute von etwa 6 HK pro Watt. — Die von LENARD angegebene Formel für die Abhängigkeit der Helligkeit von der Spannung erweckt den Anschein, als könnte man bei unbegrenzter Steigerung der Spannung auch eine unbegrenzte Steigerung der Helligkeit erzielen. Dies ist jedoch praktisch nicht der Fall, und zwar aus folgenden Gründen: Der Abfluß der auf den Leuchtschirm auftreffenden Elektronen ist maßgebend davon abhängig, wieviel Sekundärelektronen von dem Schirm wieder abgegeben werden. Sofern pro auftreffendes Elektron mindestens ein Sekundärelektron ausgesandt wird, erfährt der Leuchtschirm keinerlei Aufladung, so daß die angelegte Anodenspannung voll zur Geltung kommt. Bei steigender Anodenspannung jedoch wird die Zahl der ausgesandten Sekundärelektronen kleiner als die Zahl der auffallenden Elektronen, so daß eine elektrische Aufladung des Leuchtschirmes stattfindet, und zwar lädt sich der Schirm so lange auf, bis im stationären Zustand die Zahl der Primärelektronen wieder gleich der Zahl der Sekundärelektronen geworden ist[2]. Daher kommt es, daß bei Vergrößerung der Anodenspannung über eine bestimmte Grenze hinaus die Helligkeit langsamer als proportional der Anodenspannung ansteigt, die Energieausbeute also wieder sinkt. Die nachfolgenden (der ausgezeichneten zusammenfassenden Darstellung des Gebietes von A. SCHLEEDE und B. BARTELS[3] entnommenen) Zahlen geben die Abhängigkeit der Lichtausbeute von der Anodenspannung bei Fernsehröhren an[4]:

bei 6 kV Anodenspannung etwa 5 HK/W
„ 20 „   „   „ 3 „
„ 40 „   „   „ 2 „

---

[1] Vgl. hierzu auch H. W. ERNST: Ann. Phys., Lpz. (4) Bd. 82 (1927) S. 1051.

[2] BEY, H.: Phys. Z. Bd. 39 (1938) S. 605. — FRERICHS, R. u. E. KRAUTZ: Phys. Z. Bd. 40 (1939) S. 229. — KNOLL, M. u. KÜHNREICH: 1939, bisher nicht veröffentlicht. — KOLLATH, R.: Phys. Z. Bd. 38 (1937) S. 202. — NELSON, H.: J. Appl. phys. Bd. 9 (1938) S. 592. — NOTTINGHAM, W. B.: J. Appl. phys. Bd. 10 (1939) S. 73. — SCHLEEDE, A., B. BARTELS u. B. FRISCHMUTH: 1939, bisher nicht veröffentlicht.

[3] SCHLEEDE, A. u. B. BARTELS: Telefunken-Hausmitt. Bd. 20 (1939) S. 104.

[4] Vgl. auch Messungen der Lichtausbeute an älteren Fluoreszenzmaterialien von W. SCHNABEL: Arch. Elektrotechn. Bd. 28 (1934) S. 797 u. M. v. ARDENNE: Z. techn. Phys. Bd. 16 (1935) S. 61.

Die absoluten Flächenhelligkeiten der Leuchtschirme liegen bei gewöhnlichen Fernsehempfängerröhren bei etwa 50 apostilb, bei den Projektionsröhren bei etwa 1000 apostilb.

Sehr wesentlich für die Bewertung von Leuchtstoffen bei technischen Anwendungen im Fernsehen ist die Frage des *Nachleuchtens*. Von Bedeutung ist hierbei weniger die langdauernde Phosphoreszenz. Denn diese äußert sich ungünstigenfalls als eine schwache Aufhellung des Bildes, die die Bildgüte nicht wesentlich beeinflußt (vgl. Behandlung desselben Problems durch WOLF und RIEHL bei Röntgenschirmen[1]). Es kommt also nicht darauf an, die bei den meisten in Frage kommenden Leuchtstoffen noch vorhandene schwache Phosphoreszenz langer Dauer vollständig zu unterdrücken. Vielmehr kommt es darauf an, die Abklingung des Momentanleuchtens (spontanen Nachleuchtens) zu beschleunigen. Bei den gewöhnlichen Fernsehempfangsröhren sind die erforderlichen Abklingungszeiten bereits erreicht. Die zur Anwendung gelangenden Zinkkadmiumsulfide erfüllen hier bereits die technischen Anforderungen. Wesentlich strengere Anforderungen werden jedoch bei den Bildabtaströhren gestellt. Hier wird eine Nachleuchtzeit von weniger als 10^{-6} s verlangt[2]. Es muß hierbei nachdrücklich auf den Umstand hingewiesen werden, daß es nicht statthaft ist, von einer Abklingzeit eines Leuchtstoffes schlechthin zu sprechen und diese Abklingzeit als eine Art Materialkonstante anzusehen. Der bimolekulare Charakter des spontanen Nachleuchtens (vgl. Kapitel „Abklingung") bedingt es, daß die Abklingzeit von der Erregungsintensität abhängt. Man kann also immer nur von der Abklingzeit bei einer bestimmten Erregungsstärke sprechen und die verschiedenen Stoffe nur bei feststehender Erregungsintensität vergleichen. Berücksichtigt man dies, so ergeben sich die tatsächlichen charakteristischen Eigenschaften der in Frage stehenden Leuchtstoffe in bezug auf die Abklingzeit. (Unter Abklingzeit versteht man im allgemeinen die Zeit, in der die Hauptintensität auf weniger als 10% abgeklungen ist.) Die Abklingzeit der normalen, mit Silber aktivierten Zinkkadmiumsulfide ist für die Anwendung bei Bildabtaströhren entschieden zu lang. Sehr viel günstiger ist die Abklingzeit bei den zusatzfreien Zinkkadmiumsulfiden. Eine ganz besonders kurze Abklingzeit erhält man aber beim Zinkoxyd[3]. In Abb. 49 ist ein Beispiel der von SCHLEEDE und BARTELS gefundenen Ergebnisse über die Schnelligkeit des An- und Abklingungsvorganges bei verschiedenen Materialien dargestellt. Bei diesen Versuchen traf ein kurzer rechteckiger Kathodenstrahlimpuls auf den zu untersuchenden Leuchtschirm auf, wobei der zeitliche Verlauf der Helligkeit des Schirmes oszillographisch aufgenommen wurde. Je kürzer die An- und Abklingzeit,

---

[1] WOLF u. RIEHL: Z. techn. Phys. Bd. 16 (1935) S. 142.
[2] Vgl. z. B. W. SCHNABEL: Z. techn. Phys. Bd. 17 (1936) S. 25.
[3] SCHLEEDE, A. u. B. BARTELS: Z. techn. Phys. Bd. 19 (1938) S. 369.

um so schärfer gibt der zeitliche Helligkeitsverlauf die rechteckige Form des Elektronenstrahlimpulses wieder. Man sieht aus dem Bild, daß die Zinksilikate eine besonders lange und ungünstige An- und Abklingzeit aufweisen, das Zinkoxyd dagegen eine besonders günstige. In Abb. 50 ist noch die bereits erwähnte Abhängigkeit der An- und Abklingungsgeschwindigkeit von der Erregungsintensität (Erregungsdichte) dargestellt. Man sieht, daß — wie zu erwarten — die An- und Abklingung um so schneller ist, je höher die Dichte der erregenden Kathodenstrahlen[1].

Die zur Zeit aussichtsreichste Anwendungsart der Kristallphosphore im Zusammenhang mit der Kathodenstrahlanregung ist das *Fernsehen*. Daneben jedoch besteht als wichtigste

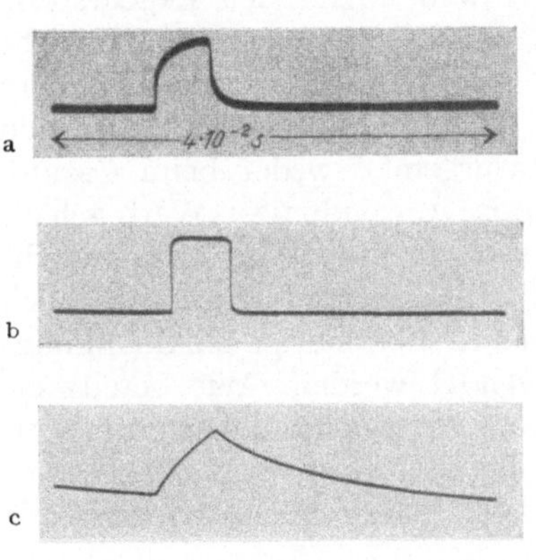

Abb. 49.
An- und Abklingvorgang in Abhängigkeit vom Grundmaterial. a ZnS, b ZnO, c Zn_2SiO_4. (Nach SCHLEEDE und BARTELS.)

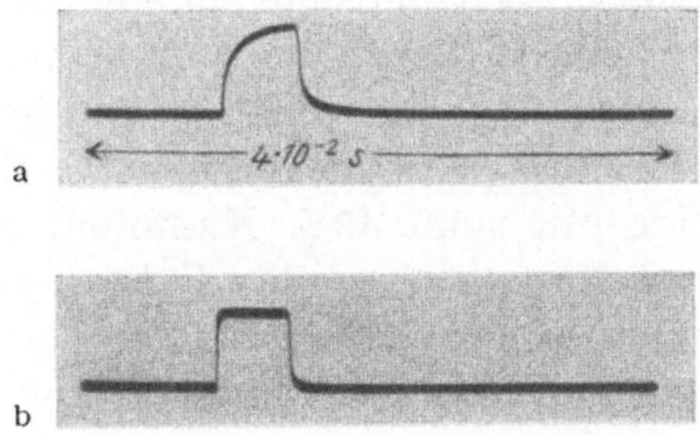

Abb. 50.
An- und Abklingvorgang in Abhängigkeit von der Erregungsdichte bei konstanter Strahlstromstärke. a Leuchtfleckdurchmesser 30 mm, b Leuchtfleckdurchmesser 3 mm.

Anwendungsform noch die Herstellung von Leuchtschirmen für *Kathodenoszillographen*. In den letzten Jahren sind noch zwei neue Gebiete hinzugekommen, und zwar handelt es sich erstens um den *Bildwandler*[2], der es erlaubt, ein optisches bzw. ultrarotes Bild in ein elektronenoptisches Bild zu verwandeln, wobei man das elektronenoptische Bild mittels des Leuchtschirmes sichtbar macht, und zweitens das *Elektronenmikroskop* oder *Übermikroskop* (E. BRÜCHE, v. BORRIES und RUSKA, M. KNOLL), bei dem die in Frage kommenden mikroskopischen Objekte direkt elektronenoptisch auf einem Leuchtschirm abgebildet werden[3]. Im Zusammenhang mit dem Elektronenmikroskop sei noch folgendes erwähnt: Während man sich bisher bei der Herstellung von Leuchtschirmen durchweg feinkörniger

---

[1] Eine ausführliche Untersuchung über die Bedeutung des Nachleuchtens für die Bildabtaströhren hat in jüngster Zeit K. BRÜCKERSTEINKUHL veröffentlicht [Fernseh A.G. Hausmitt. Bd. 1 (1939) S. 179]

[2] Vgl. W. SCHAFFERNICHT: Z. Phys. Bd. 93 (1935) S. 762; Z. techn. Phys. Bd. 17 (1936) S. 596; Jb. Forschungsinst. AEG. Bd. 4 (1936) S. 25; G. HOLST, J. H. DE BOER, M. C. TEVES, C. F. VEENEMANS: Physica Bd. 1 (1934) S. 297.

[3] Vgl. hierzu z. B. B. v. BORRIES u. E. RUSKA: Wiss. Veröff. a. d. Siemens-Werken Bd. 17 (1938) Heft 1 S. 99.

pulverförmiger Leuchtstoffe bediente, hat M. v. ARDENNE[1] neuerdings mit Erfolg versucht, für die Zwecke des Elektronenmikroskops einen von RIEHL und ORTMANN hergestellten großen zusammenhängenden ZnSAg-Kristall in Anwendung zu bringen. Hierdurch ist man in der Lage, einen strukturfreien (kornfreien) Leuchtschirm zu erhalten. Das Auflösungsvermögen für Elektronen beträgt bei diesem Schirm etwa 10 μ. Durch Anwendung derartiger Schirme gelang es v. ARDENNE, erhebliche Fortschritte zu erzielen.

Die Gesichtspunkte, die bei den Anwendungen der Leuchtstoffe außerhalb des Fernsehens gelten, sind natürlich in mancher Hinsicht anders als bei den fernsehtechnischen Anwendungen, so insbesondere bezüglich der erwünschten spektralen Lage der Emission. Auf den weißen Farbton des Leuchtens wird naturgemäß weder beim Oszillographen, noch bei den anderen erwähnten Anwendungen Wert gelegt. Die Farbe des Leuchtens wird hier daher stets der spektralen Empfindlichkeit des Auges angepaßt, so daß beim Oszillographen fast ausschließlich *grün*leuchtende Stoffe, und zwar insbesondere silberhaltige Zinkkadmiumsulfide mit rund 40% Kadmium angewendet werden. Wie bereits erwähnt, kann man in den Fällen, wo es auf ein Nachleuchten ankommt, auch ZnSCu verwenden. Bei Herstellung von photographischen Aufnahmen des Oszillogramms bietet in vielen Fällen das blauleuchtende ZnSAg Vorteile.

3. Röntgen-Durchleuchtungsschirme.

Der Röntgenschirm stellt die älteste technische Anwendung lumineszenzfähiger Stoffe dar. Wie bekannt, war es das Aufleuchten eines Bariumplatinzyanürschirmes, das Röntgen überhaupt erst zur Auffindung der nach ihm benannten Strahlen führte. Die große technische Bedeutung, die die Röntgenschirme bei der diagnostischen Durchleuchtung sowie bei Durchleuchtung von Werkstoffen und Werkstücken heute besitzen, ist bekannt.

Als Lumineszenzstoff wurde in der ersten Zeit der Röntgentechnik ausschließlich Bariumplatinzyanür verwandt. Später ging man dazu über, Röntgenschirme aus Zinksilikat sowie Kadmiumwolframat[2] herzustellen. In den letzten Jahren hat sich auf diesem Gebiet ein sehr wesentlicher Fortschritt durch die Einführung der mit Silber aktivierten *Zinkkadmiumsulfide* ergeben, wodurch es möglich wurde, die Helligkeit des Durchleuchtungsbildes um eine Zehnerpotenz zu steigern[3]. — Lumineszenzfähige organische Stoffe und Borsäurephosphore werden durch Röntgenstrahlen praktisch gar nicht erregt, LENARDsche Erdalkaliphosphore zeigen nur schwaches Leuchten.

---

[1] ARDENNE, M. v.: Z. techn. Phys. Bd. 20 (1939) S. 235.
[2] ROUBERTIE, R. u. A. NEMIROWSKY: C. R. Acad. Sci., Paris Bd. 169 (1919) S. 233.
[3] RIEHL, N. u. P. M. WOLF: Licht Bd. 6 (1936) Heft 3.

Der Mechanismus der Erregung durch Röntgenstrahlen weicht in einem wesentlichen Punkt von der Erregung durch sonstige Strahlen ab. Die Leuchtsubstanz wird nicht unmittelbar durch die Röntgenstrahlen zum Leuchten gebracht, sondern erst durch die Photo- und Comptonelektronen, die die Röntgenstrahlen bei der Absorption bzw. Streuung in der Schirmsubstanz erzeugen. Daran liegt es auch, daß die Erregung durch Röntgenstrahlen in vielerlei Hinsicht große Ähnlichkeit mit der Kathodenstrahlerregung hat[1]. In anderer Beziehung bestehen allerdings wesentliche Unterschiede. So ist bei einem Lumineszenzstoff um so eher eine starke Erregbarkeit durch Röntgenstrahlen zu erwarten, je höher sein *Absorptionskoeffizient* für Röntgenstrahlen ist. Dieser hohe Absorptionskoeffizient liegt besonders bei Stoffen vor, welche Atome hohen Atomgewichts enthalten. Daher kommt auch die besondere Eignung der Wolframate und der Platinsalze für Erregung mit Röntgenstrahlen. Bei den neuzeitlichen Leuchtschirmen aus ZnCdSAg ist bei Erhöhung des Gehaltes an Kadmium ebenfalls eine Erhöhung der Absorption an Röntgenstrahlen und somit auch der Zahl der emittierten Lichtquanten festzustellen, weil eben Kadmium ein größeres Atomgewicht als Zink hat. Da der Absorptionskoeffizient für Röntgenstrahlen — besonders bei Zinkkadmiumsulfiden — einen verhältnismäßig geringen Absolutwert hat, so muß der Röntgenschirm eine gewisse Mindestdicke haben, da sonst der in ihm absorbierte Bruchteil der Röntgenstrahlen zu klein und daher auch die Helligkeit zu klein sein würde. Von einer gewissen Dicke des Schirmes aufwärts ergibt sich allerdings keine weitere Erhöhung der Helligkeit, und zwar infolge der Absorption und Streuung des Lichtes im Schirm selbst[2]. Röntgenstrahlen von 50000 V dringen mehrere Millimeter tief in die Schirmsubstanz ein. Die praktisch im Gebrauch befindlichen Röntgenschirme haben jedoch eine Dicke von nur einigen Zehnteln Millimeter, da sonst durch die große Dicke des Schirmes eine zu starke Streuung des Lichtes und eine Verwaschung der Bildkonturen (schlechtere Bildschärfe) auftreten würde. — Die *Energieausbeute* bei Erregung der Leuchtschirmsubstanzen durch Röntgenstrahlen liegt nach E. RUTHERFORD und R. K. McCLUNG[3] sowie O. GÄRTNER[4] bei etwa 7%.

Ähnlich wie bei Erregung durch Röntgenstrahlen liegen auch die Verhältnisse bei Erregung durch γ-*Strahlen*. Der Absorptionskoeffizient der in Frage kommenden Leuchtstoffe für γ-Strahlen ist allerdings noch geringer als der für Röntgenstrahlen. Überdies sind die verfügbaren Intensitäten an γ-Strahlen viel zu gering, als daß sich die Anwendung des Durchleuchtungsschirmes praktisch jemals bewährt hätte. Obwohl die γ-Strahlen neben den

---

[1] RUPP, E.: Ann. Phys., Lpz. Bd. 75 (1924) S. 369.

[2] GLOCKER, R., E. KAUPP u. H. WIEDMANN: Ann. Phys., Lpz. Bd. 85 (1928) S. 313.

[3] RUTHERFORD u. R. K. McCLUNG: Phys. Z. Bd. 2 (1901) S. 53.

[4] GÄRTNER, O.: Z. techn. Phys. Bd 16 (1935) S. 9.

Röntgenstrahlen in der Materialprüfung neuerdings eine Rolle spielen[1], so wird hierbei niemals das Durchleuchtungsbild visuell betrachtet, da es viel zu lichtschwach ist, sondern es werden stets photographische Aufnahmen unter Anwendung von Filmen mit Verstärkerfolien gemacht.

Für die Güte eines Röntgendurchleuchtungsbildes sind die folgenden 3 Momente maßgebend:

1. Helligkeit,
2. Kontrast und Bildschärfe,
3. Nachleuchten.

Die Helligkeit muß so hoch wie möglich gehalten werden, der Kontrast und die Bildschärfe ebenfalls. Das Nachleuchten dagegen muß einen möglichst geringen Betrag haben, da sonst bei Durchleuchtung bewegter Objekte eine Verminderung des Kontrastes bzw. der Bildschärfe auftreten könnte. Zu dem Punkt 2 ist zu bemerken, daß man streng genommen den Kontrast und die Bildschärfe voneinander unterscheiden müßte, denn der Kontrast ist ein Maß für die Unterschiede zwischen hell und dunkel, während die Bildschärfe durch die Steilheit des Übergangs von hell zu dunkel bedingt ist. Auch hängt der Kontrast von anderen Faktoren ab, als die Bildschärfe. Während für den Kontrast die Gradationskurve des Röntgenschirmmaterials und die Qualität der Röntgenstrahlung maßgebend sind, sind für die Bildschärfe hauptsächlich die Korngröße und die Streuung ausschlaggebend. Trotzdem also der Kontrast und die Bildschärfe zwei physikalisch ganz verschiedene Dinge darstellen, ist es außerordentlich schwierig, diese beiden Größen auseinander zu halten, denn sie sind bei subjektiver Bildbetrachtung in starkem Maße voneinander abhängig, derart, daß mit der Größe des Kontrastes die Bildschärfe und umgekehrt — jedoch in kleinerem Maße — mit zunehmender Bildschärfe die Größe des Kontrastes zuzunehmen scheint. Die Bildgüte, auf die es letzten Endes ankommt, resultiert somit aus dem Zusammenspiel von Kontrast und Bildschärfe, ohne daß man die Rolle jedes Faktors für sich ohne weiteres erfassen kann.

Über die Rolle der Helligkeit, des Kontrastes und der Bildschärfe haben BERTHOLD, RIEHL und VAUPEL[2] eine ausführliche Untersuchung ausgeführt. Im Rahmen derselben haben die genannten Autoren auch die absolute Helligkeit von Röntgenschirmen bei verschiedenen Belastungen bestimmt. Es hat sich dabei ergeben, daß bei den besten neuzeitlichen Schirmen (ZnCdSAg-Schirmen) die Helligkeit schon beinahe in dem Helligkeitsgebiet liegt, wo das WEBER-FECHNERsche Gesetz gilt, demzufolge gleichen *Verhältnissen* der Reize gleiche Empfindungs-*unterschiede* entsprechen. Im allgemeinen liegt jedoch die Helligkeit der Röntgenschirme unterhalb dieses WEBER-FECHNERschen Gebietes, so daß die Kontrastempfindung noch weniger gut ist, als es dem WEBER-

---

[1] BERTHOLD, R. u. N. RIEHL: Z. VDI Bd. 76 (1932) S. 401. — RIEHL, N.: Z. Elektrochem. Bunsentagungsheft 1932 S. 76.
[2] BERTHOLD, RIEHL u. VAUPEL: Z. Metallkde. Bd. 27 (1935) S. 63.

FECHNERschen Gesetz entspricht. Die Hauptaufgabe der Röntgenschirmtechnik ist es also auch heute noch, die *Helligkeit* der Schirme noch weiter zu vergrößern. Es konnte auch durch Untersuchung von Phantomen festgestellt werden, daß die hellsten Schirme sich auch in bezug auf die Bildwiedergabe als die besten erweisen. Möglichst große

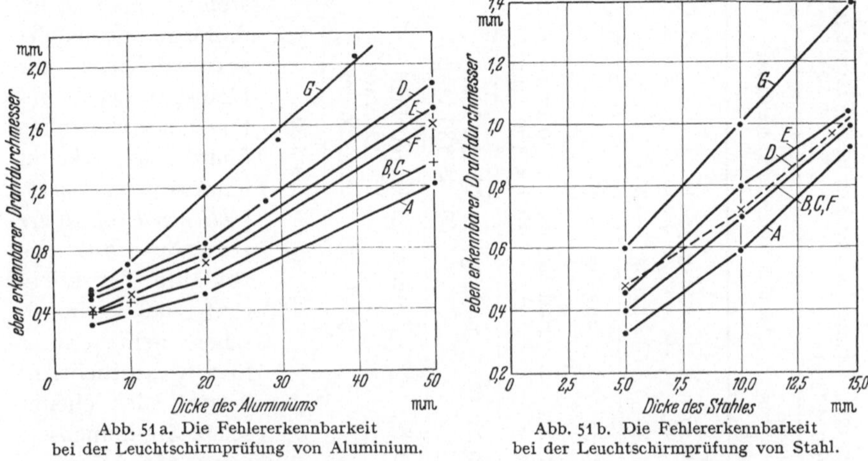

<table>
<tr><td>Abb. 51 a. Die Fehlererkennbarkeit
bei der Leuchtschirmprüfung von Aluminium.</td><td>Abb. 51 b. Die Fehlererkennbarkeit
bei der Leuchtschirmprüfung von Stahl.</td></tr>
</table>

Helligkeit ist somit nach wie vor die Hauptforderung, die man an einen Schirm zu stellen hat. — Im folgenden sollen die von BERTHOLD, RIEHL und VAUPEL gefundenen weiteren Resultate näher geschildert werden.

Entscheidend für den Wert eines Leuchtschirmes ist die bei seiner Anwendung erreichbare *Detailerkennbarkeit*. Bei der *Materialprüfung* handelt es sich entsprechend um die erreichbare *Fehlererkennbarkeit*. Da die erwähnte Untersuchung für die Zwecke der Materialprüfung ausgeführt worden ist, so soll im folgenden von der Fehlererkennbarkeit die Rede sein. Um diese zahlenmäßig zu ermitteln, wurde der kleinste, eben noch erkennbare Dickenunterschied in Abhängigkeit von der durchstrahlten Gesamtdicke an Aluminium und Stahl festgestellt. Dies geschah mit Hilfe von Drähten verschiedenen Durchmessers aus Aluminium bzw. Stahl, die von der brennflecknahen Seite der Aluminium- bzw. Stahlplatte in das Betrachtungsfeld eingeführt wurden. In Abb. 51 a und 51 b sind die hierbei erzielten Ergebnisse für die verschiedenen in Tabelle 21 zusammengestellten Durchleuchtungsschirme angegeben. Bei dem Schirm *A* handelt es sich um einen Zinkkadmium-

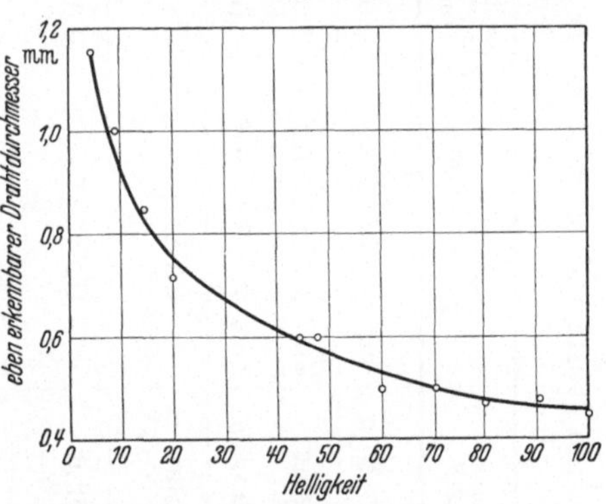

Abb. 52. Die Fehlererkennbarkeit bei der Leuchtschirmbetrachtung in Abhängigkeit von der Leuchthelligkeit.

Tabelle 21. Zusammenstellung der von BERTHOLD, RIEHL und VAUPEL untersuchten Röntgenschirme. (Nach dem Stand von 1935.)

Bezeichnung	Herstellungsjahr	Fluoreszenzfarbe	Ungefähre Zusammensetzung	Gewicht der Leuchtmasse g/cm²	Dicke der Schicht mm	Form und Größe (in μ) der Körner	Hersteller in
A	1934	*gelb*-grün	$ZnS + CdS\ (+Ag)$	0,08	0,35	kugelig; ~ 10	Deutschland
B	1934	grün	$ZnS + CdS\ (+Ag)$	0,09	0,34	kugelig; ~ 20	Deutschland
C	1934	*grün-gelb*	$ZnS + CdS\ (+Ag)$	0,09	0,35	kugelig; ~ 40	England
D	1934	blau	$CdWO_4$	0,12	0,27	nadelig; 10 bis 30 breit, 50 bis 120 lang	Deutschland
E	1934	blau	$CdWO_4$	0,08	0,23	nadelig; 10 bis 30 breit, 60 bis 180 lang	Deutschland
F	1931	blau	$CdWO_4$	0,09	0,25	nadelig; 20 bis 40 breit, 60 bis 120 lang (und viele kleine Nadeln)	U.S.A.
G	1932	dunkelgrün	$ZnSiO_4$	0,10	0,38	kugelig; 60 bis 100	Deutschland

sulfidschirm mit Silber als aktivierendem Metall, der im Jahre 1934 den *hellsten* verfügbaren Schirm darstellte. Man sieht, daß man mittels dieses Schirmes die kleinsten Dickenunterschiede feststellen konnte. Man erkennt hieraus den *maßgeblichen Einfluß der Helligkeit* auf die Bildgüte. Es sei betont, daß es inzwischen gelungen ist (ohne wesentliche Änderung der chemischen Zusammensetzung des Lumineszenzstoffes), die Helligkeit um weitere etwa 250% zu steigern, so daß man also heute noch bessere Durchleuchtungsergebnisse erzielen kann. Die Abhängigkeit der eben erkennbaren Drahtdurchmesser von der Helligkeit des Schirmes ist in Abb. 52 (nach dem Stand 1934) dargestellt.

Wenn die Fehlererkennbarkeit bei Betrachtung verschiedener Leuchtschirme *nur* durch ihre Helligkeit beeinflußt und begrenzt wäre, so müßten alle Schirme übereinstimmende

Bildgüte aufweisen, wenn man sie auf Helligkeiten bringt, die vom Auge trotz verschiedener Farbe als gleich groß empfunden werden. Es ergibt sich jedoch, daß die Schirme aus verschiedenen Lumineszenzstoffen und verschiedener Herstellungsweise auch dann nicht gleichwertig sind, wenn man sie bei gleicher Leuchthelligkeit betrachtet. Vielmehr spielt auch noch die Korngröße, die Schichtdicke und in gewissem Umfange auch die chemische Beschaffenheit des Materials eine Rolle. Von der Korngröße und Schichtdicke ist nämlich die Streuung des im Röntgenschirm erzeugten Lichtes abhängig. Von der chemischen Natur des Leuchtstoffes ist sowohl die Lichtstreuung als auch die im Röntgenschirm stets stattfindende Streuung der Röntgenstrahlen selbst abhängig[1]. Für den Kontrast des Bildes ist primär die Abhängigkeit der Helligkeit des Leuchtschirmes von der auffallenden Intensität maßgeblich. Es sei jedoch betont, daß bei allen bisher untersuchten Leuchtschirmen die Helligkeit gleichartig und genau proportional der auffallenden Röntgenintensität verläuft. Kontrastunterschiede infolge verschiedener Leuchtschirm-„Gradation" sind also nicht die Ursache der trotz gleicher Leuchthelligkeit verschiedener Bildgüte bei verschiedenen Röntgenschirmtypen. Vielmehr ist hierfür, wie schon erwähnt, das verschieden starke Streuvermögen für Licht und in geringerem Umfange auch das Streuvermögen für die Röntgenstrahlen verantwortlich.

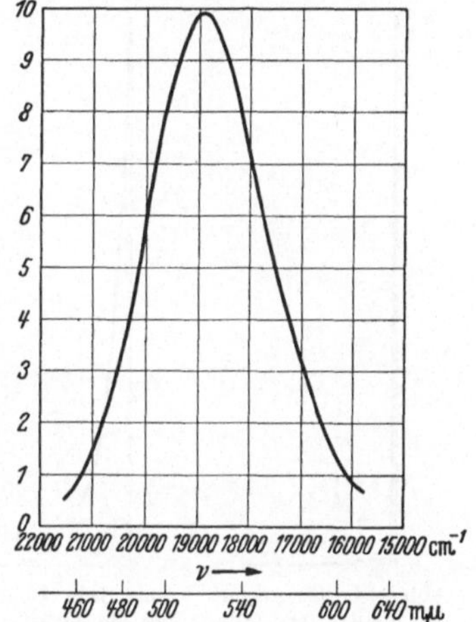

Abb. 53. Spektrale Emissionsverteilung eines modernen Röntgendurchleuchtungsschirmes (Hektophan - Schirm).

Die Farbe des Leuchtens spielt keine maßgebende Rolle für die Bildgüte[2], soweit es sich um Schirme gleicher Helligkeit handelt. Da jedoch die visuelle Helligkeit dann am größten ist, wenn bei gleicher Anzahl emittierter Lichtquanten die Wellenlänge des Lichtes dem Maximum der spektralen Augenempfindlichkeit entspricht, so verwendet man praktisch stets *grün-* oder *grüngelb* leuchtende Schirme, da man hier aus dem eben erwähnten Grund bei gleicher Röntgenintensität die höchste visuelle Helligkeit erzielt (vgl. Abb. 53).

Was das *Nachleuchten* anbelangt, so wurde früher jegliches Nachleuchten des Röntgenschirmes als unter allen Umständen schädlich

---

[1] RIEHL, N. u. K. G. ZIMMER: Fortschr. Röntgenstr. Bd. 54 (1936) Heft 4.

[2] Allerdings haben BERTHOLD, RIEHL und VAUPEL beobachtet, daß bei gleicher Schirmhelligkeit die blauleuchtenden Schirme schlechter zeichneten als die grün- oder gelbleuchtenden. Vermutlich tritt bei blauem Licht eine stärkere Streuung des Lichtes in der Schirmmasse auf, eine Erscheinung, die physikalisch verständlich wäre und auf manchen anderen Gebieten ebenfalls beobachtet worden ist.

und bildverschleiernd angesehen. Eine eingehende Untersuchung dieses Gegenstandes durch WOLF und RIEHL[1] zeigte jedoch, daß der Einfluß des Nachleuchtens auf die Bildgüte wesentlich überschätzt und vielfach von einem unrichtigen Gesichtspunkt betrachtet wurde. Die Autoren konnten zeigen, daß das Nachleuchten keinerlei beeinträchtigende Wirkung auf das Bild hat, wenn es nur einige Prozent der Betriebshelligkeit des Schirmes beträgt. Anders liegen die Verhältnisse, wenn der Übergang vom Leuchten während der Erregung zum Nachleuchten ein *allmählicher* ist, wie das z. B. bei den alten Silikatschirmen der Fall war. Hier paßt sich bei Verschiebung des Objektes das Röntgenbild nicht sofort der neuen Lage des Objektes an, weil das Leuchten nicht sofort abreißt, sondern allmählich in das Nachleuchten übergeht, so daß die Helligkeit des Nachleuchtens im allerersten Augenblick gegenüber der Helligkeit des Bildes selbst *nicht* vernachlässigt werden darf. In Abb. 54a und 54b sind die beiden Fälle graphisch dargestellt. In Abb. 54a ist der Charakter der Nachleuchtkurve der neuzeitlichen ZnCdSAg-Schirme dargestellt. Hier stellt das Nachleuchten nur einen ganz geringen Prozentsatz des Leuchtens dar. Das Nachleuchtbild hat also eine so geringe Leuchtintensität, daß es neben dem eigentlichen Durchleuchtungsbild verschwindet. Bei den älteren, jetzt nicht mehr gebräuchlichen Röntgenschirmmaterialien dagegen hatte das Nachleuchten vielfach den in Abb. 54b dargestellten Verlauf. Der Übergang vom Momentanleuchten zur Phosphoreszenz war nicht scharf sondern allmählich. Ein solches Nachleuchten war schädlich für die Bildgüte, denn bei Bewegung des Objektes wurde die Grenze hell/dunkel verwaschen und die Zeichenschärfe vermindert. — Man kann das Ergebnis dieser Untersuchung dahingehend zusammenfassen, daß man sagt: Nicht die Dauer des Nachleuchtens, sondern seine Intensität unmittelbar nach Abschaltung der Röhre ist maßgebend für die Bildgüte.

Die Steigerung der Röntgenschirmhelligkeit durch die Einführung der ZnCdSAg-Schirme brachte verschiedene wesentliche Vorteile für die Röntgentechnik mit sich. Erstens wurde es — wie bereits auseinandergesetzt — durch die Heraufsetzung der Helligkeit möglich, mehr Details im Durchleuchtungsbild zu erkennen, zweitens wurde in bestimmten Fällen, wo man bestrebt war, mit Röntgenapparaten geringerer Leistung

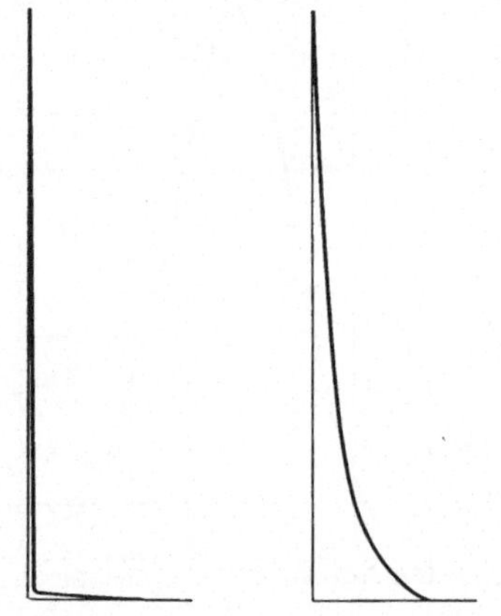

Abb. 54a. Charakter des Helligkeitsabfalls bei einem Röntgenschirm mit *unschädlichem* Nachleuchten.

Abb. 54b. Charakter des Helligkeitsabfalls bei einem Röntgenschirm mit *schädlichem* Nachleuchten.

---

[1] WOLF u. RIEHL: Z. techn. Phys. Bd. 16 (1935) S. 142.

auszukommen, die Möglichkeit gegeben, trotz geringerer Röntgenintensität brauchbare Durchleuchtungsbilder zu erhalten. In bestimmten Fällen benutzte man auch die höhere Empfindlichkeit der Röntgenschirme dazu, die Röntgenintensität bei der Durchleuchtung zu vermindern, um die Patienten vor unnötig großer Röntgendosis zu schützen. Die neuen hellen ZnCdSAg-Durchleuchtungsschirme haben ferner auch die schon lange angestrebte Realisierung einer *Röntgenkinematographie* ermöglicht. Für kinematographische Aufnahmen waren die früheren Röntgenschirme viel zu lichtschwach. Erst mittels der neuen ZnSAg- bzw. ZnCdSAg-Schirme ist es möglich geworden, so große Helligkeiten zu erreichen, daß man das Röntgendurchleuchtungsbild kinematographisch photographieren kann.

Von großer praktischer Bedeutung sind die neuen hellen Röntgenschirme auch noch insofern, als man bei Reihenuntersuchungen, beispielsweise bei Musterungen, die teure Röntgenaufnahme dadurch ersetzen kann, daß man das auf dem Röntgenschirm erscheinende Durchleuchtungsbild mit einer Kleinbildkamera photographiert[1]. Das Röntgenbild wird dadurch aktenmäßig festgehalten. Der Verbrauch an Photomaterial stellt aber nur einen verschwindenden Bruchteil der Menge dar, die man bei Herstellung einer normalen Röntgenaufnahme benötigt. Selbstverständlich ist hierbei die Bildgüte der einer auf normalem Wege hergestellten Röntgenaufnahme nicht gleichwertig.

4. Röntgenverstärkerfolien.

Verstärkerfolien sind Schichten (Schirme) aus Lumineszenzstoff, die bei Röntgenaufnahmen zwecks Verkürzung der Expositionszeit auf den Röntgenfilm aufgelegt werden. Da man heute ausschließlich mit doppelseitig begossenen Filmen arbeitet, so wird meist eine sog. Folienkombination verwendet, d. h. also zwei Folien, von denen die eine auf die Vorder- die andere auf die Rückseite des Filmes aufgelegt wird. Die der Röntgenröhre zugekehrte sog. Vorderfolie ist gewöhnlich dünner gehalten und enthält weniger Fluoreszenzmaterial, damit die sie durchdringenden Röntgenstrahlen keine unnötig große Absorption innerhalb der Folie erleiden. Als Fluoreszenzmaterial für die Folie wird heute fast ausschließlich Kalziumwolframat verwendet. Zinksulfid-(ZnSAg)-Folien werden nur in besonderen Fällen verwendet (vgl. weiter unten).

---

[1] JANKER, R.: Die Photographie des Leuchtschirmbildes: eine Methode der Röntgenreihenuntersuchung. Leipzig 1938. — FRANKE, H.: Leuchtschirmbildphotographie. Angew. Chem. Bd. 52 (1939) S. 192 Nr. 9. — Röntgenschirmphotographie. Photogr. Rdsch. u. Mitt. Bd. 67 (1930) S. 330, 336.

Die röntgentechnisch wesentlichen Merkmale einer Folie sind:

1. Der Verstärkerfaktor, d. h. der Faktor, um den die Exposition gegenüber einer Aufnahme ohne Folie verkürzt wird.

2. Die Zeichenschärfe.

Während die Ermittlung des Verstärkerfaktors leicht durchgeführt werden kann, ist die exakte Definition und Bestimmung der Zeichenschärfe mit beträchtlichen Schwierigkeiten verbunden. Es sind daher im Laufe der letzten Jahre verschiedene Definitionen und auch verschiedene Methoden zur Bestimmung der Zeichenschärfe vorgeschlagen worden.

Eine mit einer Verstärkerfolie gemachte Röntgenaufnahme zeigt stets eine schlechtere Zeichenschärfe als eine Aufnahme ohne Folie. Da es aber andererseits in der Praxis nur in Ausnahmefällen möglich ist, auf die expositionsverkürzende Wirkung der Folie zu verzichten, und ohne Folie zu arbeiten, so besteht das Hauptproblem der heutigen Verstärkerfolientechnik in der Erreichung einer Zeichenschärfe, die sich möglich wenig von der einer folienlosen Aufnahme unterscheidet. Zur Erreichung dieses Zieles können verschiedene Maßnahmen bei der Herstellung der Folie getroffen werden. Die Zeichenschärfe wird z. B. besser, wenn man das Kalziumwolframat möglichst feinkörnig macht. Sie wird auch durch die Verringerung der Schichtdicke des Wolframats verbessert. Sie kann ferner auch dadurch gesteigert werden, daß die innerhalb der Folie gestreute, schärfevermindernd wirkende Lichtstrahlung geschwächt wird (etwa durch Einfärben der Schicht mit einem Farbstoff). All die erwähnten und auch die sonstigen Maßnahmen zur Verbesserung der Zeichenschärfe in der Folie bewirken jedoch gleichzeitig auch eine Verminderung des Verstärkerfaktors, so daß man bei der Herstellung einer technisch brauchbaren Verstärkerfolie stets ein Kompromiß zwischen den beiden Forderungen (guter Verstärkerfaktor einerseits und gute Zeichenschärfe andererseits) schließen muß. Eine Folie optimaler Eigenschaften muß also eine möglichst gute Zeichenschärfe bei einem möglichst wenig verringerten Verstärkerfaktor aufweisen. Will man dieses Ziel erreichen, so muß man ein Mittel in der Hand haben, das Maß der Zeichenschärfe bei jeder Versuchsfolie in genauer und einfacher Weise feststellen zu können. Daran liegt es, daß für die Auffindung eines sicheren Verfahrens zur Bestimmung der Zeichenschärfe in den letzten Jahren viel Mühe verwendet worden ist. Eine gewöhnliche visuelle Betrachtung der erhaltenen Röntgenaufnahme genügt zur Feststellung der Schärfe in den meisten Fällen nicht. Auch Testaufnahmen führen nicht immer und nicht ohne weiteres zum Ziele, besonders deswegen nicht, weil es recht schwierig ist, Teste bzw. Phantome zu konstruieren, die den Forderungen der Röntgendiagnostik bei der Durchstrahlung von Organteilen entsprechen. Ein bestimmtes Phantom würde sich auch nur als Test für eine bestimmte Art von diagnostischen Aufnahmen, beispielsweise nur für Lungenaufnahmen oder nur für Knochenaufnahmen eignen. Worauf es ankommt, ist aber, eine Methode zu besitzen, die Zeichenschärfe schlechthin — unabhängig von dem auf-zunehmenden Objekt — zu ermitteln[1].

Wie erwähnt, bietet ein subjektiver, visueller Vergleich zweier Röntgenaufnahmen bezüglich ihrer Zeichenschärfe besondere Schwierigkeiten. Diese Schwierigkeiten können bis zu einem gewissen Grade durch ein von VOGLER[2] vorgeschlagenes Verfahren beseitigt werden. Das Verfahren beruht darauf, daß die eine der zu vergleichenden Aufnahmen durch einen Mechanismus schnell an die Stelle der anderen gebracht werden kann. Der Beobachter ist also nicht gezwungen, das Auge von einem Bild zum anderen zu bewegen, sondern er kann ein und dieselbe Stelle bei beiden Aufnahmen ohne jede Bewegung des Auges betrachten, was eine sehr feine Differenzierbarkeit der Bildschärfe wie der Bildqualität überhaupt ermöglicht. RIEHL und ZIMMER haben eine weitere Vervollkommnung des VOGLERschen „Bildvergleiches" vorgeschlagen[3], indem sie die mechanische Auswechslung der Bilder gegeneinander durch eine optische ersetzen. Die beiden zu vergleichenden Bilder werden an der gleichen Stelle einer opalüberfangenden Glasscheibe abgebildet, wobei man wahlweise das eine oder andere Bild einschalten kann, so daß man in praktisch trägheitsfreier Weise einmal das eine und einmal das andere Bild vor Augen hat. Selbstverständlich müssen bei derartigen Bildvergleichen sich die Bilder nur durch die Zeichenschärfe, nicht aber durch das aufgenommene Objekt unterscheiden.

Wie bereits angedeutet, sind als Testobjekte zur Prüfung der Zeichenschärfe von Folien verschiedene Gegenstände (Phantome) vorgeschlagen worden. J. EGGERT verwendete beispielsweise ein Gewirr von Wolframdrähten als Test für die Aufnahme. Ferner wurden auch rein objektive Methoden zur Messung der Zeichenschärfe verwendet, die darin bestanden, die Steilheit der Schwärzung am Rand des Röntgenbildes einer Metallplatte mikrophotometrisch aufzunehmen. Dieses an sich völlig objektive

---

[1] Im folgenden seien einige sich auf diesen Gegenstand beziehenden Untersuchungen angeführt: EGGERT, J.: Gegenwärtiger Stand der photographischen Technik bei der Lichtstromaufzeichnung. Z. techn. Phys. Bd. 12 (1931) S. 639. — HARTMANN, J. H.: Verstärkerfolien, ihre Beurteilung und Eigenschaften. Fortschr. Röntgenstr. Bd. 43 (1931) S. 758. — KECK, P. H.: Streulichtmessungen an lichtelektrischen Mikrophotometern. Zeiß-Nachr. 1936 Heft 10 S. 24. — KÜSTER, A.: Über Körnigkeit und Auflösungsvermögen photographischer Schichten. Veröff. wiss. Zentrallab. photogr. Abt. Agfa. Bd. 3 (1933) S. 93. — LEHNER, J.: Die Herstellung eines einfachen lichtelektrischen Mikrophotometers. Fortschr. Röntgenstr. Bd. 50 (1934) S. 170. — WIEST, P.: Über eine quantitative Methode zur Bestimmung der Zeichenschärfe von Verstärkerfolien. Z. techn. Phys. Bd. 16 (1935) S. 53. — WÜRSTLIN, K.: Mikrophotometrische Erfassung der Zeichenschärfe von Verstärkungsfolien. Fortschr. Röntgenstr. Bd. 54 (1936) S. 519. (Eingegangen am 31. März 1937.)

[2] VOGLER: Fortschr. Röntgenstr. Bd. 54 (1936) Kongr.-H.

[3] RIEHL u. ZIMMER: Fortschr. Röntgenstr. Bd. 55 (1937) H. 4.

Verfahren hat jedoch den Nachteil einer großen Umständlichkeit in seiner praktischen Durchführung. SPIEGLER und RUDINGER[1] haben gezeigt, daß die Steilheit des Schwärzungsabfalles ein nur wenig empfindliches Kriterium für die Zeichenschärfe darstellt. Sie zeigten, daß es richtiger ist, als Maß für die Zeichenschärfe einer Folie den sog. Schärfeindex zu wählen, der folgendermaßen definiert ist: Nimmt man einen engen Spalt mit Röntgenstrahlen auf, so verläuft bei einer ohne Folie hergestellten Aufnahme die Schwärzung auf dem Film gemäß Kurve r in Abb. 55, d. h. man bekommt eine ganz scharfe Abbildung und eine scharf begrenzte rechteckige Schwärzungskurve. Bei Verwendung von Verstärkerfolien hat die Schwärzungskurve des erhaltenen Röntgenbildes einen flacheren, verwaschenen Verlauf nach Art der Kurve f in Abb. 55. Das Verhältnis $J_s : J_{max}$ hängt von der Zeichenschärfe der Folie ab und stellt ein sehr empfindliches, leicht bestimmbares Maß der Zeichenschärfe dar.

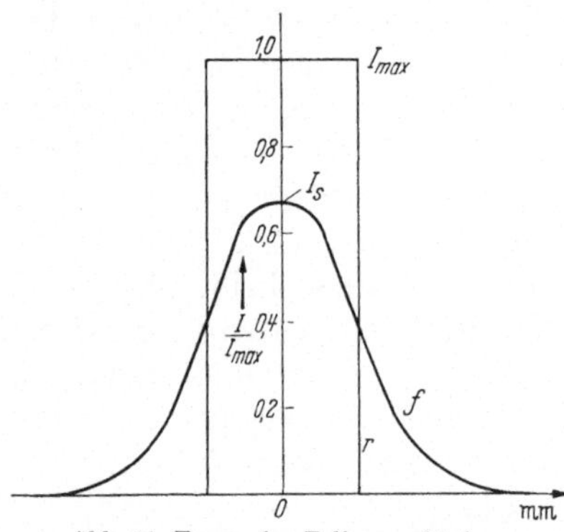

Abb. 55. Typus der Folienunschärfe. f Verlaufskurve für Spaltaufnahmen mit Verstärkungsfolie; r für reine Röntgenstrahlung; J_{max} Intensität in den Ausnehmungen des Testobjektes; J_s größte Intensität im Spaltbereich. (Nach SPIEGLER u. RUDINGER.)

Auf dieser grundsätzlichen Überlegung gründeten JURIS und RUDINGER[2] ein sehr zweckmäßiges, empfindliches und in der Durchführung einfaches Verfahren zur Prüfung der Folienzeichenschärfe. Sie gehen von folgender Grundvorstellung aus: Wenn man einen rechteckigen Bleistab von beispielsweise $^1/_4$ mm Breite und 1 mm Höhe mit Röntgenstrahlen mittlerer Härte, bei der praktisch keine Strahlung durch den Stab hindurchgeht, aus größerem Fokus-Filmabstand (zur Vermeidung der Fokusunschärfe) auf einen anliegenden Film ohne Verwendung von Verstärkungsfolien abbildet, dann erhält man bei mikrophotometrischer Ausmessung des Schwärzungsverlaufes der Aufnahme die Figur in Abb. 55a (schematisch). Man sieht in der Stabumgebung die Maximalschwärzung S_{max} und den scharfen Abfall dieser Schwärzung gegen die Schleierschwärzung S_0 im Stabschatten. Die Schwärzung im Stabschatten entspricht somit der Strahlenintensität Null. Benutzt man aber bei der Aufnahme Verstärkungsfolien und photometriert man eine solche Aufnahme, so erhält man die in Abb. 55b schematisch dargestellte ausgezogene Kurve. Die Maximalschwärzung S_{max} beginnt schon vor der Stabkante abzufallen und sinkt im Stabschatten nicht mehr auf die Schleierschwärzung S_0, sondern — infolge der Folienunschärfe — auf den höheren Schwärzungs-

[1] SPIEGLER u. RUDINGER: Z. techn. Phys. Bd. 18 (1937) S. 164.
[2] JURIS u. RUDINGER: Fortschr. Röntgenstr. Bd. 56 (1937) S. 548, Bd. 57 (1938) S. 642.

wert S_z. Es gelangt also Folienlicht in den Stabschatten. An jeder Stabkante wird also etwa der in Abb. 55b gestrichelt dargestellte (S-förmige) Schwärzungsverlauf herrschen. Die Zusammensetzung der beiden Kurven liefert die ausgezogene Kurve[1]. Die Größe der Stabschattenschwärzung S_z ist ein Maß der Folienschärfe; je größer sie bei gleicher Maximalschwärzung S_{max} ausfällt, um so schlechter die Folienschärfe. Um die Bestimmung der Folienschärfe von der Schwärzungskurve des verwendeten Filmes unabhängig zu machen, wird dieses Schwärzungsverhältnis $\dfrac{S_z}{S_{max}}$ mit Hilfe einer auf dem gleichen Film mit der Folie aufgenommenen Schwärzungstreppe, die gleichzeitig mit den anderen Aufnahmen verarbeitet wird, in ein Verhältnis der *Strahlungsmengen* umgesetzt. Dieses Verhältnis der Strahlungsmengen ist ein vom Film unabhängiges Maß der Unschärfe.

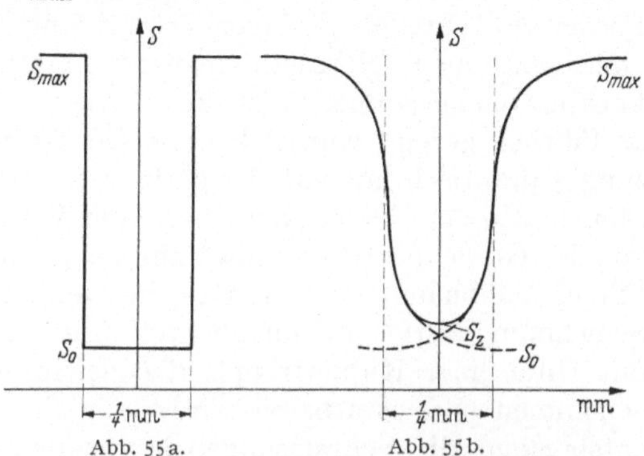

Abb. 55a. Abb. 55b.

Abb. 55a. Schwärzungsverlauf an einer Stabaufnahme für Röntgenstrahlung ohne Verstärkungsfolie (schematisch). S_{max} Maximalschwärzung. S_0 Schleierschwärzung.

Abb. 55b. Schwärzungsverlauf an einer Stabaufnahme bei Verwendung von Verstärkungsfolien (schematisch). S_{max} Maximalschwärzung. S_0 Schleierschwärzung. S_z Zwischenraumschwärzung. (Nach JURIS u. RUDINGER.)

Die Methode wird praktisch in folgender Weise gehandhabt: Auf einem Röntgenfilm wird unter Verwendung der zu untersuchenden Folien eine Aufnahme eines 1 mm dicken Bleiplättchens hergestellt, das auf einer Fläche von etwa 2 cm² rund 500 regelmäßig verteilte Löcher enthält; der Lochdurchmesser beträgt 0,45 mm, der Abstand der Lochmittelpunkte 0,63 mm. Abb. 56 zeigt Aufnahmen dieser Lochplatte

a) ohne Folien,

b) mit einer scharf zeichnenden Folie,

c) mit einer hochverstärkenden, aber weniger scharf zeichnenden Folie.

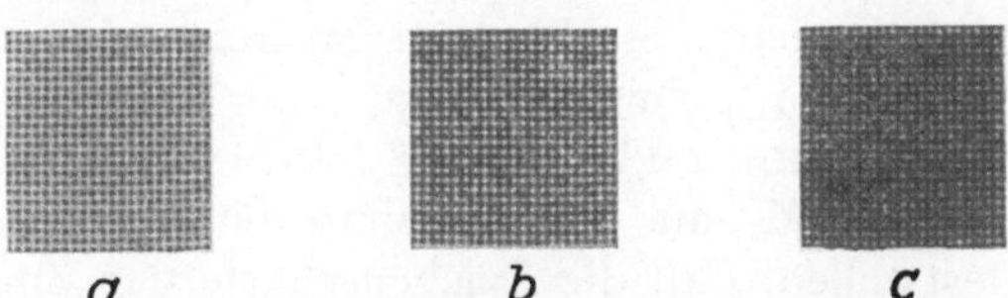

Abb. 56. Aufnahmen der Lochplatte (wahre Größe). a ohne Folien, b mit scharf zeichnenden Folien, c mit hochverstärkenden Folien. (Nach JURIS u. RUDINGER.)

Da das für die Herstellung der Lochplatte verwendete Bleiblech für die benutzte Röntgenstrahlung undurchlässig ist, ist auf der Aufnahme ohne Verstärkerfolie (Abb. 56a) in den Lochzwischenräumen — also im Bleischatten — keine Bildschwärzung vorhanden. Bei Verwendung von

---

[1] Es sei daran erinnert, daß Schwärzungswerte über die Gradationskurve zusammengesetzt werden müssen.

Verstärkerfolien gelangt jedoch infolge der Folienunschärfe an Filmstellen, die sich im Bleischatten befinden, je nach der Unschärfe der Folie mehr oder weniger Folienlicht. An diesen Stellen entsteht also eine Schwärzung, und zwar eine um so größere Schwärzung, je größer die Unschärfe der Folie (Abb. 56b und 56c). Eine solche Lochplattenaufnahme enthält also Stellen großer Schwärzung — Abbildung der Löcher und Stellen geringer Schwärzung — entsprechend den Lochzwischenräumen. Bestimmt man die Lichtdurchlässigkeit der gesamten Lochplattenaufnahme, so ist dieser Wert (wie in der angeführten Arbeit ausführlich gezeigt wurde) bei gleicher Grundschwärzung („Luftschwärzung") praktisch nur von der geringeren Schwärzung der Lochzwischenräume, also von der Zeichenschärfe der Verstärkungsfolie abhängig. Um von der Größe der Grundschwärzung und der Gradation des verwendeten Filmes Unabhängigkeit zu erlangen, werden die Schwärzungen über die Schwärzungskurve in Folienlichtintensitäten umgesetzt. Dies geschieht mit Hilfe einer Kupfertreppe, die gleichzeitig mit der Lochplatte aufgenommen und verarbeitet wird. Für eine bestimmte Strahlenqualität entsprechen die Schwärzungen hinter den einzelnen Kupferstufen bestimmten Intensitäten. Die der Schwärzung der Lochzwischenräume entsprechende Intensität in Prozenten der der Grundschwärzung entsprechenden Intensität stellt das Unschärfemaß dar[1].

Während die allermeisten gebräuchlichen Verstärkerfolien aus Kalziumwolframat bestehen, wurden in den letzten Jahren auch Folien aus fluoreszierendem Zinksulfid (ZnSAg) entwickelt[2]. Bei einer weichen Röntgenstrahlung (40 kVS) geben die Zinksulfidfolien einen Verstärkerfaktor, der 2,2mal größer ist als der einer lichtstarken Wolframatfolie. Bei 85 kVS ist der Verstärkerfaktor der Zinksulfidfolienkombination 2mal größer als der der Wolframatfolien. Bei extrem harter (stark vorgefilterter) Strahlung, wie sie etwa bei der Materialprüfung vorkommt, bieten die Zinksulfidfolien wegen ihrer geringen Absorptionsfähigkeit für derartig harte Strahlungen gar keinen Vorteil gegenüber den Wolframatfolien. Ja, sie weisen sogar zum Teil einen geringeren Verstärkerfaktor auf. RIEHL und ZIMMER[3] haben die Zinksulfidfolien eingehend untersucht und mit den Kalziumwolframatfolien verglichen. Sie konnten feststellen, daß die Zeichenschärfe der Zinksulfidfolien stets wesentlich schlechter ist als bei Wolframatfolien, und zwar auch dann, wenn die Zinksulfidfolie ein extrem feines Korn hat. Als Ursache für die vergrößerte Unschärfe bei Zinksulfidfolien konnten RIEHL und ZIMMER die erhöhte

---

  [1] Über das Zusammenspiel der Unschärfe einer Folie, ihres Verstärkerfaktors und der damit zusammenhängenden geometrischen Bedingungen der Röntgenaufnahme vgl. auch BOUWERS u. OOSTERKAMP: Fortschr. Röntgenstr. Bd. 54 (1936) Heft 1.

  [2] LEVY, L. u. D. W. WEST: Brit. J. of Radiol. (N. S.) Bd. 7 (1934) S. 344. — RIEHL, N. u. K. G. ZIMMER: Fortschr. Röntgenstr. Bd. 55 (1937) Heft 4.

  [3] RIEHL, N. u. ZIMMER: l. c.

Streuung der Röntgenstrahlen in der Zinksulfidschicht feststellen (infolge der geringen Atomgewichte von Zink und Schwefel).

Ebenso wie bei Röntgenaufnahmen werden die Verstärkerfolien auch bei Materialprüfaufnahmen mittels γ-Strahlen verwendet. Die Verstärkerfaktoren liegen hier besonders hoch. So wird z. B. bei Verwendung von Verstärkerfolien und Agfa-Spezialfilm die Belichtungszeit auf $^1/_{35}$ der Zeit herabgesetzt, deren man beim Arbeiten ohne Verstärkerfolien bedarf[1].

5. Fluoreszenzverfahren
zur Betrachtung von Film- und Plattenaufnahmen.

Röntgenfilmaufnahmen und sonstige durchsichtige Film- und Plattenaufnahmen wurden bis heute fast ausschließlich in Durchsicht betrachtet. Bei dieser Betrachtungsweise durchsetzt das Licht die geschwärzte Emulsionsschicht nur einmal. Es wäre an sich denkbar, die Filme in Aufsicht zu betrachten, d. h. derart, daß man das Licht veranlaßt, zweimal die geschwärzte Schicht zu passieren, indem man den Film auf eine weiße Unterlage legt und von oben her mit Licht anstrahlt. Man könnte von diesem Betrachtungsverfahren infolge der Verdoppelung des Lichtweges in der geschwärzten Schicht eine Steigerung der Kontraste erwarten. Diese Kontraststeigerung tritt jedoch nicht in vollem Umfange ein, und zwar deswegen nicht, weil der Film kein glasklares Schwarz-weißbild darstellt, sondern stets eine gewisse Trübung aufweist und daher das auffallende Licht zum Teil streut und reflektiert. Durch das rück-gestreute Licht werden die tiefer geschwärzten Stellen des Filmes auf-gehellt, worunter der Kontrast leidet. Aus diesem Grunde hat sich die Betrachtung der Filme in Aufsicht nicht bewährt. — Ganz anders liegen die Verhältnisse, wenn man das Röntgenfilmband auf eine fluoreszierende Unterlage auflegt und von oben her ultraviolettes Licht auffallen läßt[2]. Hierbei durchdringen die Lichtstrahlen den Film ebenfalls zweimal. Auf dem Hinweg zur Fluoreszenzfolie ist es das ultraviolette Licht, das den Film durchdringen muß und dabei nach Maßgabe der Filmschwärzung geschwächt wird. Auf dem Rückweg ist es das sichtbare Fluoreszenzlicht. Hier spielt jedoch die Rückstreuung des auffallenden Lichtes keine nach-teilige Rolle mehr; das einfallende ultraviolette Licht wird zwar auch zum Teil gestreut und reflektiert, doch werden hierdurch die dunkleren Partien nicht aufgehellt, also auch der Kontrast nicht verschlechtert, da ja das ultraviolette Licht unsichtbar ist. Wir wollen nunmehr unter-suchen, welche Vorteile die Verdoppelung des Lichtweges innerhalb der geschwärzten Schicht mit sich bringt.

---

[1] BERTHOLD, R. u. N. RIEHL: Z. VDI 1932 Heft 17.

[2] BERTHOLD, R. u. N. RIEHL: Fortschr. Röntgenstr. Bd. 54 (1936) S. 391. — LEWIN, H.: Acta Radiologica Bd 17 (1936) S. 551. — WOLF, P. M. u. N. RIEHL: Z. techn. Phys. Bd. 18 (1937) S. 89.

Die Schwärzung S eines Filmes ist definiert als

$$S = \log \frac{I_0}{I_1} \tag{1}$$

wo I_0 die auf den Film auffallende Lichtmenge, I_1 die von ihm durchgelassene Lichtmenge ist. Diese Definition bezieht sich auf die bisher geübte Betrachtung in Durchsicht. Wie ändern sich nun die Verhältnisse, wenn man von der Betrachtung in Durchsicht zu dem neuen Betrachtungsverfahren mittels der Fluoreszenzmethode übergeht? Der Lichtstrahl muß zweimal die geschwärzte Schicht passieren, auf dem Hinweg in Form von ultraviolettem Licht, auf dem Rückweg in Form von sichtbarem Licht. Der Schwächungskoeffizient ist für ultraviolettes und für sichtbares Licht der gleiche. Die Verhältnisse sind also leicht zu übersehen. Wird etwa auf dem Hinweg die Lichtmenge auf ein Zehntel geschwächt, so erfährt sie auf dem Rückweg eine weitere Schwächung auf ein Zehntel, d. h. insgesamt wird die ursprüngliche Lichtintensität auf ein Hundertstel geschwächt. Aus diesem Beispiel ist sofort zu ersehen, daß im Falle der Fluoreszenzmethode das Verhältnis

$$\frac{\text{Auffallende Lichtmenge}}{\text{Austretende Lichtmenge}} \left(\frac{I_0}{I_f} \right)$$

gleich dem Quadrat von I_0/I_1 ist. Also

$$\frac{I_0}{I_f} = \left(\frac{I_0}{I_1} \right)^2. \tag{2}$$

Bleibt man also bei der Definition der Schwärzung als Logarithmus des Verhältnisses von auffallender zu austretender Lichtmenge, so erhält man bei der Fluoreszenzmethode für die Schwärzung einen Zahlenwert S_f, der gleich ist

$$S_f = \log \frac{I_0}{I_f} \tag{3}$$

oder nach Gleichung (2)

$$S_f = \log \left(\frac{I_0}{I_1} \right)^2$$

oder

$$S_f = 2 \cdot \log \frac{I_0}{I_1}$$

oder nach Gleichung (1)

$$S_f = 2 \cdot S,$$

d. h. die Schwärzungen (= Logarithmen des Verhältnisses von auffallender zu austretender Lichtmenge) erfahren durch die neue Betrachtungsmethode eine Verdoppelung[1].

---

[1] Man kann sich fragen, ob es statthaft ist, von einer Verdoppelung der Schwärzungen zu sprechen, wo doch an dem Film als solchem nichts geändert worden ist, sondern lediglich die Betrachtungsmethode eine Änderung erfahren hat. Definiert man, wie bisher üblich, die Schwärzung als Logarithmus des Verhältnisses von auffallender zu austretender Lichtmenge,

Nun weiß man aber, daß der subjektiv empfundene Schwärzungsunterschied, der sog. Kontrast, der Differenz der Schwärzungen entspricht. Da die Schwärzungen bei der neuen Betrachtungsmethode eine Verdoppelung erfahren haben, so müssen auch die Differenzen dieser Schwärzungen sich verdoppeln. Da aber der Kontrast proportional der Schwärzungsdifferenz ist, so wird also auch der Kontrast verdoppelt.

Die oben abgeleiteten Beziehungen wurden experimentell geprüft, und es konnte festgestellt werden, daß tatsächlich eine Kontrastverdoppelung auftritt. Die Gradationskurve hat also bei Anwendung der Fluoreszenz-Betrachtungsmethode einen steileren Verlauf. Die entsprechende Gradationskurve ist aus der normalen sehr einfach zu konstruieren, indem man in der normalen Gradationskurve alle Ordinaten (= Schwärzungen) verdoppelt (vgl. Abb. 57).

Das Verfahren bietet beträchtlichen Vorteil sowohl bei Betrachtung von Röntgenaufnahmen aus der Röntgendiagnostik und der Werkstoffprüftechnik, als auch bei spektroskopischen Aufnahmen, sowie Mikro-, Schliff- und allen sonstigen Aufnahmen wissenschaftlich-technischer Art.

Da das Verfahren effektiv eine Verdoppelung der Schwärzung des Films mit sich bringt, so erlaubt es auch vielfach, die Expositionszeit herabzusetzen, soweit dies zur Schonung der Apparatur oder zur

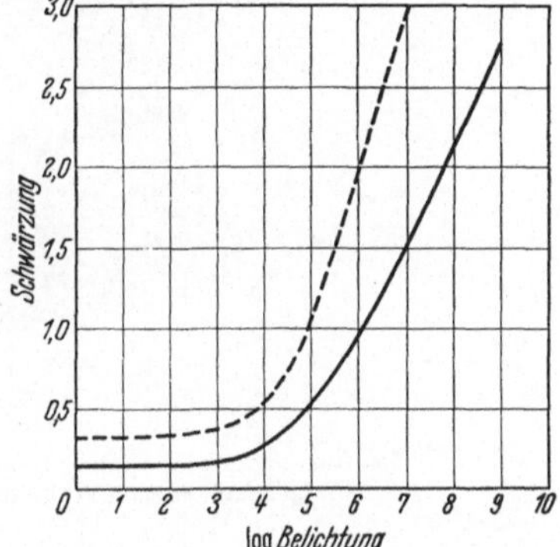

Abb. 57. Gradationskurve bei normaler Betrachtung in Durchschsicht (untere Kurve) und bei der Betrachtung nach dem Fluoreszenzverfahren (obere Kurve). (Nach BERTHOLD u. RIEHL.)

Ersparnis an Zeit erforderlich ist. Bei medizinischen Aufnahmen ist es entsprechend möglich, eine größere Schonung des Patienten zu erreichen, was beispielsweise bei Schwangerschaftsaufnahmen von Bedeutung sein dürfte. Im allgemeinen führte bisher das neue Verfahren nicht zur Abänderung der Aufnahmetechnik, sondern wurde unter Beibehaltung der üblichen Expositionszeiten dazu benutzt, um die weniger durchexponierten Teile der Aufnahmen kontrastreicher sehen zu können.

Das Fluoreszenz-Betrachtungsverfahren eignet sich nur für nicht allzu stark geschwärzte Bilder oder Bildteile (Schwärzungen bis 0,5 oder allerhöchstens 1,0). Denn bei großen Schwärzungen bringt der doppelte Durchgang der Licht- bzw. Ultraviolettstrahlen durch die Platte (oder

---

so ist diese Ausdrucksweise ohne weiteres statthaft. Der Zahlenwert der Schwärzung ist eben abhängig von der Betrachtungsmethode. — Man gelangt übrigens zu denselben zahlenmäßigen Ergebnissen, wenn man sagt, daß durch das neue Betrachtungsverfahren der normale Doppelröntgenfilm die Eigenschaften eines Vierfachfilms annimmt. Doch auch hier muß man von einer Verdoppelung der Schwärzung sprechen, denn die Schwärzung eines Vierfachfilms ist tatsächlich doppelt so groß, wie die eines Doppelfilmes gleicher Belichtungsgröße.

Film) eine so große Schwächung der Helligkeit, daß das Bild zu dunkel wird und die Vorteile des Verfahrens wieder in Fortfall kommen.

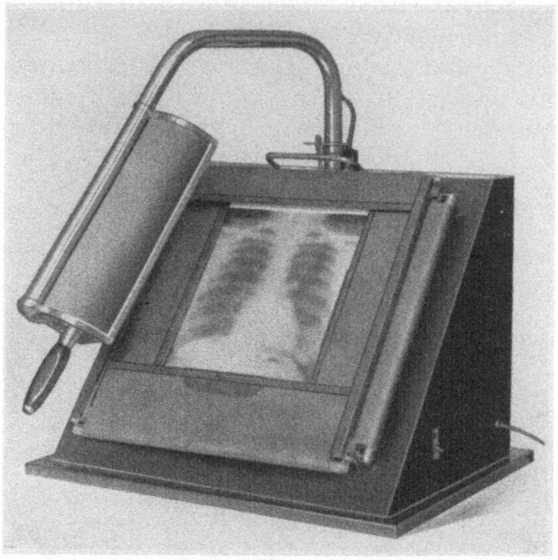

Abb. 58. Auf dem Lumineszenzverfahren beruhendes Gerät zur Betrachtung diagnostischer Röntgenaufnahmen. Vorn (schwenkbar angebracht) die Ultraviolettlampe.

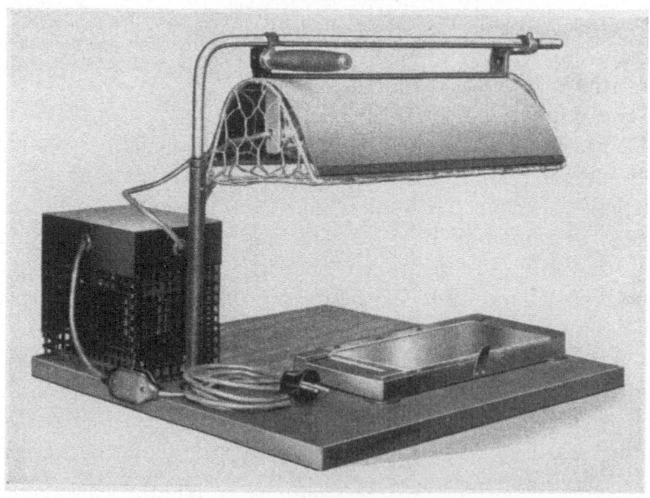

Abb. 59. Auf dem Lumineszenzprinzip beruhendes Gerät zur Betrachtung von Materialuntersuchungsaufnahmen (Schweißnahtaufnahmen u. dgl.).

Von besonderem Vorteil ist das Verfahren für Aufnahmen, die mittels γ-Strahlen gewonnen werden. Die γ-Strahlenmethode[1] hat in den letzten

---

[1] BERTHOLD, R. u. N. RIEHL: Z. VDI Bd. 76 (1932) S. 401.

Jahren in der Materialprüfung eine sehr bedeutende Stelle eingenommen, doch liegt es bekanntlich im Wesen dieser Methode, daß infolge der großen Härte der γ-Strahlen die erhaltenen Aufnahmen stets einen geringen Kontrast aufweisen. Mittels des neuen Betrachtungsverfahrens ist es daher möglich, den Wert der γ-Strahlenaufnahmen sehr beträchtlich zu erhöhen.

Die Apparate zur Film- oder Plattenbetrachtung nach dem Lumineszenzverfahren werden in verschiedener Ausführung gebaut, je nachdem, ob es sich um große röntgendiagnostische Aufnahmen (Abb. 58) oder um kleine Bilder aus der Laboratoriumspraxis (Abb. 59) handelt. Sehr wesentlich ist es bei Anwendung des Lumineszenzverfahrens, darauf zu achten, daß der zu betrachtende Film möglichst dicht auf dem Fluoreszenzschirm aufliegt, da sonst eine Verschlechterung der Zeichenschärfe eintritt. Dies wird dadurch erreicht, daß der zu betrachtende Film mit einer Glasplatte überdeckt und mittels dieser auf den Fluoreszenzschirm stark aufgedrückt wird. Da es sich hier um *langwelliges* Ultraviolett von etwa 365 mμ Wellenlänge handelt, so tritt durch das Vorschalten der Glasplatte keinerlei Schwächung der Leuchtintensität auf. Als Ultraviolettstrahlenquelle dienen die üblichen für Analysenzwecke und für Erregung der Lumineszenzstoffe gebräuchlichen Blau- bzw. Schwarzglaslampen.

6. Leuchtstofflichtquellen.

Bekanntlich geben die in der Lichtwerbung vielfach verwendeten Hg- und Neonleuchtröhren farbiges Licht. Auch die im letzten Jahrzehnt entwickelten Gas- bzw. Dampfentladungenslampen geben farbiges oder — infolge ungenügender Auffüllung des Spektrums — nur angenähert physiologisch weißes Licht, so daß ihre Verwendung für Beleuchtungszwecke trotz der guten Lichtausbeute (35 bis 70 Lumen pro Watt) mit Schwierigkeiten verbunden ist. Da sowohl Leuchtröhren als auch Dampflampen eine energiereiche Emission im Ultraviolett besitzen, so liegt es nahe, das Spektrum derartiger Lichtquellen dadurch nach weiß hin auszufüllen, daß man das Ultraviolett durch Lumineszenzstoffe (in der Lichttechnik meist „Leuchtstoffe" genannt) in sichtbares Licht der gewünschten Wellenlänge umwandelt. Die Untersuchungen von RIEHL haben gezeigt, daß die Umwandlung des Ultraviolett in sichtbares Licht bei manchen Leuchtstoffen (z. B. beim ZnS) mit einem erstaunlich hohen Wirkungsgrad vor sich geht, so daß die Quantenausbeute beim Lumineszenzvorgang 50 bis 100% betragen kann[1]. Andere Forscher (RÜTTENAUER u. a.) stellten fest, daß diese günstigen Wirkungsgrade auch bei den Leuchtstoffen der Silikatgruppe auftreten. Heute werden für die Verbesserung der Dampfentladungslampen und der Leuchtröhren Leuchtstoffe sowohl der Sulfidgruppe als auch der Silikat-, Wolframat-, Borat-

---

[1] Vgl. hierzu auch die eingehende Untersuchung von A. DRESLER: Licht Bd. 3 (1933) S. 185.

und Phosphatgruppe verwendet. Wie im nächsten Kapitel gezeigt wird, kann man mittels der Leuchtstoffe bei der Quecksilberhochdrucklampe einen Rotgehalt erzielen, der 40% des Rotgehaltes des Tageslichtes beträgt, und zwar unter Aufrechterhaltung der günstigen Lichtausbeute derselben. Noch vielfältiger und in vielerlei Hinsicht interessanter sind die Fortschritte, die bei den Hg-Niederdruck- und Neonröhren erzielt worden sind. Bei den Hg-Niederdruck-Röhren ist der Anteil der Ultraviolettstrahlung an der Gesamtemission viel größer als bei der Hg-Hochdrucklampe (vgl. Abb. 10 auf S. 16). Dementsprechend übertrifft das durch den Leuchtstoff entstandene Licht das Hg-Licht um ein Mehrfaches. Man kommt so zu einer Leuchtstoff*lichtquelle*. Die Einführung der Leuchtstoffe führt hier nicht nur zu einer Änderung der Farbe des emittierten Lichtes, sondern auch zu sehr bemerkenswerten Steigerungen der Lichtausbeute der Lichtquelle. Denn die Ultraviolettstrahlung derartiger Lichtquellen, die bisher lichttechnisch unverwertet blieb, wird durch den Leuchtstoff in Licht umgewandelt. Auf diese Weise kann man mittels der Leuchtröhren nicht nur jede Art von weißem Licht wie z. B. Tageslicht oder Licht von der Farbe der Glühlampe erzeugen, sondern man kann auch Lampen bzw. Leuchtröhren jeder beliebigen sonstigen Lichtfarbe von blau bis rot erzielen. Die Lichtausbeuten überragen dabei die der Glühlampen um das 2 bis 8fache bei gleicher Wattaufnahme. Wie weiter unten ausgeführt, führt also die Verbindung der Leuchtstoffe mit den Gas- und Dampfentladungslampen zu Entwicklungen neuer technischer Lichtquellen hoher Ökonomie.

Bei der Verwendung der Lumineszenz zur Verbesserung der Lichtfarbe und Lichtausbeute von Leuchtröhren kann man zwei verschiedene technische Wege einschlagen. Der eine besteht in der Verwendung von Glasröhren aus lumineszenzfähigem Glase[1]. Aus optischen Gründen werden hierbei stets Gläser mit einem trübenden Zusatz verwendet, bzw. das Glas mit einer Trübschicht als Überfang versehen. Maßgebend für die gute Lumineszenzfähigkeit des Glases ist es ferner, den Gehalt des Glases an Fe_2O_3 unter einer bestimmten Grenze zu halten. Je nach Art des lumineszierenden Glases liegt diese Grenze zwischen 0,04 und 0,4%. Die Aktivierung des Glases zu einem Luminophor geschieht durch Zusatz von Schwermetallen. — Der zweite Weg, der eingeschlagen werden kann, besteht darin, daß der Lumineszenzstoff in Pulverform an der Innenwand der Glasröhre (aus gewöhnlichem Glase) angebracht wird. Zur Aufbringung des Leuchtstoffes auf die Innenwand der Röhre sind verschiedene Verfahren ausgearbeitet worden[2].

---

[1] FISCHER, H.: Glas u. Appar. Bd. 15 (1934) S. 89 — SCHMIDT, R.: Glastechn. Ber. Bd. 15 (1937) S. 93, Österr. Patent 140012, DRP. 482048, sowie H. FISCHER: Z. techn. Phys. Bd. 17 (1936) S. 337. Siehe auch W. KAUFMANN: Angew. Chem. Bd. 51 (1938) S. 806.

[2] Vgl. DRP. 563980, 583305, 624758, 638558, 692394, sowie franz. Patent 807991.

Das letztere Verfahren, d. h. die Einbringung eines pulverförmigen Leuchtstoffes in die Röhre bietet technisch insofern größere Aussichten, als man hier an das Lumineszenzmaterial nicht so viele verschiedene, teilweise einander wiederstrebende technische Forderungen zu stellen braucht wie bei Leuchtröhren aus Lumineszenzglas. Denn bei einem Lumineszenzglas müssen neben der Lumineszenzfähigkeit auch noch bestimmte glastechnische Forderungen erfüllt sein, das Glas muß ferner auch eine genügende Durchlässigkeit für das erregende kurzwellige Ultraviolett haben. Bei der Anbringung des pulverförmigen Lumineszenzstoffes an der Innenwand der Röhre brauchen derartige Forderungen nicht gestellt zu werden. Das Glasrohr kann aus gewöhnlichem, bisher üblichem Glase hergestellt sein und braucht auch keine Ultraviolettdurchlässigkeit zu besitzen, da ja der zu erregende Leuchtstoff sich auf der Innenseite der Röhre befindet. Da die Kristallphosphore im eigentlichen Sinne nur bei dem letztgenannten Verfahren (Einbringung pulverförmigen Leuchtstoffes in die Röhre) zur Anwendung gelangen, so brauchen wir uns in folgendem nur mit diesem Verfahren zu beschäftigen.

Zur Entwicklung der nunmehr vorliegenden, technisch brauchbaren Leuchtstoff-Hg-, Niederdruck- und Neonröhren mußten zunächst mehrere Teilgebiete durchgearbeitet werden. Zunächst mußten die geeigneten Leuchtstoffe gefunden und hergestellt werden (N. RIEHL und H. THIEME), zweitens mußten die Methoden zur Anbringung der Leuchtstoffe innerhalb der Röhren ausgearbeitet werden (A. RÜTTENAUER und O. FRITZE), und schließlich mußten die physikalisch-technischen und elektrotechnischen Probleme, die die neuen Lichtquellen aufgaben, gelöst werden (K. WIEGAND und A. RÜTTENAUER). Durch Zusammenfügen der auf diesen Teilgebieten gewonnenen Ergebnisse gelang es in den letzten Jahren, Lichtquellen herzustellen, die den technischen Anforderungen entsprechen und die oben angedeuteten Fortschritte mit sich bringen.

Leuchtstoff-Hg-Niederdruckröhren[1]. Die Ultraviolettemission der positiven Säule der Hg-Entladung ist bei Niederdruck fast vollständig in der Resonanzlinie 253,7 mμ, vereinigt[2]. Als Leuchtstoffe sind also für die Hg-Niederdruckröhren diejenigen Luminophore besonders geeignet, deren Anregungsmaximum in dem genannten Wellenlängengebiet liegt. Dies sind insbesondere die *Silikate, Wolframate, Molybdate, Phosphate* und *Borate*. Unter den Silikaten ist hierbei insbesondere das grünleuchtende sowie auch das gelbleuchtende mit Mangan aktivierte *Zinksilikat* zu erwähnen, ferner das orange-gelb leuchtende Kadmiumsilikat und das *Zinkberyllsilikat* (mit Mn-Zusatz), welches je nach Mangan-

---

[1] Vgl. A. RÜTTENAUER: ETZ Bd. 59 S. 1158; Z. techn. Phys. Bd. 19 (1938) S. 148. — CLAUDE, A.: Bull. Soc. franç. Electr. 1935. — RANDALL, J. T.: J. ray. Soc. Arts Bd. 85 (1937) S. 353. — RÜTTENAUER, A. u. E. BLUM: Das Licht Bd. 8 (1938) S. 167.

[2] KREFFT, H. u. M. PIRANI: Z. techn. Phys. Bd. 14 (1933) S. 393.

Tabelle 22. Lichtausbeute technischer Leuchtstoffröhren.

Leuchtstoff	Glas	HK/m	Hlm/W für eine 2 m-Röhre mit Transformatorverlusten
Kalziumwolframat, blau	Blauglas	7	3,2
Magnesiumwolframat, hellblau . . .	Klarglas	54	25
Kalziumwolframat, rosaviolett . . .	Klarglas	18	8
Zinksilikat, gelblich	Klarglas	48	22
Zinksilikat, gelblich	Gelbgrün-Glas	39	18
Zinksilikat, grün	Gelbglas	97	45
Kadmiumsilikat, orange	Klarglas	36	17
Kadmiumsilikat, orange	Gelbglas	27	12
Zinkberylliumsilikat, gelb	Klarglas	64	29
Zinkberylliumsilikat, orange	Klarglas	51	23

Tabelle 23. Lichtausbeute von Versuchsleuchtstoffröhren.

Leuchtstoff	Glas	HK/m	Hlm/W für eine 2 m-Röhre mit Transformatorverlusten
Kalziumwolframat, hellblau	Klarglas	37	17
Zinksilikat, grün	Klarglas	132	61
Kadmiumsilikat, orange	Klarglas	46	21
Zinkberylliumsilikat, gelb	Klarglas	81	37
Zinkberylliumsilikat, orange	Klarglas	58	27

gehalt ein zwischen grün und rot liegendes Emissionsspektrum aufweist. Von den Wolframaten ist insbesondere das blauleuchtende *Kalziumwolframat* sowie das *Magnesiumwolframat* zu erwähnen, das eine sehr breite Bande mit einem Maximum in Blau emittiert und daher ein weißlich-blaues Licht ausstrahlt. Unter den Boraten ist insbesondere das *Kadmiumborat* von Bedeutung.

Für eine Röhre mit gelbleuchtendem Zinksilikat ist in Abb. 60 die Abhängigkeit der Lumineszenzstrahlung von der Stromdichte in der Röhre dar-

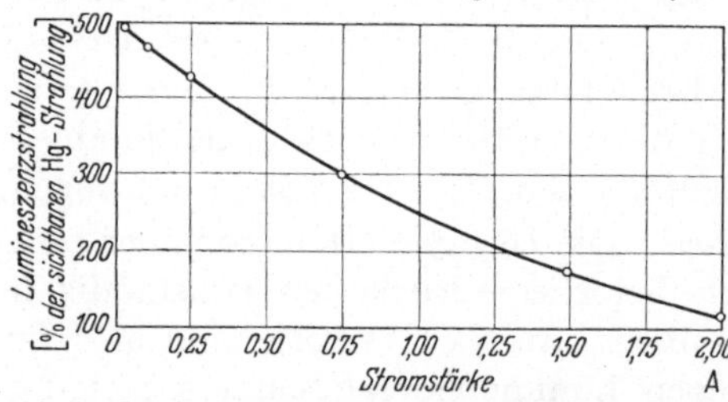

Abb. 60. Lumineszenzausbeute von Zinksilikat-Hg-Röhren (Durchmesser innen 27 mm) bei verschiedenen Stromstärken.

gestellt. Man sieht aus der Kurve, daß noch bei recht großen Stromdichten die Lumineszenzstrahlung einen wesentlichen Anteil an dem Gesamtleuchten der Röhre ausmacht. Bei der schon sehr hohen Stromdichte von 0,35 A/cm² beträgt der Lichtzuwachs durch den Leuchtstoff noch über 100%. Bei Erhöhung der Stromdichte von 0,5 A/cm² hinaus tritt allerdings bereits eine beträchtliche Temperaturerhöhung auf, so daß infolgedessen die Leuchtfähigkeit des Leuchtstoffes abfällt (vgl. Kapitel „Temperaturabhängigkeit der Lumineszenz"). Der anzuwendenden Stromdichte sind also gewisse Grenzen gesetzt. Diese Verhältnisse sind entscheidend für die Möglichkeit, die Leuchtstoffröhren als Lichtquelle geringer Dimensionen für allgemeine Beleuchtungszwecke zu verwenden (vgl. weiter unten).

In Tabelle 22 und 23 sind die Lichtausbeuten verschiedener technischer Leuchtstoffröhren sowie einiger Versuchsleuchtstoffröhren wiedergegeben.

Die Abhängigkeit der Lichtstärke einer Wolframat- und Silikatröhre von der Strombelastung ist in Abb. 61 wiedergegeben. Der Verlauf der Lichtstärke ist in dem Bereich von 10 bis 100 mA der Stromstärke nahezu proportional. Bei höheren Stromstärken steigt die Lichtstärke langsamer als proportional der Stromstärke, da die Ausbeute an Resonanzstrahlung (253,7 mµ) abnimmt.

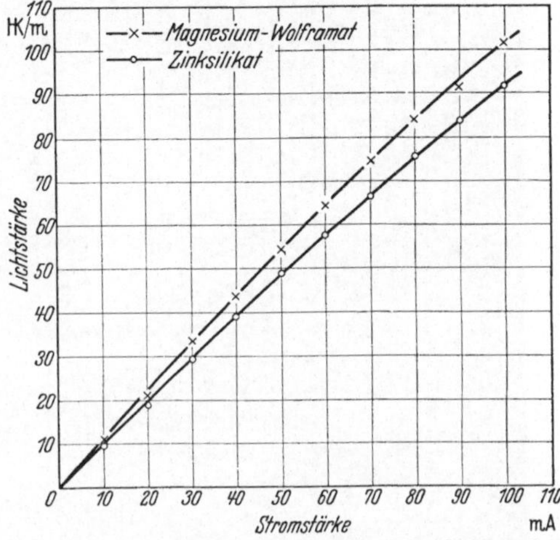

Abb. 61. Lichtstärke in Abhängigkeit von der Stromstärke.

In Abb. 62 ist die spektrale Energieverteilung einer Leuchtstoffröhre *gelblich-weißer* Lichtfarbe dargestellt. Man sieht (in Form hoher Balken) die Emissionslinien des Quecksilbers selbst und daneben als kontinuierliches Spektrum die Emission des Leuchtstoffes. Die Emission des Leuchtstoffes muß hier komplementär zur Primärstrahlung des Quecksilbers sein, die Ausstrahlung des Leuchtstoffes liegt somit im wesentlichen im rotgelben Gebiet.

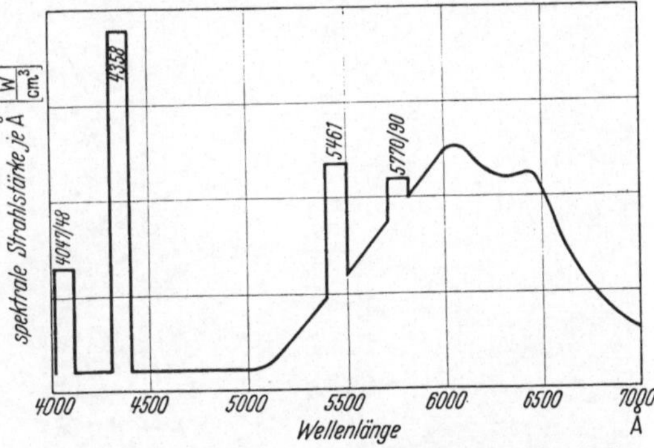

Abb. 62. Spektrale Energieverteilung der Leuchtstoffröhre gelblich-weißer Lichtfarbe.

Die erste praktische Anwendung der Leuchtstoffniederdruckröhren lag auf dem Gebiete der Lichtwerbung[1]. Es konnte hierbei eine wesentliche Bereicherung der Farbauswahl bei den Reklameleuchtröhren erreicht werden und gleichzeitig auch eine sehr bemerkenswerte Erhöhung der Lichtausbeute. Neben einer Anzahl farbiger Leuchtröhren in Farbtönen, die bisher nicht erreichbar waren (rosa, gelb, violett,

---

[1] Lumiluxröhren der Ophinag.

verschiedene Schattierungen von blau usw.) gelang insbesondere auch die Herstellung *weiß* leuchtender Leuchtröhren mit verschiedener Weiß-

Abb. 63. Werbeanlage aus Leuchtstoffröhren („Bewag").

Abb. 64. Lichtwerbungsanlage aus Leuchtstoffröhren („Odol").

tönung. — Bei allen Farbtönen erfolgt auch eine erhebliche Steigerung der Lichtausbeute. Während z. B. eine gewöhnliche Hg - Niederdruckröhre *ohne* Leuchtstoff bei 2 m Länge und 50 mA eine Lichtausbeute von nur 3,5 HL pro Watt gibt, gelingt es unter Anwendung eines Leuchtstoffes bei *weißen* Röhren die *achtfache* Lichtausbeute bei gleichem Stromverbrauch zu erzielen, bei grünleuchtenden Röhren sogar noch wesentlich mehr (bis zu 12facher Lichtausbeute!). Die Abb. 63, 64, 65 zeigen einige praktische Beispiele von Anlagen mit derartigen Leuchtstoffröhren.

Abb. 65. Leuchtstoffröhrenanlage am Deutschen Pavillon auf der Weltausstellung Paris 1937.

Abb. 66. Dekorative Raumbeleuchtung durch Leuchtröhren mit Lumineszenzstoffen.

Mit Rücksicht auf die günstige Lichtausbeute, die man bei den Leuchtstoffröhren erreichte, und auf die Tatsache, daß man nunmehr

Riehl, Lumineszenz.

12

mit Hg-Röhren weißes Licht beliebiger Nuance herstellen kann, lag es
nahe, diese Röhren auch für die Zwecke der *dekorativen Raumbeleuchtung*
zu verwenden. Abb. 66 zeigt eine derartige Anlage. Die Anlage ist aus
Einzelröhren von je 2 m Länge und 34 mm Dmr. zusammengesetzt. Im
vorliegenden Beispiel beträgt die Strombelastung nur 250 mA, wodurch
die Blendung ausgeschlossen und eine Abschirmung der Röhre nicht
notwendig ist. Die Lichtausbeute beträgt hier bei weißer Lichtfarbe
und ausgezeichneter Farbwiedergabe 40 bis 45 HL pro Watt, liegt also
sehr wesentlich über der Lichtausbeute von Glühlampen. Derartige
Röhren werden mit Hochspannung (etwa 6000 V) gebrannt.

Leuchtstofflampen. Die weitere Entwicklung geht dahin, Lampen für
die Allgemeinbeleuchtung, insbesondere für Netzanschluß herzustellen.

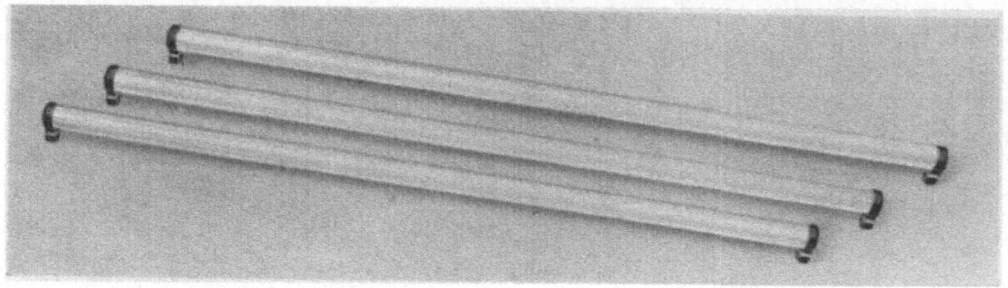

Abb. 67. Leuchtstofflampen zum Anschluß an Netzspannung für Innenbeleuchtung.

Bei der Allgemeinbeleuchtung kommt es auf eine zweckmäßige Unterteilung der Lampentypen und auf die Farbwiedergabe an. Folgende
Typen sind bisher geschaffen worden: Lampen mit 1000 bis 1200 Hlm
28 Watt und 2000 bis 2200 Hlm 65 Watt. Eine weitere Unterteilung
erfolgte nach der Farbwiedergabe in Lampen mit rötlichweißem Licht
und in Lampen mit Tageslicht. Der Betrieb dieser Lampen erfolgt in
derselben Weise wie bei den Gasentladungslampen. Die Lampen
1000 bis 1200 Hlm, können in verschiedenen Schaltungen an das 220 Volt-
Netz angeschlossen werden. Genannt sei die Unterbrecherschaltung mit
Glimmzünder. Die Lampe „Rötlichweiß" gibt ebenso wie die Glühlampe das Rot bevorzugt wieder, hat aber im Gelb eine Lücke, während
die Glühlampe im Blau eine Lücke hat. Die Tageslichtlampe ist insofern
von besonderer Bedeutung, als sie in ihrer Lichtausbeute alle bisherigen
Tageslichtlampen um das 5- bis 20fache übertrifft. Es ist jetzt erstmalig möglich, Räume wirtschaftlich mit künstlichem Tageslicht zu
beleuchten. — Das äußere Aussehen derartiger Lampen ist beispielsweise in Abb. 67 wiedergegeben.

Leuchtstoff-Neonröhren. Bei den Hg-Leuchtröhren ist es — wie wir
gesehen haben — die Resonanzlinie des Hg-Dampfes, die den Leuchtstoff erregt. Bei Neonröhren kommen für die Erregung von Leuchtstoffen nur die ultraviolett liegenden höheren Glieder der Hauptserie
zwischen 380 und 250 mμ in Frage und vor allem die im Neonspektrum

vertretenen Resonanzlinien 73,6 und 74,4 mμ im SCHUMANN-Gebiet. Daß die SCHUMANN-Strahlung einen Leuchtstoff überhaupt zum Leuchten zu bringen vermag, ist erst durch die Versuche von RÜTTENAUER[1] mit leuchtstoffhaltigen Neonröhren erwiesen worden. RÜTTENAUER benutzte als Leuchtstoff zur Umwandlung der unsichtbaren Strahlung in sichtbares Licht grünleuchtende Zink-sulfide und Zinksilikate. Die Zinksulfide ergeben sowohl eine Umwandlung der Ultra-violettstrahlung, als auch der SCHUMANN-Strahlung. Die handelsüblichen Zinksilikat-phosphore ergeben in der Neonentladung keinerlei meß-bare Lumineszenz. Jedoch ge-lang es durch Anwendung besonderer, von RIEHL und THIEME hergestellter Zinksili-kate, eine beträchtliche Lu-

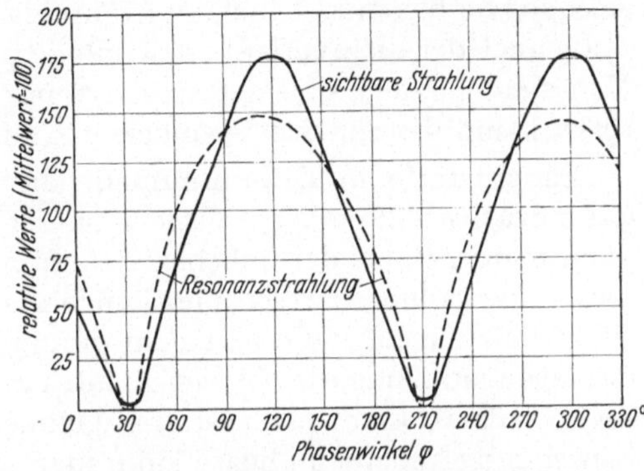

Abb. 68. Lichtverlauf während einer Periode bei Hg-Nieder-druckentladung ohne Leuchtstoff.

mineszenzwirkung auch in der Neonentladung zu erreichen. Die in Frage kommenden Zinksilikate sind gleichzeitig auch durch Elektronen geringer Geschwindigkeit (8 bis 20 V) erregbar. Die Erregbarkeit durch langsame Elektronen und durch die SCHUMANN-Strahlung scheint somit bei den Zinksilikaten an die gleichen Herstellungs-bedingungen des Leuchtstof-fes geknüpft zu sein. Unter Anwendung dieser Zinksili-kate erreichte RÜTTENAUER bei der Neonentladung einen wesentlich größeren Lichtzu-wachs als mit Zinksulfiden. Der Lichtzuwachs beträgt 60 bis 150%. Auf diese Weise

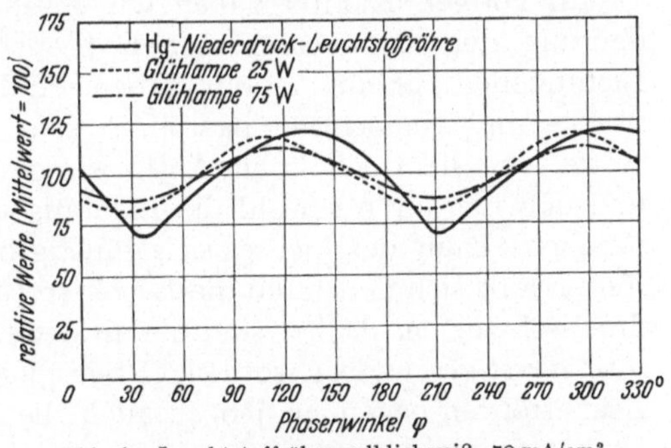

Abb. 69. Leuchtstoffröhre gelblichweiß, 70 mA/cm². Lichtverlauf während einer Periode.

gelingt, es *Neonröhren gelber Leuchtfarbe* herzustellen (durch Überlagerung der roten Neonstrahlung und der grünen Lumineszenzstrahlung). Auch Neonröhren anderer Farbtöne sind unter Anwendung von Leuchtstoffen herstellbar. — Der günstigste Anwendungsbereich liegt bei kleinen Stromdichten (0,05 Amp. pro Quadratzentimeter). Bei hoher Strom-dichte wird der Lichtzuwachs immer kleiner, bei 0,4 A/cm² beträgt er nur noch 20%.

---

[1] RÜTTENAUER: Z. techn. Phys. Bd. 17 (1936) S. 384; Licht Bd. 7 (1937) Heft 1. Vgl. auch H. G. JENKINS u. J. N. BOWTELL: Trans. Faraday Soc. Bd. 35 (1939) S. 154.

Durch den Einbau eines Lumineszenzstoffes gelingt es auch, die Lichtschwankungen wechselstrombetriebener Entladungsröhren (stroboskopischer Effekt) durch teilweise Überbrückung der Dunkelpausen zum größten Teil zu beseitigen[1]. In Abb. 68 und 69 ist der Lichtverlauf während einer Periode bei einer Hg-Niederdruckentladung ohne Leuchtstoff so wie bei einer Leuchtstoffröhre dargestellt. In Abb. 69 ist gleichzeitig auch der Lichtverlauf von Glühlampen zum Vergleich eingezeichnet. Man sieht hieraus, daß der stroboskopische Effekt bei der Leuchtstoffröhre kaum den einer gewöhnlichen Glühlampe übersteigt.

Leuchtstoffe in Glimmlampen. In Glimmlampen, bei denen nur das negative Glimmlicht ausgebildet ist und die positive Säule fehlt, kann man z. B. bei der üblichen Neonfüllung zur Verstärkung der Strahlungsumwandlung mittels eines Leuchtstoffes eine geringe Menge Quecksilber hinzufügen. So erhält man durch die Mischung des roten Lichtes der Neonentladung, des blauen Lichtes des Quecksilbers und des grünen Lichtes eines Lumineszenzstoffes gelblichweiße Glimmlampen. Durch Anwendung anderer Füllgase kann man auch verschiedene andere Farbtöne erreichen, so daß die Anwendung der Leuchtstoffe die Möglichkeit gibt, *verschiedenfarbige Glimmlampen* herzustellen.

7. Quecksilberdampflampen (Hochdrucklampen) mit Leuchtstoffen.

Im vorigen Kapitel haben wir gesehen, welche lichttechnische Bedeutung den Lumineszenzstoffen (Leuchtstoffen) als Bestandteil von Lichtquellen zukommt. Wir haben am Beispiel der Quecksilberniederdruck- und Neonentladungsröhren sehen können, daß durch Leuchtstoffe eine lichttechnische Ausnutzung des Ultraviolett möglich wird und daß hierdurch sowohl die Lichtausbeute als auch die farbliche Zusammensetzung des Lichtes sich günstig beeinflussen lassen. An Leuchtröhren läßt sich der durch die Leuchtstoffe erzielte Fortschritt besonders drastisch zeigen. Daher sind die an den Leuchtröhren erhaltenen Resultate *zuerst* geschildert worden. Etwa gleichzeitig mit den Versuchen an Leuchtröhren begannen jedoch auch die praktischen Arbeiten über die Verbesserung der farblichen Lichtzusammensetzung der eigentlichen Quecksilberlampe (Hochdruckquecksilberdampflampe).

Die Leuchtstoffe, die für die Hochdruck-Hg-Lampe in Frage kommen, sind andere als die bei den Niederdruckröhren verwendeten. Während sich dort in erster Linie die Silikate und Wolframate bewährt haben, sind es hier die Lumineszenzstoffe der *Zinksulfidgruppe.* Dies liegt zunächst daran, daß das *Haupterregungsgebiet* der Zinksulfidphosphore im *langwelligen* Teil des ultravioletten Spektrums (um 365 mμ herum) liegt, und gerade dieses langwellige Ultraviolett bei der Hochdruck-Hg-Entladung stark vertreten ist. (Bei der Niederdruckentladung dagegen überwiegt das kurzwellige Ultraviolett, so daß dort die vorwiegend

---

[1] ANDRESEN, E. G.: Licht Bd. 7 (1937) S. 235, Bd. 8 (1938) S. 47.

auf das kurzwellige Ultraviolett ansprechenden Silikate zweckmäßiger waren.) Hinzu kommt noch folgender chemischer Gesichtspunkt: Während bei Niederdruckröhren die Leuchtstoffe am zweckmäßigsten innerhalb des eigentlichen Entladungsgefäßes, d. h. auf der Innenseite der Entladungsröhren, angebracht werden, ist die Anbringung des Leuchtstoffes innerhalb der Hochdruckröhre selbst nicht denkbar, denn die hohe spezifische Belastung und die sich daraus ergebende hohe Temperatur würden auch bei Anwendung chemisch stabiler Leuchtstoffe zu einer Zersetzung derselben durch den Einfluß des heißen Hg-Dampfes führen. Bei der Hochdrucklampe ist man also bislang sowieso gezwungen gewesen, den Leuchtstoff *außerhalb* des Entladungsraumes anzubringen. Es bestand daher keine Veranlassung, an der im Vergleich mit den Silikaten geringeren chemischen Stabilität der Zinksulfidluminophore Anstoß zu nehmen.

Als geeignetsten Leuchtstoff für die Verbesserung der Quecksilberdampflampe erkannte RIEHL 1929 das mit Cu aktivierte Zinkkadmiumsulfid mit einem Kadmiumgehalt von etwa 25 bis 35%[1]. Als besonders geeignet fand er ein ZnCdSCu mit 30% Kadmium. Von diesem Leuchtstoff ist man bei der Quecksilberhochdrucklampe bis heute noch nicht abgegangen. Als weiteres, sehr wichtiges Moment fand RIEHL schon in der allerersten Zeit der Entwicklung die Notwendigkeit, das Zinkkadmiumsulfid derart in der Lampe oder um die Lampe herum anzuordnen, daß der Leuchtstoff mit keinerlei Spuren von Wasserdampf in Berührung gelangen konnte[2]. Nur bei sorgfältiger Vermeidung von Feuchtigkeitsspuren besitzt das Zinkkadmiumsulfid die erforderliche Stabilität gegenüber intensiver Bestrahlung durch Ultraviolett.

Während bei diesen ersten Versuchen das Zinkkadmiumsulfid in die *Leuchte* eingebaut war, wurde einige Zeit später auch der Einbau des Zinkkadmiumsulfides *in die Lampe selbst* durchgeführt[3]. Diese Entwicklung führte dann schließlich zu einer technisch durchgebildeten Leuchtstoff-(Zinkkadmiumsulfid-)Quecksilberlampe (z. B. HgL-Lampe von Osram), über deren Ausführung, Eigenschaften und technische Daten H. KREFFT und K. LARCHÉ 1938 eingehend berichteten[4].

Bevor wir zu der Schilderung der Quecksilberhochdruckleuchtstofflampe in ihrer heutigen Form übergehen, sei noch auf einige Eigenschaften des Zinkkadmiumsulfides eingegangen, aus denen die Eignung dieses Stoffes für den vorliegenden Zweck hervorgeht. Das Zinkkadmiumsulfid ist an sich nicht der einzige Lumineszenzstoff, der die Fähigkeit besitzt, langwelliges Ultraviolett in rotes und gelbes Licht umzuwandeln.

---

[1] Vgl. N. RIEHL u. P. M. WOLF: Licht Bd. 6 (1936) S. 44—45 sowie DRP. 616285 (1935).

[2] Vgl. z. B. DRP. 648445 sowie P. M. WOLF u. N. RIEHL: Feinmech. u. Präz. 1932 S. 180.

[3] Vgl. z. B. DRP. 625601.

[4] KREFFT, H. u. K. LARCHÉ: Licht Bd. 8 (1938) S. 133.

So wurde z. B. schon früher vorgeschlagen, fluoreszierendes Rhodamin zur farblichen Verbesserung des Quecksilberlichtes zu benutzen. Das Rhodamin ist ebenso wie das Zinkkadmiumsulfid durch langwelliges Ultraviolett erregbar. Seine Emission im Rot ist sehr stark. Es war also an und für sich naheliegend, gerade diesen Stoff anzuwenden. Doch besitzt das Rhodamin eine sehr starke Absorption in Blau, Grün und Gelb, also gerade in den Gebieten, in denen die Quecksilberlampe ihre sichtbare Strahlung aussendet. Während man also durch Anwendung von Rhodamin rotes Licht hineinbrachte, büßte man gleichzeitig das Blau, Gelb und Grün ein, so daß der Gewinn an Rot mit einem Verlust an anderen wesentlichen Wellenlängen und somit an der Lichtausbeute der Gesamtlichtquelle erkauft wurde[1]. Das Zinkkadmiumsulfid hat im Gegensatz zum Rhodamin ein hohes Reflexionsvermögen und eine gute Durchlässigkeit für grünes und gelbes Licht. Lediglich im Blau zeigt es eine gewisse Absorption. Die Einbuße in Blau, die die gelbliche Körperfarbe des Zinkkadmiumsulfides mit sich bringt, wird bei den heutigen Leuchtstofflampen durch Beimischung eines blaustrahlenden Lumineszenzstoffes (ZnSAg) wieder wett gemacht. — Sonstige gelb, orange oder rot lumineszierende Stoffe, etwa Erdalkalisulfide, sind für den genannten Zweck ungeeignet, und zwar erstens wegen ihrer geringen Stabilität und zweitens wegen des schlechten Wirkungsgrades, mit dem sie das Ultraviolett in gelbrotes Licht verwandeln. Einen verhältnismäßig guten Wirkungsgrad weist das orangegelb leuchtende ZnSMn auf. Der Schwerpunkt seiner Emissionsbande liegt jedoch zu weit im Gelb. Versuche, durch Beimischung von Kadmium den Schwerpunkt der Emission nach längeren Wellenlängen zu verschieben, gelingen nicht, da sich die Emissionsbande des ZnSMn durch Einbau von Kadmium im Gegensatz zu den sonstigen ZnS-Luminophoren nicht verschieben läßt[2].

Wichtig ist noch die Frage nach dem Wirkungsgrad, mit dem die Umwandlung des langwelligen Ultraviolett in Licht bei Zinkkadmiumsulfid vor sich geht. Dieser Wirkungsgrad liegt sehr hoch, und zwar werden rund 65% der eingestrahlten Ultraviolettquanten als gelbe oder rote Lichtquanten wieder ausgestrahlt. Bei Präparaten, die einen geringeren Gehalt an Kadmium haben und demgemäß ein grüngelbes oder grünes Licht emittieren, wird dank dieser hohen Quantenausbeute die Lichtausbeute der Quecksilberlampe wesentlich erhöht. Da man jedoch wegen der Notwendigkeit der Farbverbesserung bei der Hg-Lampe *gelbrot* fluoreszierende Präparate verwenden muß, so ist die Lichtausbeuteerhöhung, die man praktisch erhält, nicht wesentlich. Wichtig ist jedoch, daß man trotz Verbesserung der Farbzusammensetzung des Lichtes und einer nicht unerheblichen Lichtabsorption in der Leuchtstoffschicht die gute Lichtausbeute der Hg-Lampe voll aufrechterhalten kann.

---

[1] Über die Anwendung von Rhodamin als rot fluoreszierende Farbe bei Natriumbeleuchtung vgl. G. HEYNE: Licht u. Lampe Bd. 29 (1940) S. 129.
[2] RIEHL, N.: Fundamenta Radiologica Bd. 4 (1939) S. 6.

Die Lichtausbeuteerhöhung, die man durch gelbgrün oder grün leuchtende Präparate erhält, ist leicht aus folgendem Versuch zu ersehen, den man auch als Demonstrationsversuch benutzen kann[1]. Strahlt man eine mit einem derartigen Präparat bestrichene ebene Platte mit der gesamten sichtbaren und unsichtbaren Strahlung des Quecksilberbogens an, so ergibt sich eine abgestrahlte sichtbare Strahlung, die bis 175% des aufgestrahlten sichtbaren Lichtes beträgt. Bei einer derartigen Anordnung kann man also fast eine Verdoppelung der Lichtausbeute erreichen. Den Höchstwert ergab bisher ein Zinkkadmiumsulfidphosphor, der seinen Hauptausstrahlungsbereich im Grünen bei ungefähr 560 mμ hatte. Allerdings ist dieser Phosphor — wie schon gesagt — für eine Verbesserung der Lichtfarbe der Quecksilberlampe nicht geeignet.

Die spektrale Zusammensetzung der Emission eines mit Cu aktivierten Zinkkadmiumsulfides von etwa 30% Cd-Gehalt ist aus Abb. 70 zu ersehen.

Wie bereits erwähnt, wird außer dem eben beschriebenen rotgelb leuchtenden Zinkkadmiumsulfid beim Bau von Hg-Leuchtstofflampen außerdem auch noch ein blau leuchtendes Zinksulfid (ZnSAg) benutzt, das die Aufgabe hat, den infolge der gelblichen Körper-

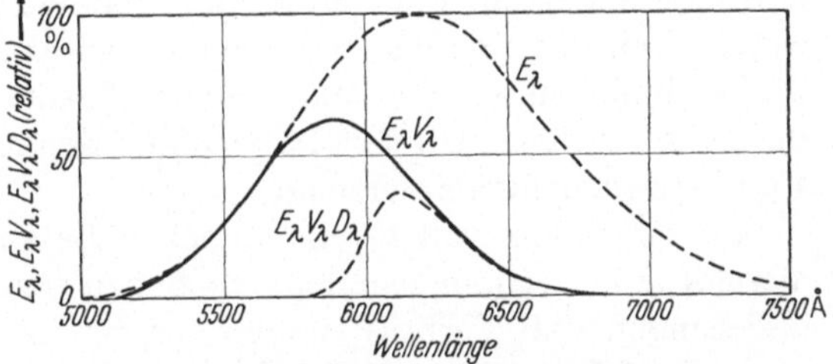

Abb. 70. Lichtemission des Zink-Cadmiumsulfid-Leuchtstoffes. E_λ spektrale Energieverteilung, $E_\lambda \cdot V_\lambda$ spektrale Lichtverteilung, $E_\lambda \cdot V_\lambda \cdot D_\lambda$ spektrale Lichtverteilung des mit dem Rotfilter RG 1 gefilterten Lichtes.

farbe des Zinkkadmiumsulfides eintretenden Blauverlust zu kompensieren. Die beiden Lumineszenzstoffe werden in Mischung miteinander verwendet.

Bei der technischen Entwicklung der Quecksilberhochdrucklampe mit Leuchtstoffen sind KREFFT und LARCHÉ von den Erfahrungen ausgegangen, die von ihnen und anderen an der leuchtstofffreien Quecksilberlampe im Laufe der vergangenen Jahre gesammelt wurden. Ein wichtiger Schritt in der Weiterentwicklung der Hochdrucklampe für allgemeine Beleuchtung wurde 1935 getan, als es gelang, eine 75 W-Lampe mit einem Dampfdruck von etwa 20 at zu bauen, bei der das Entladungsrohr aus *Quarzglas* bestand[2]. Gegen die Anwendung des Quarzglases für Quecksilberbeleuchtungslampen bestanden jahrelang verschiedene Hemmungen technischer und preislicher Natur. Dank den Fortschritten aber, die inzwischen bezüglich der Stromdurchführung durch Quarz u. dgl. erzielt worden sind, sind diese Hemmungen beseitigt. Für die vakuumdichte Verschmelzung der Stromdurchführung mit dem Quarzglasgefäß gibt es heute zwei Verfahren. Bei dem einen, das bei Beleuchtungslampen bisher weniger angewandt wurde, wird eine Molybdänfolie von nicht über 20 μ Dicke unmittelbar in das Quarzglas eingeschmolzen.

---

[1] RIEHL, N. u. P. M. WOLF: Licht Bd. 6 (1936) S. 45.
[2] BOL, C.: Ingenieur, Haag Bd. 50 (1935) S. 91. Vgl. Handbuch der Lichttechnik v. SEWIG 1938, S. 188.

Eine allgemeinere Verwendung hat jedoch ein anderes Verfahren gefunden, das unter Verwendung von Zwischengläsern arbeitet, die sich einerseits mit dem durchzuführenden Metall (Wolframdraht), andererseits mit dem Quarzglas vakuumdicht verbinden lassen. Durch die Anwendung des Quarzes für die Herstellung des Entladungsrohres war es möglich, auch die spezifische Belastung der Rohrwand erheblich heraufzusetzen. Dadurch wurden die Abmessungen des Entladungsrohres so gering, daß der hohe Preis des Quarzglases praktisch nicht mehr ins Gewicht fiel. Derartige Quarzglasentladungskörper werden daher heute fast bei sämtlichen Hg-Beleuchtungslampen benutzt. Für die Hg-Leuchtstofflampen hat die Anwendung des Quarzglases noch den besonderen Vorteil, daß das Ultraviolett ohne jede Schwächung zum Lumineszenzstoff gelangt, und zwar nicht nur der langwellige, sondern auch der mittel- und kurzwellige Teil des Ultraviolett. Wenn auch das Haupterregungsgebiet des Zinkkadmiumsulfids im langwelligen Ultraviolett liegt, so wird durch die kürzerwelligen Ultraviolettstrahlen dennoch eine gewisse zusätzliche Lumineszenzhelligkeit erzeugt.

Im folgenden wollen wir zunächst die spektralen und energetischen Verhältnisse zusammenstellen, aus denen sich erkennen läßt, welche Veränderungen und Verbesserungen des Hg-Lichtes man bei der Umwandlung des Ultraviolett in sichtbares Licht erwarten kann.

Tabelle 24. Spektrale Strahlungsflüsse F_λ (in Watt) verschiedener Hg-Linien, bezogen auf 100 W vom Bogen aufgenommener elektrischer Leistung. Rohrdurchmesser (innen): 8 mm, Dampfdruck: 5,2 at, Stromstärke 1,2 A.

Sichtbarer Bereich		Ultravioletter Bereich			
Wellenlänge	F_λ	Wellenlänge	F_λ	Wellenlänge	F_λ
5770/90	3,6	3650/63	4,8	2894	0,3
5461	4,1	3341	0,4	2804	0,4
4358	2,4	3126/32	2,7	2753	0,15
4047	1,4	3022/26	1,4	2699	0,15
		2967	0,9	2652	1,1

Sichtbare Strahlung: 11,5 W, Ultraviolette Strahlung: 12,3 W.

Mit Hilfe des photometrischen Strahlungsäquivalents (0,00144 W/Hlm) und der spektralen Hellempfindlichkeit des Auges ergeben sich für die Hg-Linien des sichtbaren Bereiches folgende Lichtströme:

Tabelle 25.

Wellenlänge AE	Strahlungsfluß W	Spektrale Hellempfindlichkeit	Lichtstrom Hlm
5770/90	3,6	0,888	2210
5461	4,1	0,984	2780
4358	2,4	0,018	30

Tabelle 26. Daten technischer Hg-Leuchtstofflampen.

Type	Lichtstrom Hlm	Leistung W	Stromstärke A	Spannung an der Lampe V	Abmessungen gem. Abb. 71		
					A mm	B mm	C mm
HgL 300	3300	75	0,75	125	110	133	178
HgL 500	5500	120	1,20	125	130	178	233

Da dieser Rechnung eine Leistungsaufnahme des Hg-Bogens von 100 W zugrunde liegt, ergibt sich eine Lichtausbeute von rund 50 Hlm/W[1]),

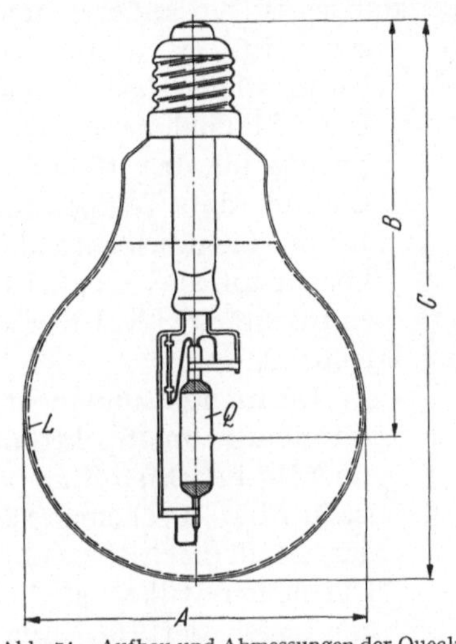

Abb. 71. Aufbau und Abmessungen der Quecksilberhochdrucklampen mit Leuchtstoffen HgL 300 und HgL 500. L Leuchtstoffschicht auf der Innenseite der Lampenhülle; Q Hochdruckrohr aus Quarzglas. HgL 300: A 110 mm, B 133 mm, C 178 mm. HgL 500: A 130 mm, B 178 mm, C 233 mm.

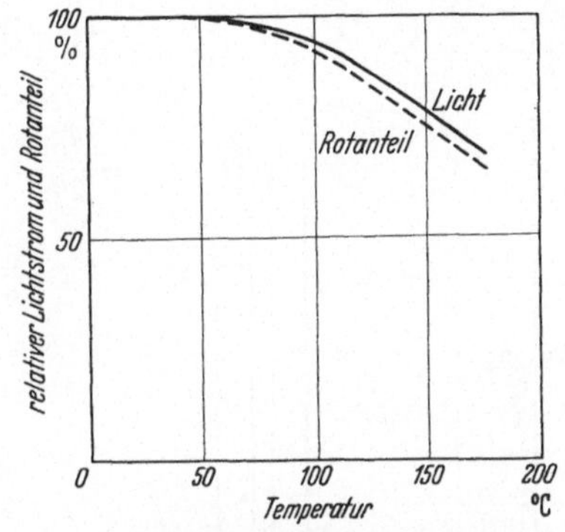

Abb. 72. Abhängigkeit des Lichtstromes und des Rotanteiles eines Zink-Cadmiumsulfid-Leuchtstoffes von der Temperatur.

die mit der unmittelbaren Lichtmessung in guter Übereinstimmung steht. Der etwa ebenso große Strahlungsfluß im Ultraviolett von über 12 W bleibt aber vollkommen ungenutzt. Bei der Strahlungsumwandlung durch das ZnCdSCu liefern diese 12 W UV-Strahlung einen Lichtstrom von 1440 Hlm.

Die eben mitgeteilten, der bereits erwähnten Arbeit von H. KREFFT und K. LARCHÉ, (zit. S. 181), entnommenen Daten bilden die Unterlagen, von denen man bei der Einführung des Leuchtstoffes in die Hochdruck-Hg-Lampe auszugehen hatte.

In Abb. 71 ist der Aufbau der Hg-Leuchtstofflampe gezeigt. Wie man sieht, befindet sich der Leuchtstoff auf der Innenseite des Außenkolbens der Lampe. Das Quarzglasentladungsgefäß selbst befindet sich in der Mitte dieses Kolbens.

---

[1] Dieser Wert ist etwa 10 % höher als bei technischen Lampen, da nur die Leistung des Hg-Bogens berücksichtigt wurde, nicht aber der Verlust an den Elektroden.

Die Hg-Leuchtstofflampen werden zunächst in zwei Größen hergestellt, von denen die eine einen Gesamtlichtstrom von 3300 und die andere einen solchen von 5500 Hlm erzeugt. Die technischen Daten dieser Lampen sind in Tabelle 26 am Beispiel der von Osram hergestellten Typen HgL 300 und HgL 500 wiedergegeben. Die Hg-Leuchtstofflampen entsprechen in ihrem inneren Aufbau weitgehend den sonstigen heute üblichen Hg-Beleuchtungslampen. Auch schaltungstechnisch unterscheiden sie sich von diesen nicht. Ihre Betriebseigenschaften, d. h. die Anlaufzeit und die Wiederzündzeit, sind ebenfalls die gleichen. Nur der Durchmesser des äußeren Lampenkolbens ist ein anderer, und zwar ist er weiter als bei sonstigen Hg-Lampen. Diese Maßnahme ist notwendig, um den störenden Einfluß der Temperatur auf die Lichtausbeute des Leuchtstoffes möglichst einzuschränken (vgl. hierzu Abb. 72).

Die Energie- und Lichtverteilung im Spektrum einer Hg-Leuchtstofflampe ist in Abb. 73 schematisch dargestellt (nach RÖSSLER). Die hohen Balken stellen die Linien der Hg-Entladung, der kontinuierliche Untergrund die Emission des Leuchtstoffes dar. Der Rotgehalt der Hg-Leuchtstofflampe beträgt etwa 4%, wozu noch der geringe Rotgehalt des Hg-Bogens selbst hinzukommt (vgl. auch Abb. 74).

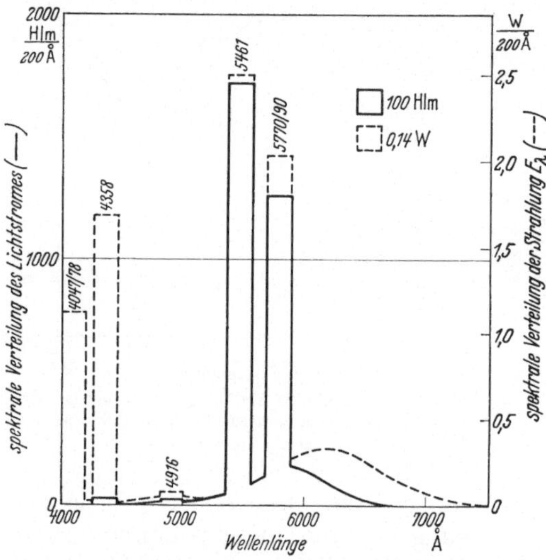

Abb. 73. Energie- und Lichtverteilung im Spektrum einer Quecksilberhochdrucklampe mit Leuchtstoff (HgL 300). (Die dargestellten Flächen sind ein Maß für die spektralen Strahlungsflüsse bzw. Lichtströme.)

In diesem Zusammenhang sei noch darauf hingewiesen, welche Rolle die Dicke der Leuchtstoffschicht spielt. Man könnte meinen, daß bei Vergrößerung der Schichtdicke eine weitere Erhöhung der Lumineszenzlichtmenge und somit des Rotgehaltes der Lampe eintreten sollte. Ganz abgesehen davon jedoch, daß eine übermäßige Vergrößerung der Schichtdicke eine zu große Blauabsorption und auch sonstige Schwächung des Primärlichtes bewirken würde, kommt noch hinzu, daß eine Vergrößerung der Schichtdicke des Zinkkadmiumsulfides über ein bestimmtes Maß hinaus gar keinen Mehrgewinn an roter Lumineszenzstrahlung bringen würde. Daß dem so ist, liegt an folgendem[1]. Die Ultraviolettstrahlung wird schon von einer dünnen Zinkkadmiumschicht vollkommen absorbiert und in Lumineszenzstrahlung umgewandelt. Was dann noch übrig bleibt, ist lediglich blaue und noch längerwellige Strahlung. Letztere aber vermag *nur die (langsam*

---

[1] RIEHL, N.: Ann. Phys., Lpz. (5) Bd. 29 (1937) S. 653.

abklingende) Phosphoreszenz zu erregen, welche sich ja nur bis zu einem gewissen, sehr geringen Grade erregen läßt, nämlich nur bis zu dem Zustand der Vollerregung. Diese vollerregte Phosphoreszenz hat aber eine Intensität, die um Größenordnungen geringer ist als der Lichtstrom, der von einer Quecksilberlampe ausgeht. Daher ist der Mehrgewinn an roter Lumineszenzstrahlung bei Vergrößerung der Schichtdicke unbeobachtbar klein.

Da der mittlere Rotgehalt des Tageslichtes etwa 12% beträgt, so bedeutet dies, daß ein Rotgehalt von 4%, wie ihn die Hg-Leuchtstofflampe hat, einem Drittel des Tageslichtrotgehaltes entspricht. Dies ist ein Rotgehalt, der bereits genügt, um rote Gegenstände als solche zu erkennen. Allerdings ist dieser Rotgehalt noch zu gering, um eine farbechte Beleuchtung zu erzielen. Die Hg-Leuchtstofflampe wird also überall dort eingesetzt, wo eine tageslichtähnliche Farbe der Beleuchtung nicht unbedingt erforderlich ist, andererseits aber doch eine Farbverbesserung gegenüber dem reinen Quecksilberdampflicht und eine befriedigende Er-

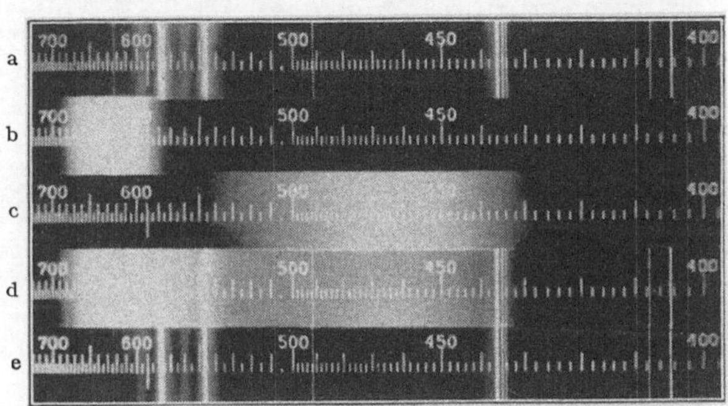

Abb. 74. Spektren von Hg-Lampen mit und ohne Leuchtstoff. a Spektrum einer Hg-Lampe ohne Leuchtstoff; b kontinuierliches Spektrum eines rotleuchtenden Zink-Kadmiumsulfid-Leuchtstoffes; c kontinuierliches Spektrum eines blauleuchtenden Zinksulfid-Leuchtstoffes; d Spektrum der Leuchtstoff-Hg-Lampe; e wie unter a.

kennbarkeit roter Körperfarben gewünscht wird. Dies gilt also insbesondere für die Beleuchtung von Stadtstraßen, Ortsdurchfahrten, Fabrikhallen, Hafenanlagen u. dgl.[1].

8. Durch Ultraviolett erregte Lumineszenzstoffe im Dienste der Luftschutzbeleuchtung.

RIEHL und FICK[2] schlugen 1937 eine neue Art von Luftschutzbeleuchtung vor, bei der Lumineszenzstoffe zur Anwendung gelangen. Das Prinzip dieses neuen Verfahrens sei am Beispiel einer *Kraftzentrale* erläutert.

Zur sicheren Aufrechterhaltung des Betriebes in einer Kraftzentrale ist die Erleuchtung *aller* Teile derselben *nicht* notwendig. Weder der Fußboden, noch die Wände, noch die Verkleidungsflächen der Schalttafeln brauchen beleuchtet zu sein. Wohl aber kommt es darauf an,

---

[1] Über die Bedeutung der Hg-Leuchtstofflampe für die Photographie vgl. J. A. M. VAN LIEMPT: Philips techn. Rdsch. Bd. 4 (1939) S. 9.

[2] FICK, E. A. u. N. RIEHL: Gasschutz u. Luftschutz 1938 Heft 1, 1939 Heft 12. — RIEHL, N.: Licht Bd. 8 (1938) S. 96. — RIEHL, N. u. E. A. FICK: Licht Bd. 9 (1939) S. 78; Gas- u. Wasserfach Bd. 82 (1939) S. 781. — RIEHL, N. u. H. FORMES: Licht Bd. 9 (1939) S. 192.

Abb. 75a. Kraftzentrale bei gewöhnlicher Beleuchtung.

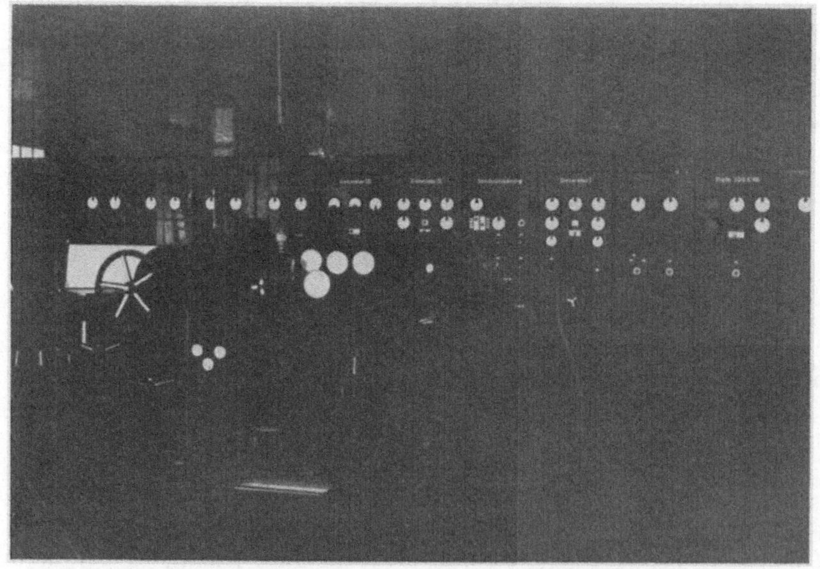

Abb. 75b. Die gleiche Kraftzentrale verdunkelt nach dem Lumineszenzverfahren.

daß die Skalen der Meßinstrumente, die Thermometer an den Turbinen, die Schalthebel- und räder, die Treppengeländer und alle die Teile gut erleuchtet und gut erkennbar bleiben, die zur Aufrechterhaltung des

Abb. 76a. Wasserwerk bei gewöhnlicher Beleuchtung.

Abb. 76b. Das gleiche Wasserwerk bei Luftschutzbeleuchtung nach dem Lumineszenzverfahren.

Betriebes und zur Orientierung im Betriebe unbedingt notwendig sind.
Die Flächenausdehnung dieser betriebswichtigen Teile ist aber sehr

gering im Vergleich mit der gesamten Fläche der Kraftzentrale. So ergibt sich als Lösung des vorliegenden Beleuchtungsproblems der folgende Weg: Alle die Teile der Anlage, die zur Aufrechterhaltung des Betriebes gut sichtbar bleiben müssen, werden mit einer lumineszierenden Substanz belegt, also alle Skalen, Hebel, Geländer usw. Der gesamte Raum wird mit Ultraviolettstrahlen ausgeleuchtet, deren unsichtbare Strahlung den Raum als Ganzes nicht erhellt, wohl aber die mit lumineszierenden Stoffen ausgestatteten Teile zum Aufleuchten bringt. Abb. 75 a und b zeigen eine Kraftzentrale bei normaler Beleuchtung und bei Beleuchtung nach dem beschriebenen Verfahren. Abb. 76 a, b und 77 a, b zeigen weitere derartige Anlagen.

Abb. 77 a. Handrad bei gewöhnlicher Beleuchtung.

Als Strahlenquelle zur Erregung der lumineszierenden Substanzen werden mit Blauglaskolben (Violettglaskolben) umgebene Quecksilberdampflampen benutzt, deren Ausstrahlung hauptsächlich im Gebiet um $365 \ m\mu$ liegt. Diese Strahlung ist einerseits praktisch unsichtbar, andererseits entspricht sie dem Haupterregungsgebiet der in Frage kommenden Luminophore. (Näheres über Strahlenquellen in Kap. III.)

Als Lumineszenzstoffe kommen hauptsächlich phosphoreszierende, d. h. nachleuchtende Farben zur Anwendung. Wendet man nur fluoreszierende Leuchtfarben an, so erlischt ihr Leuchten in dem Augenblick, in dem die Blauglaslampe ausgeschaltet wird. Bei Anwendung von · phosphoreszierenden Leuchtfarben dagegen ergibt sich noch eine weitere, für den Luftschutz nicht unwichtige zusätzliche Sicherheit, indem nach dem Ausschalten der Erregungsquelle — etwa bei einer Stromunterbrechung — die Leuchtflächen noch eine beträchtliche Zeit nachleuchten. Das Nach-

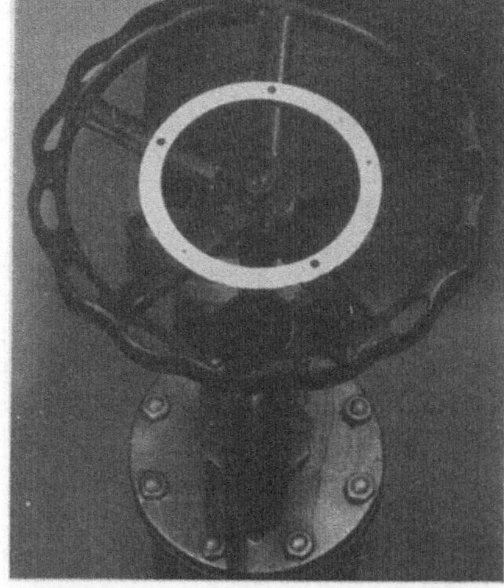

Abb. 77 b. Das gleiche Handrad bei Verdunkelung (durch einen Leuchtemailring kenntlich gemacht).

leuchten ist auch noch in einer anderen Beziehung von praktischer Bedeutung. Tritt nämlich der Bedienungsmann vor eine Leuchtskala, um sie abzulesen, und schattet er sie hierdurch gegenüber dem Ultraviolettstrahler ab, so wird diese vorübergehende Abschattung ohne weiteres durch das Nachleuchten überbrückt.

Zur arbeitshygienischen Seite des neuen Verfahrens ist folgendes zu sagen: Die vom Blauglaskolben der hierfür in Frage kommenden Speziallampen durchgelassene Strahlung liegt im Gebiet zwischen 350 und 405 mμ. Sie ist also — physikalisch gesehen — zwar als Ultraviolettstrahlung zu bezeichnen, sie ist aber völlig verschieden von der Strahlung, die zur Erythembildung bzw. Bindehautentzündung führen kann. Die letztere, biologisch besonders wirksame Strahlung besitzt eine Wellenlänge um 300 mμ herum, ist also von der in unserem Fall angewendeten völlig unterschiedlich. Eine gesundheitsschädliche Wirkung besitzt das von den Blauglaslampen ausgesandte langwellige Ultraviolett nicht. Wenn überhaupt von einer Einwirkung auf den Organismus die Rede sein kann, so wäre nur folgender Effekt zu erwähnen. Das langwellige Ultraviolett ruft eine Fluoreszenz in den meisten organischen Substanzen hervor, so auch im Augapfel. Beim direkten Hineinsehen in eine Blauglaslampe hat man daher vielfach den Eindruck, als sähe man in einen Nebel hinein. Dieser „Nebeleffekt" ist eine Folge der Fluoreszenz, die die Strahlung im Innern des Auges hervorruft. Eine für das Auge schädliche Wirkung besitzt dieser Effekt zwar nicht, doch wird er vielfach als lästig empfunden, so daß es ratsam ist, die Lampe stets so anzubringen, daß die üblichen beleuchtungstechnischen Regeln gewahrt bleiben und das arbeitende Personal keine Gelegenheit hat, direkt in die Lampe hineinzusehen. Es bestehen im übrigen noch weitere Möglichkeiten, den „Nebeleffekt" zu beseitigen. So verschwindet beispielsweise der „Nebeleffekt" vollständig, wenn man eine gelbe Brille aufsetzt, da ja gelbes Glas bekanntlich die langwellige Ultraviolettstrahlung absorbiert. Ferner wird der Nebeleffekt auch weitgehend geschwächt, wenn die betreffende Lichtquelle neben dem Ultraviolett eine gewisse kleine (luftschutzmäßig zulässige) Menge an gewöhnlichem, sichtbarem Licht emittiert.

Es sei noch die Frage erörtert, welcher Art die Betriebe sind, für die das neue Luftschutzverdunkelungsverfahren anwendbar ist. Es liegt nahe, daß dieses Verfahren nicht nur für Kraftzentralen, sondern auch für Umspannwerke, Gaswerke, Wasserwerke, Telephonzentralen, zahlreiche Betriebe der chemischen Industrie und sonstige Anlagen anzuwenden ist. Wenn wir das gemeinsame Merkmal all dieser Betriebe betrachten, so können wir das Anwendungsgebiet für das neue Verfahren folgendermaßen formulieren: Es ist überall dort anwendbar, wo der Gegenstand der Fabrikation nicht sichtbar zu sein braucht, sondern lediglich die Apparaturen, die zur Überwachung und Leitung des Fabrikationsprozesses dienen, sichtbar bleiben müssen. Dieses Merkmal gilt für alle oben angeführten Anlagen. Nicht gelten würde es beispielsweise für eine Montagehalle, denn in einer solchen muß ja der Gegenstand der Fabrikation (die zu montierenden Teile) sichtbar sein; diese Teile können nicht mit Leuchtfarbe ausgelegt sein, und das Verfahren würde daher in einem derartigen Betriebe nicht anwendbar sein.

Weitgehend bewährt hat sich das Verfahren in Kraftzentralen, Umspannwerken, Wasserwerken, Gaswerken, Betrieben der chemischen Industrie, insbesondere solchen, die mit gasförmigen Stoffen arbeiten, bei Fördermaschinenhäusern, Pumpstationen u. dgl. mehr. Das Lumineszenzbeleuchtungsverfahren hat sich in bestimmten Fällen auch außerhalb der luftschutzmäßig geforderten Verdunkelungsmaßnahmen als zweckmäßigste Art der Beleuchtung erwiesen. Denn bis zu einem gewissen Grade entspricht die Beleuchtung nach der neuen Methode dem Ideal des Beleuchtungstechnikers. Es fehlt hier jede Lichtquelle hoher Leuchtdichte, die zu Blendungserscheinungen Anlaß geben könnte; alles, was nicht beleuchtet zu werden braucht, bleibt dunkel, alles, was gesehen werden muß, wird erhellt. Es ist hier also das erreicht, was im Grunde genommen das Ziel jeder guten Beleuchtung sein sollte. Selbstverständlich wird das Lumineszenzverfahren in den meisten praktischen Fällen der normalen Beleuchtungstechnik nicht anwendbar sein, doch gibt es schon heute spezielle Fälle, wo das neue Verfahren nicht nur für Luftschutzzwecke, sondern auch für Zwecke der Friedensbeleuchtung den richtigen Weg weist.

Das Verfahren ist inzwischen technisch recht vollkommen ausgebaut worden. So werden beispielsweise die Markierungen auf Handrädern u. dgl. in Form von Leuchtemailstreifen, -ringen oder -scheiben angewendet, so daß eine einwandfreie Abwaschbarkeit und Abgriffestigkeit der Markierungen gegeben ist. Auch Leuchtfliesen zum Auslegen des Fußbodens sind mit Erfolg angewendet worden.

Hingewiesen sei noch darauf, daß die in Frage kommende langwellige Ultraviolettstrahlung durch gewöhnliches Fensterglas eine kaum beobachtbare Schwächung erfährt. Im Gegensatz zu der schon einmal erwähnten mittelwelligen, biologisch stark wirksamen Ultraviolettstrahlung wird das langwellige Ultraviolett durch Fensterglas und ähnliches gewöhnliches Glas nicht absorbiert. Es bestehen also keine Hindernisse, durch ein Oberlicht oder durch ein sonstiges Glasfenster hindurch den Raum anzustrahlen. Auch die Anwendung von Leuchten aus gewöhnlichem Glase ist bei den in Frage kommenden Ultraviolettstrahlern möglich.

Die Anwendung von mit Ultraviolett angestrahlten Lumineszenzstoffen in der Luftschutzbeleuchtung ist naturgemäß nicht allein auf das Innere von Betrieben beschränkt. Sie kann vielmehr auch *im Freien* erfolgen, so beispielsweise zur Sichtbarmachung von Hindernissen, Hinweisschildern u. dgl. auf Verkehrsstraßen, Fabrikhöfen usw.[1]. Mit lumineszierender Uniform versehene Verkehrspolizeibeamte können durch Anstrahlung mit Ultraviolett ebenfalls in der Dunkelheit sichtbar gemacht werden.

Die in den bisher besprochenen Fällen zur Anwendung gelangenden Ultraviolettstrahler sind vorwiegend Quecksilberhochdruckdampflampen,

---

[1] FICK, E. A. u. N. RIEHL: Gasschutz u. Luftschutz, Jg. 1939, H. 12.

die im wesentlichen genau so gebaut sind wie die heute üblichen Quecksilberlampen für Beleuchtungszwecke und sich von diesen nur dadurch
unterscheiden, daß sie an Stelle eines Klarglaskolbens einen Schwarz-
bzw. Blauglaskolben haben (vgl. S. 12). Es befinden sich mehrere Typen
derartiger Lampen auf dem Markt, so beispielsweise solche mit 40, 75
oder 120 W Leistungsaufnahme[1]. Wie alle Quecksilberlampen erfordern
auch diese das Vorschalten von Drosselspulen bzw. Widerständen.
Meistens sind diese Drosselspulen in der Leuchte selbst eingebaut, sie
können aber auch außerhalb der Leuchte an einer beliebigen Stelle in
der zur Lampe führenden Leitung eingebaut werden.

Neben diesen Lampen wurden auch noch kleine Speziallampen (Blauflächenglimmlampen) entwickelt, die bei einem sehr geringen Stromverbrauch (25 mA) eine verhältnismäßig hohe Ausbeute an Ultraviolettstrahlung geben (vgl. S. 14). Ihre Lichtausstrahlung ist sehr gering, so
daß diese Lampen auch ohne Blauglaskolben zur Verwendung kommen
können. Mit Hilfe einer derartigen kleinen Lampe kann beispielsweise
ein mit Leuchtfarbe bzw. Leuchtemail belegtes Hinweisschild für einen
öffentlichen Schutzraum (Größe beispielsweise 84 × 29,7 cm) ausreichend
erregt bzw. ausgeleuchtet werden (vgl. Abb. 78a und b)[2]. Das wesentliche
bei der Anwendung derartiger ultravioletterregter Leuchtfarbenschilder
ist, daß hier im Gegensatz zu einer gewöhnlichen Beleuchtung mit einer
schwachen Lichtquelle das Leuchten sich ausschließlich auf das Schild
begrenzt und die Umgebung desselben vollständig dunkel bleibt. Ein
Vorteil des Leuchtschildes besteht ferner auch darin, daß seine Helligkeit mit Sicherheit niemals die zugelassene Höhe überschreitet. Ein
weiterer Vorteil ist, daß das mit der Blauflächenglimmlampe erregte
Schild bei einer Stromunterbrechung dank der Phosphoreszenzfähigkeit
der Leuchtfarbe noch beträchtliche Zeit nachleuchtet. Die eigenartige,
sattgrüne Farbe eines solchen angestrahlten oder nachleuchtenden Leucht-
farbenschildes ist so auffallend, daß bereits durch diese Eigentümlichkeit
eine sehr günstige Auffälligkeit für alle nach solchen Hinweisschildern
Umschau haltenden Verkehrsteilnehmer gegeben ist.

Die Sichtverhältnisse derartiger Schilder sind vom Verfasser eingehend geprüft worden. So gelten beispielsweise für das oben angegebene (in Abb. 78a, b
dargestellte) Leuchtschild bei Erregung mit *einer* Blauflächenglimmlampe
folgende Daten: Entfernung, aus der das Schild deutlich wahrnehmbar
wird — 300 m, Entfernung, aus der man die Pfeilrichtung erkennt — 40 m,
Entfernung, aus der das Schild vollständig lesbar ist — 13 m. Diese Zahlen
gelten selbstverständlich für das dunkel adaptierte Auge. Die Helligkeit
des Schildes betrug 0,5 apostilb.

Die Anwendung von Leuchtfarben oder Leuchtemailschildern in
Verbindung mit Blauflächenglimmlampen beschränkt sich natürlich
nicht nur auf Hinweisschilder. Der Einsatz ist überall dort möglich,

---

[1] Ein 75-W-Ultraviolettstrahler reicht zur Ausleuchtung eines Raumes
von etwa 15 × 15 m Grundfläche.
[2] Fick, E. A. u. N. Riehl: Gasschutz u. Luftschutz 1939.

wo bereits Schilder mit entsprechender Beleuchtungsarmatur für normale Glühlampen in Gebrauch sind und wo die bisherigen Schilder gegen Leuchtfarbenschilder ausgewechselt werden können. Einen ähnlichen Erfolg kann man auch herbeiführen, wenn man die Schilder gegen Leuchtfarbenschilder austauscht und an Stelle einer Blauflächenglimmlampe eine *mit entsprechendem Violettglas umgebene normale Glühbirne* benutzt. Das vom Violettglas durchgelassene violette Licht (sowie das sog. Glasultraviolett) der Glühlampe genügt zur Erregung eines Leuchtschildes. Ein solches Verfahren kann z. B. bei Nummernschildern von Autos, Schildern für Ärzte, Apotheken, Hebammen und beleuchtete Hausnummernschilder erfolgreich angewendet werden.

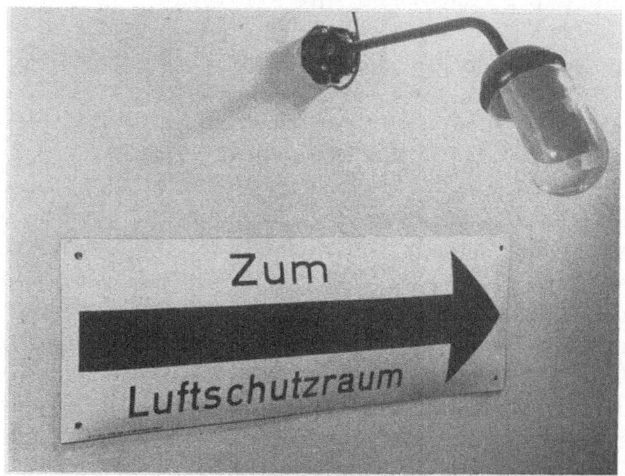

Abb. 78a. Leuchtemailschild mit Blauflächenglimmlampe bei gewöhnlicher Beleuchtung.

Bei Niedervoltanlagen, insbesondere bei Gleichstrom (Batteriebetrieb) kann an Stelle der Blauglaslampe bzw. der Blauflächenglimmlampe eine andere ultraviolette Strahlenquelle benutzt werden, nämlich eine Type, die mit 24 V Gleichstrom betrieben wird. Dies ist beispielsweise die Type HgN (vgl. S. 14 und Abb. 8). Diese Type verbraucht (mit Vorschaltgerät) 25 W. Der Strombedarf ist also etwa 1 A bei 24 V.

Erwähnt seien noch die *absoluten* Helligkeiten, die man durch Anstrahlung von Lumineszenzstoffen mit Ultraviolett erregen kann. Strahlt man beispielsweise einen der üblichen Leuchtfarbenanstriche mit einer der vorhin erwähnten Schwarzglasquecksilberlampe (HgQS 300) aus 1 m Entfernung an, so erhält man eine Leuchtdichte von etwa 20 apostilb. Da für die hier in Frage kommende Leuchtfarbe die Leuchtintensität umgekehrt proportional dem Quadrat der Entfernung abnimmt, so lassen sich aus diesem Wert die Helligkeiten für alle sonstigen Abstände zwischen Lampe und Leuchtfarbenanstrich errechnen. — In der letzten

Zeit sind auch *Glüh*lampen mit Schwarzglaskolben auf dem Markt erschienen. Gemessen an der Gesamtwattaufnahme der Lampen ist hier die Ultraviolettstrahlung verhältnismäßig gering, doch kann man durch Anwendung hochwattiger Glühlampen (mit Schwarzglaskolben) fast an die Leistungsfähigkeit der Quecksilberschwarzglaslampe herankommen. Eine Schwarzglasglühlampe geringerer Wattaufnahme (40 W) erregt beispielsweise bei einem Abstand von 1 m von der Leuchtfarbenfläche auf dieser eine Leuchtdichte von rund 0,3 apostilb.

Nachdem die Grundlagen der Lumineszenzluftschutzbeleuchtung ausgearbeitet waren, stellte sich bald heraus, daß die Anwendung der Lumineszenzfarben nicht nur innerhalb von Betrieben, sondern auch

Abb. 78b. Leuchtemailschild aufgenommen im eigenen Lumineszenzlicht.

im Freien sehr zweckmäßig ist. Genau so, wie man in einem Betrieb die betriebswichtigen Teile mit Leuchtfarbe markieren kann, kann man auf Fabrikhöfen oder auf Straßen die Verkehrswege bzw. Verkehrshindernisse mit Leuchtfarbe versehen und durch Ultraviolettstrahler zu dauerndem Leuchten erregen. Die Erfahrungen der letzten Jahre haben gezeigt, daß man auch für den Straßenverkehr, besonders für den Verkehr auf Werksgeländen, Fabrikhöfen u. dgl. das Lumineszenzverfahren anwenden kann. Die schon vor mehreren Jahren durchgeführte Forschungs- und Entwicklungsarbeit auf diesem Gebiet trägt heute ihre Früchte.

Neuerdings sind auf dem Markt auch organische Leuchtfarben erschienen. Sie besitzen zwar keine Nachleuchtfähigkeit, doch ist zu erwarten, daß sie billig im Preise sein werden. Überall dort also, wo in der Gesamtanlage der Preis der Leuchtfarbe neben den sonstigen Unkosten (Montage, Ultraviolettlampen u. dgl.) eine Rolle spielt, werden diese Farben mit Erfolg eingesetzt werden können, insbesondere also

13*

bei Markierung von Bordsteinen u. dgl., wo man große Mengen Leuchtfarben braucht. Es ist anzunehmen, daß in Zukunft für das in Frage kommende Gebiet sowohl die organischen nichtnachleuchtenden, als auch die bisher verwendeten nachleuchtenden anorganischen Leuchtfarben nebeneinander zum Einsatz gelangen werden, da jede der beiden Leuchtfarbenarten sich für bestimmte Fälle besonders eignet. Bei Ausrüstung sehr großer Flächen werden die billigen organischen Farben vorzuziehen sein. In den zahlreichen Fällen aber, wo man eine dauernde Anstrahlung mit Ultraviolett nicht erzielen kann, werden die nachleuchtenden anorganischen Farben vorzuziehen sein, also z. B. überall dort, wo eine vorübergehende Abschattung des Leuchtfarbenanstriches durch Passanten u. dgl. stattfindet oder wo beispielsweise das mit Leuchtfarben markierte Fahrzeug oder die mit Leuchtfarben markierte Person sich auch außerhalb des Ultraviolettstrahlenkegels bewegen muß; diese Pausen in der Ultravioletterregung werden durch das Nachleuchten überbrückt. Auch besonders wichtige und gefährliche Verkehrshindernisse werden vorzugsweise mit nachleuchtender Farbe gekennzeichnet, damit sie auch im Falle einer Stromunterbrechung sichtbar bleiben.

9. Anwendungen nachleuchtender Stoffe im Luftschutz.

Während in Friedenszeiten die praktischen Anwendungen nachleuchtender Farben sich im wesentlichen auf Herstellung von nachleuchtenden Bijouterieartikeln, Spielzeug, Weihnachtsschmuck u. dgl.

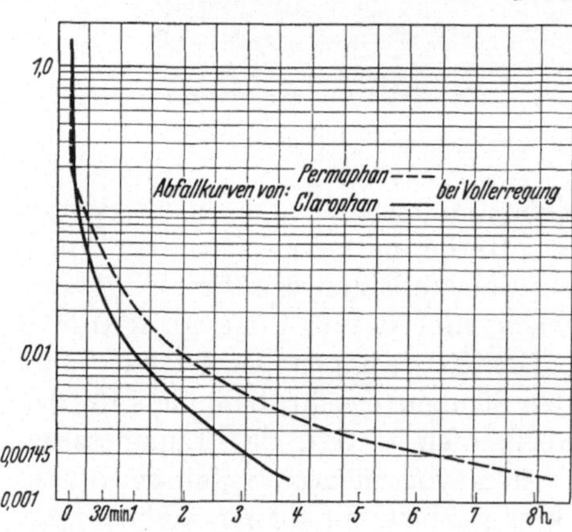

Abb. 79. Abklingungskurven von nachleuchtenden Farben.
(Helligkeiten in apostilb.) Clarophan (ZnSCu).
Permaphan (SrSBi).

beschränken, sind ihre Anwendungen bei der *Verdunkelung im Kriegsfalle* außerordentlich umfangreich. Die nachleuchtenden Farben, die man zur Zeit des Weltkrieges besaß, hatten keine genügend große Nachleuchtdauer bzw. -intensität, um besondere Bedeutung zu erlangen, so daß man im Weltkriege meist nur radioaktive Leuchtfarben benutzte. Auch wurde im Weltkrieg bei den weit hinter der Front liegenden Ortschaften meist keine Verdunkelung durchgeführt. Im 1939 begonnenen Krieg dagegen ist infolge des Ausbaues der Luftwaffe eine weitgehende Verdunkelung der allermeisten Ortschaften der kriegführenden Länder notwendig geworden; außerdem ist es innerhalb der letzten 10 Jahre gelungen, die Nachleuchtintensität und -dauer so zu steigern, daß nunmehr die nachleuchtenden Farben eine große Bedeutung für den Kriegsfall erlangt haben[1].

Die vorwiegend zur Anwendung gelangenden nachleuchtenden Stoffe sind das mit Kupfer aktivierte *Zinksulfid* und in einzelnen Fällen das mit Wismut aktivierte Strontiumsulfid. Während das ZnSCu ein grünes Leuchten gibt, leuchtet das SrSBi blaugrün nach. Die Kurve in Abb. 79 zeigt das Nachleuchten der beiden erwähnten Stoffe[2]. Man sieht aus den Kurven, daß nach Abschalten der erregenden Lichtquelle zuerst das Nachleuchten des ZnSCu (Clarophan) überwiegt, während sich im späteren Verlauf des Nachleuchtens das SrSBi (Permaphan) durchsetzt. Das Strontiumsulfid besitzt eine längere Nachleuchtzeit und vermag auch eine größere Lichtsumme zu speichern als das Zinksulfid. Dennoch hat das Zinksulfid das Strontiumsulfid fast vollständig aus dem Felde geschlagen, wofür verschiedene Umstände verantwortlich sind. Erstens wird in vielen Fällen gerade das starke Nachleuchten unmittelbar nach Abschaltung des Lichtes gewünscht, zweitens braucht man zur Vollerregung des Zinksulfides wesentlich geringere Lichtintensitäten als zur Vollerregung des Strontiumsulfides. Außerdem läßt sich das Zinksulfid bequemer als Strontiumsulfid mit Lacken verarbeiten und auf die gewünschte Unterlage aufstreichen bzw. aufspritzen. Maßgeblich aber für die Überlegenheit des Zinksulfides ist die Tatsache, daß das Zinksulfid eine wesentlich höhere Stabilität gegenüber atmosphärischen Einflüssen besitzt als das Strontiumsulfid. Das letztere ist vermöge seiner chemischen Natur stets wasserempfindlich, so daß selbst bei allerbester Abdeckung mit Lacken und ähnlichen Schutzschichten es bisher nicht möglich gewesen ist, einen ausreichenden Schutz des Strontiumsulfides für längere Zeiten (etwa mehrere Jahre) zu erzielen. Im Gegensatz hierzu ist das Zinksulfid völlig beständig gegenüber Feuchtigkeit. Eine gewisse Empfindlichkeit besitzt das Zinksulfid nur gegen gleichzeitige Einwirkung von Feuchtigkeit und Sonnenultraviolett. Aber auch hier ist es gelungen, eine weitgehende Stabilität der nachleuchtenden ZnS-Farben zu erreichen. Im übrigen läßt sich Zinksulfid auch in Email verarbeiten, wodurch man sowohl große chemische Stabilität, als auch Abwaschbarkeit und Abgriffestigkeit des leuchtenden Überzuges erhält.

Die nachleuchtenden Farben kamen, wie schon angedeutet, erst bei der im Kriegsfall eingetretenen völligen Verdunkelung wirkungsvoll zur technischen Auswertung. Die durch die völlige Verdunkelung herbeigeführte Dunkeladaptation des Auges beseitigt den Mangel, den man der nachleuchtenden Farbe vorwerfen könnte, nämlich den, daß ihr Leuchten — infolge des Abklingens der Nachleuchthelligkeit — zu gering wäre und nur bei völlig adaptiertem Auge wahrnehmbar sei. Die weitgehende Dunkeladaptation des Auges bei Kriegsverdunkelung erlaubt es, die nachleuchtenden Farben sowohl im Freien als auch innerhalb von

---

[1] Vgl. E. A. Fick u. N. Riehl: Gasschutz u. Luftschutz Bd. 9 (1939) S. 338.
[2] Nach P. M. Wolf u. N. Riehl: Gasmaske 1936 Heft 4.

Räumen sehr wirksam einzusetzen. Im folgenden seien einige typische Anwendungsarten der nachleuchtenden Farben innerhalb des Luftschutzes erwähnt.

Abb. 80a. Luftschutzraum bei gewöhnlicher Beleuchtung.

Abb. 80b. Der gleiche Luftschutzraum im Leuchtfarbenlicht.

Eine wirksame Anwendungsform nachleuchtender Farben besteht darin, daß an den Wänden von *Luftschutzräumen* nachleuchtende Tafeln[1]

---

[1] FICK, E. A.: Gasschutz u. Luftschutz 1937 Heft 6.

angebracht werden, so daß im Ernstfall, beim Erlöschen der normalen Beleuchtung das einsetzende Nachleuchten dieser Tafeln eine gewisse Erhellung des Raumes ergibt und es erlaubt, die Raumverhältnisse einwandfrei zu übersehen. Gerade in Luftschutzräumen tritt beim Ausgehen des Lichtes eine so vollständige Dunkelheit ein, daß die Insassen normalerweise jede Orientierung verlieren müssen, sich gegenseitig nicht sehen können und daher wesentliche Störungen im luftschutzmäßigen Verhalten der Insassen, ja sogar der Ausbruch einer Panik beim Ausgehen des Lichtes befürchtet werden müßte. Die nachleuchtenden Farben geben sofort nach dem Ausgehen des Lichtes eine gewisse Erhellung des Raumes, so daß bei den Insassen keinerlei Gefühl der Unsicherheit auftreten kann. Ein Beispiel für derartige Anwendungen nachleuchtender Farben ist in Abb. 80a und b wiedergegeben. — Interessant ist es noch, auf folgenden Umstand hinzuweisen: Die nachleuchtenden Folien bzw. Platten sind auch dann in Luftschutzräumen, Kellern u. dgl. wirksam einzusetzen, wenn überhaupt keine elektrische Beleuchtung in dem betreffenden Raum vorhanden ist. Es ist nämlich möglich, durch Abbrennenlassen eines einzigen Photolichtblitzes (Vakuumblitzes) eine sehr intensive, stundenlang nachwirkende Erregung der Leuchtfarben in einem derartigen Raum zu erreichen.

Die Anwendungsmöglichkeiten der nachleuchtenden Farben sind im Kriegsfall naturgemäß sehr vielfältig, sie hängen von den verschiedenen Forderungen des praktischen Lebens, der Verkehrstechnik u. dgl. ab und können daher hier nicht alle aufgezählt werden. Es mögen hier daher einige wenige Beispiele genügen. — Zu Beginn des 1939 ausgebrochenen Krieges haben sich nachleuchtende Plättchen, Knöpfe, Figuren u. dgl. bewährt, die sich die Straßenpassanten ansteckten, um auf der dunklen Straße von den entgegenkommenden Passanten wahrgenommen zu werden. Nach Verlassen eines hellen Raumes ist man bekanntlich auf der dunklen Straße besonders geblendet und hilflos. Bringt der Betreffende irgendeine Leuchtfarbenmarkierung in Größe etwa eines Fünfmarkstückes an seiner Brust an, so ist er für alle anderen auf der Straße befindlichen Personen leicht erkennbar, da die Leuchtfarbe durch den Aufenthalt im hellen Raum erregt ist. Diese Tatsache kann zwar die Orientierung des Betreffenden selbst nicht erleichtern, wohl aber können ihm alle diejenigen, die ihn auf Grund seiner Leuchtfarbenmarkierung erblicken, aus dem Wege gehen bzw. ihm den Weg zeigen. Für alle längere Zeit im Freien befindlichen Personen ist eine solche Leuchtfarbenmarkierung auch noch nach Stunden (nach der letzten Anregung) deutlich sichtbar, da ja ihr Auge ausreichend dunkeladaptiert ist (Abb. 81).

Interessant sind ferner die Anwendungsmöglichkeiten der nachleuchtenden Farben bei verdunkelten Fahrzeugen. So hat sich beispielsweise gezeigt, daß das Einsteigen in verdunkelte Züge auf unbeleuchteten Bahnsteigen mit beträchtlichen Schwierigkeiten verbunden ist und vielfach zu Unglücksfällen geführt hat. Diesem Übelstand kann in der Weise abgeholfen werden, daß an dem betreffenden Zug oder sonstigen Fahrzeug Leuchtmarkierungen angebracht werden, die im Vorbeifahren von einer Ultraviolettlichtquelle erregt werden, und sich durch ihr Nachleuchten den Verkehrsteilnehmern bemerkbar machen, so daß ein sicheres Einsteigen möglich wird.

Im allgemeinen findet die Anregung der nachleuchtenden Farben durch gewöhnliches Glühlampenlicht statt. Dies gilt beispielsweise für die erwähnten Leuchttafeln für Luftschutzräume sowie für die Leuchtmarkierungen für Straßenpassanten usw. Oft wird die Frage aufgeworfen,

Abb. 81. Leuchtmarkierungen bei Passanten in einer kriegsverdunkelten Straße.

ob nicht Leuchtfarben, die bei Tage durch Tageslicht erregt worden sind, schon allein hierdurch eine genügende Helligkeit und Sichtmöglichkeit bei Nacht geben. Hierzu ist zu sagen, daß die Nachleuchtdauer bei heute bekannten Nachleuchtfarben nicht ausreicht, um die in unseren Breitengraden vorhandene Dämmerungszeit zu überbrücken. In der Zeit zwischen dem Aufhören des hellen Tageslichtes (Beginn der Dämmerung) bis zum Einsetzen der vollständigen Dunkelheit klingen die Leuchtfarben so stark ab, daß ihre bei vollständiger Dunkelheit noch vorhandene Nachleuchthelligkeit keinen praktischen Wert mehr hat. Die Nachleuchtfarben sind also stets nur dort einzusetzen, wo die Möglichkeit besteht, in gewissen Zeiträumen eine Neuerregung durch gewöhnliches Glühlampenlicht oder auch durch Ultraviolett vorzunehmen.

Neuerdings ist eine nachleuchtende Farbe (Clarolit) entwickelt worden, bei der der Anstrich in gewöhnlicher Anstrichtechnik vorgenommen und daher von jedem Maler ohne besondere Vorkenntnisse ausgeführt werden kann. Da diese neue Leuchtfarbe überdies um fast eine Zehnerpotenz billiger ist als die bisher üblichen Leuchtfarben, so kann sie zum Anstrich großer Flächen, etwa der gesamten Wände eines Raumes, verwendet werden. Sie ergibt weiße, gut deckende Flächen und kann sowohl als erstmaliger, gleichzeitig schützender Anstrich bei neuen Räumen, als auch zusätzlicher Anstrich bei schon gestrichenen Räumen benutzt werden. Nach unveröffentlichten Messungen von W. ARNDT ergibt diese Leuchtfarbe, als Wandanstrich verwendet, in einem Raum von etwa 5×6 m Grundfläche und 3 m Höhe unmittelbar nach Abschaltung der normalen Beleuchtung eine Beleuchtungsstärke (1 m über dem Boden in Raummitte) von 10—20 Nox $(= 1 \cdot 10^{-2}$ bis $2 \cdot 10^{-2}$ Lux). Nach 3 Stunden sinkt die Beleuchtungsstärke auf etwa 0,1 Nox. Dies sind Beleuchtungswerte, die eine sichere Orientierungsmöglichkeit im Raum gestatten.

Betreffend die Licht- und Wetterbeständigkeitsfragen bei Leuchtfarben sei auf den dem neuesten Stand der Erfahrungen entsprechenden Bericht von H. ORTMANN[1] verwiesen.

10. Anwendungen der Lumineszenzstoffe in der Bühnentechnik, im Werbewesen u. dgl.

Strahlt man ein gut fluoreszierendes Material, etwa Zinksulfid, mit einer Hg-Blau- oder Schwarzglaslampe aus einigen Metern Entfernung an, so beträgt die Leuchtdichte der Fluoreszenz größenordnungsmäßig 10^{-3} Stilb. Im Dunkeln erhält man also durch Ultraviolettanstrahlung von mit *Lumineszenzstoff belegten Bildern* oder *Gegenständen* eine sehr schöne, auffallende Lichtwirkung. Es ist heute möglich, durch stoffliche Variation der Lumineszenzstoffe sämtliche Farbtöne zu erreichen, so daß man für Zwecke der Schaufensterreklame, für Theaterzwecke und für Effektbeleuchtung von Vergnügungslokalen heute in künstlerisch einwandfreier Weise die gewünschte Wirkung erreichen kann.

Im eigentlichen Werbewesen hat das Verfahren bisher noch keine große Bedeutung erlangt, und zwar letzten Endes deswegen, weil die erzielbaren Leuchtdichten zwar in einem Dunkelraum sehr effektvoll erscheinen, in einer hellbeleuchteten Geschäftsstraße aber noch nicht durchschlagend genug in ihrer Auffälligkeit sind. Es lassen sich effektvolle Leuchtdekorationen erzielen, wenn das Schaufenster verdunkelt wird. Eine solche Verdunkelung des Schaufensters ist allerdings nur in beschränktem Umfange möglich, da die Verkaufshäuser meist Wert darauf legen, das Schaufenster zu erhellen, um die ausgestellte Ware selbst sichtbar zu machen. Wohl ist aber die Anwendung von fluoreszierenden Plakaten und Figuren dann sehr zweckmäßig, wenn es nicht darum geht, die Ware selbst zu zeigen, sondern den Namen oder eine bestimmte Eigenschaft der Ware zu propagieren, wie dies bei vielen Markenartikeln

---

[1] ORTMANN, H.: Das Licht 1940 S. 53.

der Fall ist. Immer jedoch muß darauf geachtet werden, daß neben dem verdunkelten Schaufenster sich nicht allzu helle Lichtquellen, Leuchtröhrenumrahmungen u. dgl. befinden, da hierbei durch Blendung dem Fluoreszenzeffekt ein großer Teil seines Reizes genommen wird. Die Ultraviolettstrahlenquellen, die im Werbewesen zur Anwendung kommen, sind die gleichen, wie sie beim Lumineszenzverdunkelungsverfahren für Luftschutzzwecke zur Anwendung kommen (vgl. Kapitel IX, 8).

In einer geradezu idealen Weise sind die Voraussetzungen für die Anwendung der Lumineszenzstoffe in der *Bühnentechnik* gegeben. Hier besteht die Möglichkeit, den Theaterraum vollständig zu verdunkeln, und so sind sowohl nachleuchtende Leuchtfarben als auch insbesondere die mit Ultraviolettlicht angestrahlten Lumineszenzstoffe in der Bühnentechnik immer wieder mit großem Erfolg angewendet worden.

Die Anregung erfolgt hier entweder mit den bereits beschriebenen Quecksilberhochdrucklampen mit Blau- oder Schwarzglaskolben oder aber auch mit den gewöhnlichen Scheinwerfern, indem man vor diese die üblichen ultraviolettdurchlässigen Schwarzgläser vorsetzt. Der Effekt, der mit Quecksilberlampen erzielt wird, ist allerdings ganz wesentlich stärker als der mit den Scheinwerfern erzielbare.

Mittels der Fluoreszenzstoffe sind beispielsweise schlagartige Szenenwechsel von größter Wirksamkeit möglich. Ein illustratives Beispiel möge angeführt werden. In einem Operettentheater in Süddeutschland wurde eine Szene gespielt, die das Deck eines Schiffes darstellt. Ein Matrose erhält den Befehl, eine Koralle vom Meeresboden zu holen. In dem Augenblick, wo der Matrose über Bord springt, geht die normale Bühnenbeleuchtung aus und die Bühne erscheint im Fluoreszenzlicht als Meeresboden. Der Effekt wird dadurch erreicht, daß auf der normalen Dekoration, die die Takelage des Schiffes u. dgl. darstellt, mit Leuchtfarben unauffällig Korallen, Seealgen, bunte Fische usw. aufgemalt sind. Bei Ausgehen des Lichtes verschwindet die normale Szenerie, und die gesamten mit Leuchtfarbe bearbeiteten Teile, die den Meeresboden darstellen, leuchten auf.

Nicht nur Dekorationen, sondern auch Kostüme lassen sich mit Lumineszenzstoffen sehr wirkungsvoll präparieren, wobei zur Auftragung der pulverförmigen Leuchtfarbe auf die Kostüme allerdings besondere biegsame weiche Lacke gebraucht werden, damit die Gewebe nicht steif gemacht werden. Leuchtschminken haben sich bisher nicht bewährt.

Die Anwendung lumineszierender Dekorationen läßt sich naturgemäß auch auf alle möglichen sonstigen Vergnügungsstätten, etwa zur Ausstattung von Barräumen u. dgl., übertragen, wobei man mit Hilfe der heutigen Leuchtfarben- und Ultraviolettlampentechnik bereits ästhetisch sehr befriedigende und beleuchtungstechnisch einwandfreie Ergebnisse erzielt.

Vom Standpunkt der physiologischen Optik ist folgender Effekt interessant, der beim Arbeiten mit lumineszierenden Dekorationen und

Bildern sehr stark auffällt. Wie bereits GOETHE erkannte, erscheinen *rote* Flächen dem Auge meist etwas *näher* gerückt als blaue oder grüne. Bei fluoreszierenden Bildern ist das Näherrücken der rotleuchtenden Bildteile außerordentlich stark ausgeprägt, offensichtlich deshalb, weil man es bei der Fluoreszenz meist mit verhältnismäßig reinen Farben zu tun hat. (Zumindest sind die Farbtöne sehr viel reiner als die, die man normalerweise mit den üblichen Deckfarben erreicht). Verf. konnte sich (durch unveröffentlichte Versuche) davon überzeugen, daß *das Näher-rücken der Farben sich genau nach ihrer Reihenfolge im Spektrum ordnet.* Das Rot erscheint also dem Auge näher gerückt als Gelb, das Gelb näher als Grün usw. Die absolute Größe des Effekts wird um so stärker, je weiter der Beobachter von dem Fluoreszenzbild entfernt ist. Bei einem bunten fluoreszierenden Vorhang, bei dem die einzelnen Bildteile alle in einer Fläche lagen, erschienen — aus einer Entfernung von etwa 40 m betrachtet — die verschieden farbigen Bildteile so, als ob sie in ganz verschiedenen Flächen lägen, die voneinander um 4 bis 6 m entfernt wären, d. h. z. B. die rot leuchtenden Teile des Bildes schienen um über 5 m vor den blau leuchtenden zu liegen!

11. Unter Verwendung von Lumineszenzstoffen gebaute Anordnungen zur Erzeugung energiegleicher Spektra.

Die Anwendung von Lumineszenzstoffen ermöglicht es — wie schon in den vorigen Abschnitten erwähnt — die spektrale Zusammensetzung von Lichtquellen in starkem Maße zu variieren. Während bei den bisher besprochenen Leuchtstofflampen und -röhren aus Gründen der besseren Lichtausbeute neben dem Lumineszenzlicht stets auch das primäre Licht der Entladung ausgenutzt wird, kann man sich auch eine Lichtquelle vorstellen, die nur Lumineszenzlicht ausstrahlt, etwa derart, daß man eine ultraviolettstrahlende Blau- oder Schwarzglas-Ultraviolettlampe mit einem Schirm oder einer Glocke aus Lumineszenz-

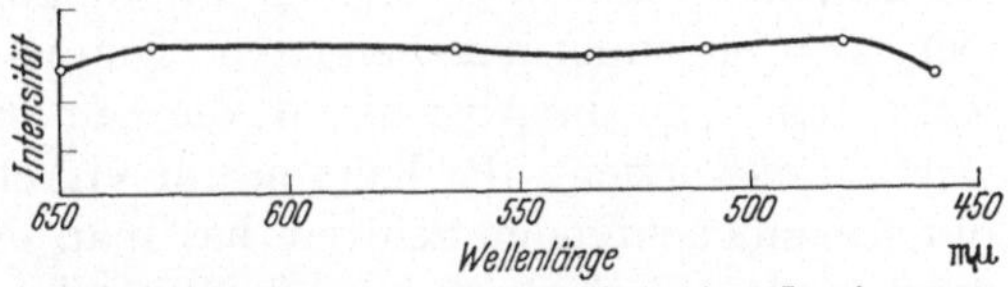

Abb. 82. Spektrale Intensitätsverteilung einer Lumineszenz-Lichtquelle mit energiegleichem Spektrum.
(Nach M. v. ARDENNE.)

stoffen umgibt. In einem solchen Fall gelangt zum Beschauer nur das Licht des Lumineszenzschirmes. Man kann hier also das Spektrum beliebig variieren, je nachdem welche Fluoreszenzstoffe oder Mischungen aus denselben man verwendet. Eine weitere Methode besteht nach A. RÜTTENAUER darin, daß 2 Leuchtstoff-Lichtquellen miteinander kombiniert werden, von denen die eine in eine normale Klarglasröhre eingeschlossen ist und einen blauleuchtenden Leuchtstoff enthält, während die andere in eine Gelbglasröhre eingeschlossen ist und den grün- und rotleuchtenden Leuchtstoff enthält. Da das Gelbglas die blauviolette Hg-Linie absorbiert, ist in der Kombination die Hg-Linie nur noch einmal vorhanden. Da andererseits durch das Gelbglas die grüngelbe und rote Leuchtstoffstrahlung nicht geschwächt wird, bleibt die Lichtausbeute in der Kombination erhalten. Durch eine weitere Aufteilung der Gelbglasröhre kann die blauviolette Hg-Linie praktisch vollkommen ausgeschaltet werden.

M. v. Ardenne hat eine Lichtquelle mit energiegleichem Spektrum im Bereich sichtbarer Wellenlängen ausgearbeitet und beschrieben[1]. Er benutzt als Lichtquelle einen Leuchtschirm, der mit einer Quecksilberschwarzglaslampe erregt wird und aus einer Mischung zahlreicher Lumineszenzstoffe hergestellt ist. Die Mischung ist so abgestimmt, daß sich eine gleichbleibende Strahlungsintensität im Bereich der Wellenlängen von 460 bis 660 mμ ergibt, und zwar auf $\pm 12\%$. Die Helligkeit des Leuchtschirmes in der Nutzrichtung (senkrecht zur Einfallsrichtung der erregenden Strahlung) beträgt etwa 1 HK. Durch Steigerung der Erregungsintensität (etwa durch Sammeln der erregenden Ultraviolettstrahlung mit einer Linse) läßt sich eine Steigerung der absoluten Helligkeit einer derartigen Lichtquelle erreichen.

In Abb. 82 ist die spektrale Intensitätsverteilung dieser Lumineszenzlichtquelle dargestellt.

Über die Möglichkeiten, die Intensität und Leuchtdichte derartiger Lichtquellen wesentlich zu erhöhen vgl. S. 15.

12. Anwendung nachleuchtender Schirme für die Aufzeichnung von Lichtzeigerkurven.

In vielen Fällen ist es zweckmäßig, zur Aufzeichnung von Lichtzeigerkurven, wie sie zur Fixierung von Schwingungsvorgängen u. dgl. benutzt werden, an Stelle des üblichen Photopapiers Schirme aus phosphoreszierenden Substanzen zu benutzen. Dies ist besonders dann zu empfehlen, wenn man nicht die Absicht hat, die Kurven archivarisch aufzubewahren, sondern es vorzieht, die Kurven nur visuell zu betrachten. Bei Verwendung nachleuchtender Schirme hat man den Vorteil, daß man das Bild sofort ohne jede Entwicklung erhält und daß man nicht das Photopapier einzulegen und zu ersetzen braucht. Man kann den nachleuchtenden Schirm naturgemäß mit einem Kurvennetz versehen, so daß auch quantitative Messungen möglich sind, man kann ferner auch die besonders wichtigen Kurven mit Pauspapier abzeichnen und auf diese Weise für spätere Zeiten erhalten. Im übrigen ist die Technik dieses Verfahrens etwa die gleiche wie bei der Aufzeichnung gewöhnlicher Lichtzeigerkurven mit Photopapier. Man kann flache Schirme aus nachleuchtender Substanz oder auch zylindrische (von der Art der Registriertrommeln) verwenden. Die Beobachtung kann entweder in Durchsicht geschehen,

---

[1] Ardenne, M. v.: Z. Phys. Bd. 107 (1937) Heft 5—6; Z. techn. Phys. Bd. 19 (1938) S. 41.

indem man einen transparenten nachleuchtenden Schirm geringer Schichtdicke verwendet oder aber auch in Aufsicht, d. h. derart, daß man von der gleichen Seite beobachtet, von der der Lichtstrahl auf den Schirm auffällt. Die größere Lichtintensität der Kurve ergibt sich im letzteren Fall, weil die zur Verfügung stehende Schichtdicke der phosphoreszierenden Substanz hier größer ist. Als Lichtquelle hierfür eignen sich alle Lichtquellen hoher Leuchtdichte, insbesondere also Bogenlampen sowie die Quecksilberdampf-Höchstdrucklampen. Eine praktische Anwendung derartiger nachleuchtender Registrierschirme haben E. MEYER und L. KEIDEL[1] für die Aufzeichnung von Nachhallkurven beschrieben.

In diesem Zusammenhang sei noch vermerkt, daß nachleuchtende Substanzen auch sonst noch einige Anwendungen bei physikalischen Versuchen zur Feststellung zeitlicher Vorgänge finden. Will man beispielsweise die ungefähre Leuchtdauer einer kurz aufleuchtenden Lichtquelle, beispielsweise eines Blitzes, feststellen, so kann man derart verfahren, daß man eine schnell rotierende, mit Phosphoreszenzstoff belegte Scheibe gegenüber der Lichtquelle abblendet und durch die Blendenöffnung das Licht der Lichtquelle auf die Scheibe auftreffen läßt. Aus der Drehgeschwindigkeit der Scheibe und der Länge des nachleuchtenden Striches, den die Lichtquelle auf ihr erregt hat, läßt sich die Leuchtdauer der Lichtquelle bestimmen. Das Verfahren ist naturgemäß bei weitem nicht so genau wie die sonstigen Meßverfahren zur Bestimmung der Leuchtdauer, es bietet aber den Vorteil äußerster Einfachheit.

13. Luminographie und andere Anwendungen auf dem Gebiet der Photographie.

Unter Luminographie[2] versteht man ein von VANINO ausgearbeitetes Verfahren zur Herstellung von Reproduktionen von Druckschriften u. dgl. mittels nachleuchtender Schirme. Ist die Druckschrift einseitig bedruckt, so wird nach dem Durchleuchtungsverfahren gearbeitet, indem die Druckschrift mit der bedruckten Seite auf die Schichtseite eines Photopapiers gelegt wird und auf die unbedruckte Seite ein nachleuchtender, vorher mit Licht erregter Schirm aufgedrückt wird. Bei doppelseitig bedruckten Schriftstücken wird nach dem Prinzip des Reflexkopierverfahrens (PLAYER-Typie) gearbeitet. Es wird auf die zu kopierende Seite ein Photopapier aufgelegt und zwar so, daß die Schichtseite des Papiers dem zu kopierenden Blatt zugewendet ist. Auf die andere, schichtfreie Seite des Papiers wird der nachleuchtende Schirm aufgedrückt. Das Licht des phosphoreszierenden Schirmes durchdringt

---

[1] MEYER, E. u. L. KEIDEL: Elektr. Nachr.-Techn. Bd. 12 (1935) S. 43.
[2] ROTHSCHILD, S.: Photogr. Rdsch. Bd. 68 (1931) S. 250. — VANINO, L.: Chemiker-Ztg. Bd. 57 (1933) S. 874.

einmal die Photoschicht, fällt dann auf das zu kopierende Blatt und wird an den hellen, unbedruckten Stellen zurückreflektiert, von den schwarzen, bedruckten Stellen aber nicht oder nur weniger reflektiert. Infolgedessen erfährt die Photoschicht an den Stellen, die in Berührung mit den bedruckten Stellen sind, eine geringere Schwärzung, an den unbedruckten eine größere, so daß ein Negativ entsteht. Dieses kann man durch nochmaliges Umkopieren in ein Positiv verwandeln.

Bei diesem Verfahren übernimmt also der nachleuchtende Schirm die Rolle der photographischen Lichtquelle. Man kann sich fragen, wie weit dieses Verfahren praktisch von Bedeutung sei, da man ja in der Praxis meist die Möglichkeit hat, sich auch des Tageslichtes bzw. des gewöhnlichen Lampenlichtes zu Kopierzwecken zu bedienen. Der Vorteil und der technische Sinn des luminographischen Verfahrens ist zweierlei Art. Erstens ist es vielfach schwierig, ohne entsprechende umständliche Apparatur Reflexkopien von *Buch*seiten anzufertigen, denn man kann eine Buchseite nicht wie ein loses Blatt in eine Kopierkassette einlegen. Der Vorteil der Luminographie besteht hier darin, daß man den nachleuchtenden Schirm in ein Buch einschieben kann und

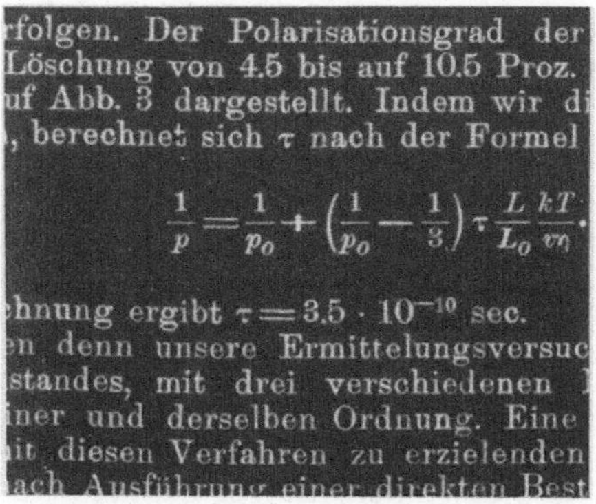

rfolgen. Der Polarisationsgrad der Löschung von 4.5 bis auf 10.5 Proz. uf Abb. 3 dargestellt. Indem wir di , berechnet sich τ nach der Formel

$$\frac{1}{p} = \frac{1}{p_0} + \left(\frac{1}{p_0} - \frac{1}{3}\right) \tau \frac{L}{L_0} \frac{kT}{v\eta}.$$

hnung ergibt $\tau = 3.5 \cdot 10^{-10}$ sec. en denn unsere Ermittelungsversuc standes, mit drei verschiedenen iner und derselben Ordnung. Eine it diesen Verfahren zu erzielenden ach Ausführung einer direkten Best

Abb. 83. Beispiel einer luminographischen Kopie aus einem Buch (Negativ).

so bequem ohne weitere Hilfsvorrichtungen Photokopien aus dem Buch machen kann. Der zweite Vorteil des Verfahrens besteht in folgendem. Da man bei Anwendung beliebigen Tageslichtes oder beliebigen Lampenlichtes über die zur Verfügung stehende Helligkeit und die sich daraus ergebende Belichtungszeit nicht informiert ist, können leicht Fehlkopien entstehen, es sei denn, daß man stets mit einem Belichtungsmesser ausgerüstet ist. Bei Anwendung der Luminographie ist dies nicht erforderlich. Es muß nur irgendeine Lichtquelle zur Verfügung stehen, mit der man annähernd eine *Voll*erregung des nachleuchtenden Schirmes erreicht. Die Vollerregung stellt sich automatisch sowohl bei stärkstem Tageslicht als auch bei Anwendung verhältnismäßig schwacher Lichtquellen, etwa einer 40-W-Glühlampe, ein. Zwar ergeben sich bei Anwendung verschiedener erregenden Lichtquellen gewisse graduelle Unterschiede, doch sind diese nicht groß und für die Praxis belanglos, da in dem Leuchtschirm sich stets von selbst ungefähr die maximal aufspeicherbare Lichtsumme aufspeichert. Man kann daher also stets mit der gleichen Expositionszeit arbeiten, die bei Anwendung nachleuchtender Zinksulfidplatten etwa 10 s beträgt, bei Anwendung blaugrün nachleuchtender Strontiumsulfidplatten etwa 1 min. Da die nachleuchtenden Schirme eine handliche Größe haben und in jeder Aktentasche leicht unterzubringen sind, so sind sie überall dort bequem anwendbar, wo man gelegentliche Aufnahmen in Bibliotheken, Sippenforschungsstätten, gelegentliche Reproduktionen geschäftlicher Papiere u. dgl. machen muß.

Früher hat man sich bei der Luminographie meist der blaugrün nachleuchtenden Schirme aus SrSBi bedient. Beim Durchleuchtungsverfahren erhielt man hierbei gute Resultate, beim Reflexkopierverfahren dagegen waren die Aufnahmen wenig kontrastreich. Ein wesentlicher Fortschritt wurde durch die Umstellung auf grüngelb, gelb oder orangegelb nachleuchtende Zinksulfid-(ZnSCu)-Schirme erzielt[1]. Bei Verwendung derartiger Leuchtplatten erhält man auch im Reflexverfahren sehr gute kontrastreiche Negative (Abb. 83).

Als Photomaterial eignen sich am besten die sog. Dokumentenpapiere.

Eine andere Anwendung phosphoreszierender Stoffe auf dem Gebiet der Photographie sei hier noch erwähnt. In der Amateurphotographie wird vielfach Wert darauf gelegt, sich auf Grund des Negativs eine Vorstellung über das entsprechende Positiv zu machen, ohne eine Kopie herstellen zu müssen. Dies ist mittels eines phosphoreszierenden Schirmes möglich[2]. Man verfährt hierbei derart, daß man auf einen vorher stark erregten phosphoreszierenden Schirm das betreffende Negativ (Film oder Platte) auflegt und auslöschendes (etwa rotes oder gelbrotes) langwelliges Licht auffallen läßt. An den durchsichtigen hellen Stellen wird hierbei mehr langwelliges Licht auf den phosphoreszierenden Schirm auffallen und ihn daher stärker auslöschen als an den geschwärzten Stellen. Es entsteht also auf dem phosphoreszierenden Schirm eine Umkehrung des Negativs, d. h. ein Positiv.

Eine ausführliche Darstellung der Anwendungsmöglichkeiten für Lumineszenzstoffe in der Photographie findet sich in dem Buch von L. VANINO: Die Leuchtfarben, S. 152—160. Stuttgart 1935.

---

[1] DRP. 588547.   [2] Vgl. DRP. 629800.

Zusammenstellung einiger Bezeichnungen und Definitionen aus dem Lumineszenz-Gebiet.

(Die in der LENARDschen Terminologie geltenden Bezeichnungen sind in *Kursiv*schrift gedruckt.)

Fluoreszenz

Diejenige Art von Lumineszenz, bei der die Abklingung nach den Gesetzen einer *mono*molekularen Reaktion erfolgt. Meist (jedoch nicht immer) kurze Abklingdauer.

Spontanes Nachleuchten (Spontanleuchten)

Nicht einfrierbares Nachleuchten. *Bimolekulares* Abklingungsgesetz. Eine Sättigung (Vollerregung) ist auch bei stärkster Erregung bisher noch nicht mit Sicherheit erreicht worden.

Momentanprozeß, m-Leuchten,

der Fall von Spontanleuchten, bei dem die Erregung durch Absorption in den Störstellen des Kristalls (im langwelligen Ausläufer der Absorptionskurve) erfolgt. Daneben kann auch Phosphoreszenzerregung stattfinden.

Ultraviolettprozeß,

der Fall von Spontanleuchten, bei dem die Erregung durch Absorption im Grundgitter erfolgt. (Die daneben auftretende Phosphoreszenzerregung ist nur sehr schwach.)

Phosphoreszenz = *d-Leuchten*

Einfrierbares Nachleuchten. Mit zunehmender Erregungsintensität tritt eine Sättigung („Vollerregung") der Phosphoreszenz ein. Bimolekulares Abklingungsgesetz.

Dauererregungsbanden

Spektralbezirke, die eine besonders starke Phosphoreszenz erregen. Diese Spektralbezirke fallen mit dem langwelligen Ausläufer der Absorptionskurve (Störstellenabsorption!) zusammen. Daneben findet auch Erregung des *m*-Leuchtens statt.

Auslöschende Absorption

Die bei *erregten* Phosphoren auftretende Absorption im Langwelligen (z. B. Rot oder Ultrarot). Durch den Absorptionsakt wird ein Elektron aus dem Anlagerungsterm ins Leitfähigkeitsband befördert. Je nach auslöschender Wellenlänge und Temperatur kann hierbei Leuchten (Ausleuchtung) oder Tilgung auftreten.

Auslöschung

Abnahme der vom Phosphor gespeicherten Phosphoreszenz-Lichtsumme bei langwelliger Bestrahlung (z. B. Rot- oder Ultrarot-Bestrahlung).

Ausleuchtung

Die Lichtsumme wird durch die Rot-Bestrahlung *als Licht* ausgetrieben.

Tilgung

Die Lichtsumme wird durch die Rot-Bestrahlung verringert, ohne daß Licht ausgesandt wird, d. h. die gespeicherte Lichtenergie verwandelt sich in Wärme.

Unterer Momentanzustand

Temperaturgebiet, in dem nur Speicherung (und keine Emission) der betreffenden Phosphoreszenzbande stattfindet (niedrige Temperaturen!).

Oberer Momentanzustand

Temperaturgebiet, in dem keine Speicherung stattfindet (hohe Temperaturen!).

Dauerzustand

Temperaturgebiet, in dem sowohl Speicherung als auch Emission der betreffenden Phosphoreszenzbande stattfindet.

Kältebanden

Phosphoreszenzbanden, die ihren Dauerzustand (s. diesen) bei tiefen Temperaturen haben, d. h. sie treten nur bei tiefen Temperaturen im Nachleuchten auf.

Hitzebanden

Phosphoreszenzbanden, die ihren Dauerzustand (s. diesen) erst bei hohen Temperaturen haben, d. h. sie treten nur bei hohen Temperaturen im Nachleuchten auf.

Zentren, Leuchtzentren.

Diese Begriffsbildung LENARDs braucht heute nicht mehr herangezogen zu werden. Vor allem besteht keine Veranlassung mehr, die Existenz von Zentren verschiedener Arten (d-Zentren, m-Zentren usw.) anzunehmen. An Stelle dessen sind andere Modellvorstellungen getreten. — Da die erregende Absorption bei einigen Arten von Erregung im gesamten Gitter stattfindet, so müßte man heute den ganzen Kristall als zu den „Zentren" gehörig ansehen.

Zusammenfassende Darstellungen über Lumineszenzstoffe.

a) LENARD, P., F. SCHMIDT u. R. TOMASCHEK: „Phosphoreszenz-Fluoreszenz" im Handbuch der Experimentalphysik, Bd. 23, 1. u. 2. Teil. Leipzig 1928.

b) TOMASCHEK, R.: „Phosphoreszenz" im Handbuch der physikalischen Optik, Bd. 2. Leipzig 1927.

c) TOMASCHEK, R.: „Darstellung und Untersuchung phosphoreszierender Stoffe" im Handbuch der Arbeitsmethoden in der anorganischen Chemie, Bd. 4. Leipzig 1926.

d) PRINGSHEIM, P.: Fluoreszenz und Phosphoreszenz. Berlin 1928.

e) VANINO, L.: Die Leuchtfarben. Stuttgart 1935.

f) CURIE, M.: Luminescence des corps solides. Paris 1934.

g) NICHOLS, E. u. H. L. HOWES: Fluorescence of the uranyl salts. Washington 1919.

h) RUPP, H.: Die Leuchtmassen und ihre Verwendung. Berlin 1937.

i) NICHOLS, E. L., H. L. HOWES, D. T. WILBER: Cathodo-Luminescence and the Luminescence of incandescent solids. Washington 1928.

j) Abschnitt V d (S. 82) in M. v. ARDENNE: Die Kathodenstrahlröhre. Berlin 1933.

k) Abschnitt „Leuchtstoffe" (S. 209) in W. ESPE u. M. KNOLL: Werkstoffkunde der Hochvakuumtechnik. Berlin 1936.

l) Abschnitt 11 „Radioaktive Leuchtfarben" (S. 330) und 2 c „Leuchtfarben" (S. 172) in H. WAGNER: Die Körperfarben. Stuttgart 1939.

m) BERNDT, G.: Radioaktive Leuchtfarben. Braunschweig 1920.

n) In Bd. 23 des Handbuches der Physik von GEIGER-SCHEEL, Berlin 1926 (Aufsatz P. PRINGSHEIM).

o) Abschnitt B 10 „Strahlungsumwandlung durch Luminophore" (S. 208) und D 7 „Lumineszierende Baustoffe" (S. 417) in Handbuch der Lichttechnik von R. SEWIG. Berlin 1938.

p) Luminescence. A general discussion held by the Faraday Society. London und Edinburg 1938.

q) TOMASCHEK, R.: Die Physik in regelmäßigen Berichten, **2**, 1934 sowie **8**, 1940.

Namenverzeichnis.

Afzelius, J. 133.
Andresen, E. G. 180.
Ardenne, M. v. 10, 11, 147, 148, 151, 154, 203, 204.
Antonoff-Romanowsky, V. V. 67ff., 97ff., 117.
Arndt, W. 201.

Bandow, F. 79.
Bartels, B. 11, 64, 120, 151, 152.
Bäckström, H. L. J. 13, 16.
Becquerel, H. 8, 77.
Berndt, G. 138, 139, 140, 142.
Berthold, R. 156, 157, 158, 159, 167, 169, 170.
Bethe, H. 102.
Beutel, E. 32.
Bey, H. 151.
Birus, 115.
Blochinzeff, D. 67, 117.
Blum, E. 173.
Boardman 100.
de Boer J. H. 153.
Bol, C. 183.
Boltzmann 116.
Borries, B. v. 153.
Bosch, C. 131.
Bose 101.
Boudenard 101.
Bouwers, A. 166.
Bowtell, J. N. 179.
Brauer, P. 97.
Braun 11.
Brown, T. B. 144, 145.
Brul, L. du 48.
Brüche, E. 153.
Brückersteinkuhl, K. 153.
Bunting 35.
Bünger, W. 43, 79.
Büscher, F. 47.
Byler, W. H. 69, 122.

Le Chatelier 101.
Claude, A. 173.
Cohn, B. E. 93.
— G. 124.
Crepsin, D. 48.
Crookes, W. 133.
Curie, M. 48, 97.

Dannmeyer, F. 19.
Davis, W. L. 72.
Delbrück, H. 57.
Destriau, G. 85.
Deutschbein, O. 48ff., 128.
Domcke 101.
Döring, G. 93.
Dresler, A. 171.
Duschinsky, F. 10.

Eggert, J. 163.
Eiichi Shibata 93.
Elster 133.
Epstein 144, 145.
Ernst, H. W. 151.
Ewest, H. 17.
Ewles, J. 51, 84.

Flechsing, W. 79.
Fick, E. A. 187, 192, 193, 197.
Fischer, H. 48, 172.
Fonda, G. R. 35, 36, 72.
Formes, H. 187.
Franke, H. 161.
Frenkel, J. 106.
Frerichs, R. 14ff., 151.
Frischmuth, B. 151.
Fritze, O. 173.
Frommherz, H. 44.
Fröhlich, H. 102.

Gärtner, O. 155.
Gaffron, H. 57.
Gaviola, E. 9.
Geiger, H. 134.

Geitel 133.
Gillard, P. 48.
Gisolf, J. 53, 55, 59, 112.
Glassner 25, 106, 122, 147.
Glocker, R. 155.
Gobrecht, H. 49.
Goldschmidt, V. 91.
Gorter 128.
Gottling, P. F. 9.
Graue, G. 127.
de Groot 11, 61, 64, 71ff., 112, 117.
Grotheer, W. 150.
Gruhl, A. 33ff.
Gudden, B. 31, 43, 84.
Guerney, R. W. 106.
Guntz 24, 30.

Haberland, H. 49.
Hagen, C. 150.
Hahn, O. 132.
Hartmann, J. H. 163.
v. Hauer 135.
Headrick 145.
Hedvall, J. A. 124, 133.
Heyne, G. 19, 23, 182.
Hilsch, R. 43ff.
Hinderer, H. 84.
Hirschi, H. 91.
Holst, G. 153.
Honrath, W. 43.
Howes, H. L. 84, 99.

Imhof, A. 82, 93.

Janker, R. 161.
Jenkins, H. G. 128, 179.
Johnson, R. P. 34, 70ff., 102.
Juris 164, 165.

Kabakjian, D. H. 50.
Kamm, A. 29, 146.
Karlick, B. 135.

Katheder, F. 57.
Kaupp, E. 155.
Kaufmann, W. 172.
Kayser, H. 91.
Käding, H. 45, 125.
McKeag 128.
Keck, P. H. 163.
Keidel, L. 205.
Kerr 9, 10.
Klatt 40, 85, 94.
Knoll, M. 151, 153.
Kollath, R. 151.
Kordatzki, 148, 150, 151.
Körner 29.
Krautz, E. 151.
Krefft, H. 17, 19, 22ff., 173, 181, 183, 185.
Kröger, F. A. 32ff., 59, 60, 61, 105.
Kuppenheim, H. 65, 87.
Kun-Hou-Lih 44.
Kutzelnigg, A. 32, 46.
Kühnreich 151.
Küster, A. 163.
Kyropoulos, S. 43.

Lange, H. 49.
Larché, K. 17, 181, 183, 185.
Lehner, J. 163.
Lenard, Ph. 2, 4, 7, 16, 25, 30, 39, 40, 47, 52ff., 60ff., 73, 74, 75, 76, 77, 78, 79, 80, 81, 85, 86, 87, 88, 90, 93, 94, 111, 112, 115, 118, 120, 122, 138, 141, 144, 146, 150, 151, 155, 208, 209.
Leverenz 144, 145.
Levy, L. 96, 144, 145, 166.
— W. 24.
Lewin, H. 167.
Lewschin, W. L. 8, 67ff., 97ff., 117.
Liebmann 84.
van Liempt, J. A. M. 187.
Longchambon, H. 93.
Lorenz, H. 43.
Lüders 127 ff.

Maercks, O. 10.
Maloff 144, 145.

Martin-Rothe 110, 113, 119.
Mehnert, E. 49.
Menschick, W. 44.
Meyer, E. 204.
Milner, C. J. 102, 108.
Morton 72.
Mott, N. F. 106.
Möglich, F. 57, 82, 108, 109, 111, 113, 121, 144.
Möller, P. 19.
Moser, H. 79.
Muto, T. 102.

Nelson, H. 70, 151.
Nemirowsky, A. 154.
Nernst 101.
Nichols, E. L. 84, 98ff.
Nottingham, W. B. 144, 145, 151..
Nyswander R. E. 93.

Oosterkamp 166.
Orth, R. 145.
Ortmann, H. 61, 64, 87, 88, 89, 122, 124, 129, 130, 131, 154, 201.

Pardun, H. 132.
Peierls 110.
Pirani, M. 19, 22ff., 173.
Piwonka 127ff.
Pohl, R. W. 31, 43ff., 53, 84.
Pringsheim, P. 45, 49.
Przibram, K. 43, 91.
Purkinje 136.

Ramberg 72.
Randall, J. T. 51, 83ff., 173.
Reger 14, 17.
Reusse, W. 145, 148.
Richter 40.
Riehl, N. 2, 24ff., 31ff., 54ff., 60ff., 73, 77, 78, 82, 83, 87—89, 95—98, 102, 109, 110, 112, 113, 116, 117, 122, 123ff., 144, 147. 148, 152, 154—160, 163, 166, 167, 169ff., 173, 179, 181—187, 192, 193, 196.

Rompe, R. 14, 82, 108, 111, 121, 144.
Rooksby 128.
Roscoe 3.
Rosenbauer, K. 49.
Rothe 110, 113, 119.
Rössler 186.
Rothschild, S. 27, 29ff., 41, 91, 93, 205.
Roubertie, R. 154.
Rubens 101.
Rudinger 164, 165.
Rudolf, J. 45.
Rupp, E. 81, 85, 146, 155.
Rupp, H. 132.
Ruska, E. 153.
Rutherford, E. 134, 138, 141, 155.
Rübsaat, R. 145.
Rüttenauer, A. 34, 148, 170, 173, 179, 203.

Saddy, J. 97.
Satoh Shunichi 47.
Schaefers 149.
Schaffernicht, W. 153.
Scheibe, G. 57.
Schellenberg, O. 42.
Schenk, R. 131, 132.
Scherer, K. 145.
Schleede, A. 11, 24, 25, 27, 29, 32, 35, 39, 56, 64, 106, 120, 122, 146, 148, 150, 151, 152.
Schlivitch 49.
Schlömer, A. 48.
Schmidt, F. 39, 42, 51, 84.
— R. 172.
— W. 35, 146, 148.
Schmieder, F. 53.
Schnabel, W. 145, 151, 152.
Schottky, W. 124.
Schön, M. 2, 23, 34, 57, 60, 71, 95ff., 102, 107ff., 113ff., 119, 144.
Schöntag, A. 57.
Schröter, F. 148, 150, 151.
Seifert 45.

Seitz, F. 106, 124.
Servigne 38.
v. Sewig 183.
Skaupy, F. 84.
Smakula, A. 43.
Smekal, A. 55, 77, 89, 90, 123.
Sommerfeld, A. 102.
Sommermeyer, K. 102.
Spiegler, G. 164.
Stokes 3, 19, 51.
Streck, E. 141.
Summerer, E. 14.
Swindells 37, 95.
Szymanowski 10.

Teves, M. C. 153.
Thieme, H. 33ff., 95ff., 148, 173, 179.
Thosar, B. V. 50.
Thouret, W. 14.
Tiede, E. 31, 33ff., 40, 45, 46, 47, 50, 59, 101, 122—123, 125—128ff., 146.
Tien-Huan-Tsao 37.

Timoféef-Ressovsky, N. W. 57.
Tomaschek, R. 31, 39, 46, 47, 49, 58, 93, 98, 128, 131, 146.
Tomoji-Invue 93.
Travniček, M. 47ff., 51, 129.
Tränkle, W. 91.

Vanino, L. 39, 93, 205, 207.
Vaupel, O. 156, 157, 158, 159.
Veenemans, C. F. 153.
Vogels, H. 45.
Vogler, H. 163.

Waentig, P. 88.
Waggoner, C. W. 93.
Wagner, C. 124.
Walter, B. 54, 58.
Wawiloff, S. J. 8.
Weidert, F. 49.
Weiß, E. 59, 123, 125, 130.

West, D. W. 24, 96, 144, 145.
Weyl, W. 48, 50ff.
Wick, F. G. 93.
Wiedemann, E. 4, 47, 91.
Wiedmann, H. 155.
Wiegand, K. 173.
Wiest, P. 163.
Wilber D. T. 99.
Wilson, A. H. 109.
Winawer, B. 88.
Wohl, K. 57.
Wolf, P. M. 54, 69, 87, 97, 138, 139, 140, 142, 143, 152, 154, 160, 167, 181, 183, 196.
Wollweber, G. 11.
Wood, R. W. 8, 9, 135.
Wulff, P. 47.
Würstlin, K. 163.

Zimmer, K. G. 159, 163, 166.
Zimmermann, W. 51.
Zumbusch, E. 93.

Sachverzeichnis.

Abklingung 3, 4, *60—72*.
— (Nachleuchten) von Röntgenschirmen 156, *159—160*.
— — von Leuchtschirmen in
   BRAUNschen Röhren
   152—153.
— — der Szintillationen 135.
— — nachleuchtender Leuchtfarben
   196.
— Messung der 8—11.
Absorption, erregende 4, *51—60*,
   107—110, 111—114.
— der Alkalihalogenidphosphore
   44—45.
— auslöschende 120.
Aktinodielektrischer Effekt 7, 11.
Aktivator (Phosphorogen) 5, 41, 122
   bis 129.
Alkalihalogenide 42—46.
Alpha-Strahlen, Erregung durch 54,
   121, 133 ff.
Aluminiumoxyd 50, 51, 127—128.
Analysenlampe 13.
Anklingung 11.
Anlagerungsterme 6, 76, 109, 112,
   119, 120, 128.
Anti-STOKESsche Linien 51.
Arbeitsmethoden (und apparative
   Hilfsmittel) 7—24.
Ausbeute bei Erregung mit Ultraviolett 34, 35, 38, 53, 55,
   116, 117, 118.
— — mit α-Strahlen 54, 121, 140.
— — mit Röntgenstrahlen 155.
— — mit Kathodenstrahlen 121,
   150 ff.
— bei Flammenerregung 102.
Ausleuchtung 77—80, 116, 119.
— (Austreibung) von gespeicherten
   Lichtsummen durch Wärme
   75 ff., 91—92.
— durch elektrische und magnetische Felder 84.
Auslöschung (Ausleuchtung und Tilgung) der Phosphoreszenz 77—80,
   207.

BALMAINsche Farbe 41.
Banden, Emissionsbanden 25—31,
   36, 37, 42, 93—96, 100, 114,
   115, 134, 159, 175, 183, 187.
— Dauererregungsbanden 53—54,
   112, 118.
Bariumplatinzyanür 50, 154.
BÄCKSTRÖM-Filter 13, 16.
Beryll (als Bestandteil von Lumi-
   neszenzstoffen) 36, 148, 173—174.
Berylloxyd 84.
Berylliumnitrid 47.
Bimolekularer Abklingungsmechanis-
   mus 3, 4, 67 ff., 107.
Blauflächenglimmlampe 13.
Blei als Aktivator 37, 41, 125, 126.
— als Sensibilisator 39, 93—96.
Borate 173, 174.
Borsäurephosphore 5, 47.
Borstickstoff 46, 100, 146.
BRAUNsches Rohr 11, 144—153.
BUNSEN-ROSCOEsches Gesetz 3.

Cadmium-Entladungslampe 17, 23.
Cadmiumsilikat 33—36, 174.
Cadmiumsulfid (vgl. auch Zink-
   cadmiumsulfid) 26, 51.
Cadmiumwolframat 36.
Calciumsulfid 40, 41, 51, 52, 54, 58,
   65—67, 74—77, 78, 86, 93—96,
   126.
Calciumwolframat 36 ff., 95—96, 146,
   161 ff., 171 ff.
Cellophan 18.
Chemiluumineszenz 4, 102.
Chloride 46 ff., 50.
Chrom (als Phosphorogen) 41, 50, 51,
   127—128.
Chromosome 57.
Cobalt (als Killer) 32, 97.
Compton-Elektronen 3, 155.

Dauererregungsbanden 53—54, 112,
   118.
— d-Leuchten, d-Prozeß (s. Phosphoreszenz).
— d-Maxima (s. Dauerregungs-
   banden).

Dauerzustand 80.
Definitionen 208.
Definition des Begriffes Lumineszenz
    1.
Diamant 133.
Dielektrizitätskonstante 11, 31.
Diffusion (von Phosphorogenatomen
    in der Grundsubstanz) 123—131.
Drosselspule (für Hg-Lampen) 12.
Druckzerstörung 85ff.
Durchlässigkeit von Schwarzfiltern 18.
— von Glas für Ultraviolett 192.

Eisen (als Phosphorogen und als
    „Killer") 32, 41, 96, 126.
Elektrische Felder, Ausbuchtung
    bzw. Erregung durch 84.
Emissionsspektren 25—31, 36, 37, 42,
    93—96, 100, 114, 115, 134, 159,
    175, 183, 187.
Energieterme 6, 103—110, 111—120,
    128.
Energiewanderung 5, 56, 113.
Eosin 68.
Erdalkalioxyde 39ff.
Erdalkalisulfide 39ff., 50—54, 57,
    65—67, 75—76, 86, 93—95, 146,
    182, 196.
Erdalkaliwolframate 36ff., 95—96,
    146, 161ff., 171ff.
Erregung 4, 51—60, 111—114.
— durch α-Strahlen 133ff.
— durch Kathodenstrahlen 144ff.
— durch Röntgenstrahlen 154—166.
— durch γ-Strahlen 155, 167.
— durch Schumann-Ultraviolett 34,
    179.
— durch Kanalstrahlen 134.
Erregende Absorption 4, 51—60,
    107—110, 111—114.
Erregungsbanden (s. Banden).
Erregungsintensität, Einfluß der 4,
    14—16, 64, 76, 83, 113, 117, 152.

Fernsehtechnik 144ff.
Filter (für Ultraviolett und für Licht)
    17ff., 23.
Filterultraviolett 14.
Flammenerregung 4, 12, 98—102.
Fluoreszein 47.
Fluoreszenz, Definition 3.
— von seltenen Erden in Mineralien
    49.

Fluorit 42ff., 90ff., 100.
Fluorometer 9ff.
Fluorophore 4.
Flußmittel (Schmelzmittel) 6, 122.
Flußspat 42ff., 90ff., 100.
Flüssigkeitsfilter 11, 16.
Fremdatom (s. auch „Phosphorogen"
    5.
Fremdmetall (Aktivator, Phos-
    phorogen 5, 25, 41, 122—129.

Gamma-Strahlung, Erregung durch
    3, 155, 167.
Gas- und Dampfentladungslampen
    (und Röhren) 171.
Gekreuzte Spektra 19.
Glasfilter (für Ultraviolett und Licht)
    17—19, 23.
Gläser 48.
Glühprozeß 6, 131.

Halogenidphosphore 5, 42ff.
Heliumlampe 14—16.
Hitzebanden 81.
Hochdruckquecksilberlampe 16,
    180ff.
Höchstdruckquecksilberlampe
    14—16.

Idealer Kristall 103.
Intensität der emittierten Strahlung,
    absolute (bei stärkster Erre-
    gung) 15.
— der erregenden Strahlung, Ein-
    fluß der 4, 14—16, 64, 76, 83,
    113, 117, 152.
Intermittierende Erregung 8.
Isolierung der Ultraviolett-Linien
    16—21.
Isomorphie 31.

Jodide 46.

Kadmiumentladungslampe 17, 23.
Kadmiumsilikat 33—36, 174.
Kadmiumsulfid (vgl. auch Zink-
    Kadmiumsulfid) 26, 51.
Kadmiumwolframat 36.
Kalkspat 50.
Kalziumsulfid 7, 40, 41, 51, 52, 54,
    58, 65—67, 74—77, 78, 86, 93 bis
    96, 126.

Kalziumwolframat 36ff., 95—96, 146, 161ff., 177ff.
Kanalstrahlen, Erregung durch 134.
Kathodenstrahlen, Erregung durch 144ff.
Kältebanden 80—81.
KERR-Effekt 9.
„Killer" 38, 96.
Kobalt 97.
Kohlensäureassimilation 57.
Kohlenstoff (als Aktivator) 46.
Komplexverbindungen 4, 44ff., 132.
Körperfarben des Zinkkadmiumsulfids 30.
Kristallchemie der Lumineszenzstoffe 44—45, 122—133.
Kristalliner Bau der Lumineszenzstoffe 122.
Kristallisieren, Leuchten beim 93.
Kristallphosphore, Begriff 2.
Kristallwasser (als Aktivator) 51.
Kupfer (als Phosphorogen) 24—32, 41, 54, 54ff., 64, 70, 82, 88, 123 bis 131.
Kupfersulfatfilter 13.

Leitfähigkeitsbänder 5—6, 103ff.
LENARD-Phosphore 39.
Leuchtdauer (s. Abklingung).
Leuchten beim Kristallisieren 93.
Leuchtfarben, nachleuchtende 196 bis 201.
— radioaktive 133—144.
— nicht nachleuchtende 190, 195, 201.
Leuchtmechanismus, bimolekularer 3, 4, 67ff., 107.
Leuchtschirme, Röntgendurchleuchtungsschirme 154ff.
— zur kontrastreicheren Betrachtung von Film- und Plattenaufnahmen 167ff.
— in BRAUNschen Röhren 144ff.
Leuchtstoffröhren 171.
Leuchtzentren 87—90.
Lichtausbeute, der neuen, unter Verwendung von Lumineszenzstoffen gebauten Lichtquellen 172, 178, 182, 184, 186.
Lichtelektrischer Effekt 7.
Lichtquellen mit kontinuierlichem Ultraviolettspektrum 17.

Lichtsummen 73—77, 80.
Lichttechnik 171—203.
Linienemission 49.
Lockerstellen (s. auch Störstellen, Anlagerungsstellen bzw. Stör- oder Anlagerungsterme) 55 (vgl. auch 122—131).
Luftschutzbeleuchtung (mittels lumineszierender Stoffe) 187—201.
Lumineszenz, Definition 1.
Luminographie 205.
Luminophore, Begriff 4.

Magnesiumwolframat 36, 174.
Magnetische Felder, Ausleuchtung durch 84.
Mangan (als Phosphorogen) 31, 33 bis 37, 41, 48, 52, 59, 61, 71, 85.
Mangansalze, Fluoreszenz der 51, 131.
Metasilikat 35.
Mischkristalle 122ff.
Molekulardisperser Zustand als Bedingung für Leuchtfähigkeit 5, 47, 50—51.
Molybdate 36ff.
Momentanprozeß (m-Leuchten) 4, 112.
Momentanzustand, oberer 65, 81.
— unterer 65, 80.

Nachleuchten, spontanes (Spontanleuchten) 4, 60ff.
— verschiedene Arten von 3.
— von Leuchtschirmen in BRAUNschen Röhren 152—153.
— von Röntgenschirmen 156, 159 bis 160.
— der Szintillationen 135.
Nachleuchtende Leuchtfarben 190, 195, 196—201, 204, 205.
Nachleuchtkurven 64—71, 196.
Natriumlampe 21, 22.
Neodym 40, 41, 49, 93—96.
Nickel 31, 32, 97.
Niederdruck-Hg-Entladung 16, 22, 172ff.
Nitride 46.

Oberflächenfluoreszenz 105—106.
Ökonomie von Lichtquellen (s. Lichtausbeute).
Organische Farbstoffe 57.
— Lumineszenzstoffe 2.

Organische Stoffe als Aktivatoren bei Borsäure- und Zementphosphoren 5, 47.
Oxydphosphore 32, 39, 41, 50, 100, 128, 146, 152.

Phosphate 173.
Phosphore, Definition 3, 4.
Phosphoreszenz, Definition 3.
— weitere Eigenschaften 61, 63, 65 bis 67, 68ff., 73—77, 78ff., 80 bis 81, 84—85, 87, 97ff., 114, 115, 117—118, 122—123.
— Theorie der 109, 114, 115, 116, 117—118, 119, 120, 122.
Phosphorogen (Aktivator) 5, 41, 122 bis 129.
Phosphoroskop 8.
Photochemie 3.
Photochemische Reaktionen 1.
Photo-Elektronen 3, 155.
Photographische Anwendungen 205 bis 207.
Platinzyanür 50, 154.
Potentielle Energie 1.
Praseodym 40, 41, 93—96.

Quantenausbeute 34, 35, 38, 53, 55, 116, 117, 118.
Quarzoptiken 13.
Quecksilber-Niederdruck-Entladung 16, 22, 172ff.
— -Hochdruck-Lampe 16, 180ff.
— -Höchstdruck-Lampe 14—16.

Radioaktive Leuchtfarben 133—144.
Reaktion (monomolekulare — bimolekulare) 3, 4, 6, 67ff., 68, 107.
Reinstoffphosphore 37.
Resonanzfluoreszenz 105—106.
Resonanzlinie des Quecksilbers 16, 22, 34—36, 172ff.
— des Neons 34, 178—179.
Rhodamin 182.
Rote Strahlen, Auslöschung durch 77—80.
Röntgen-Durchleuchtungsschirme 154—161.
Röntgenstrahlen, Erregung durch 3, 154—166.
Röntgen-Verstärkerfolien 161—167.
Rubin 50, 51, 127—128.

Samarium 27, 39, 40, 41, 93—96.
Sättigung der Phosphoreszenz 3, 64 bis 66.
— des Spontanleuchtens 15—16, 64.
Scheelit 36.
Schichtengitterphosphore 46.
Schirme (s. Leuchtschirme).
Schmelzmittel (Flußmittel) 6, 122.
Schumann-Strahlung 34, 178—179.
Schwärzung von Zinksulfid 32, 181.
Schwermetalle (als Phosphorogene und Killer) 5, 25, 37, 39, 41, 93ff., 125, 126.
Selenide 146, 149.
Selbsterregung 97.
Seltene Erden 100.
Sensibilisierte Lumineszenz 39, 93 bis 96, 148.
Sidotblende (s. Zinksulfid).
Silber (als Phosphorogen) 24—30, 41, 50, 96, 126, 130, 146ff., 154, 158, 182.
Silikate 32—36, 48, 59, 100, 102, 148—149, 154, 170—180.
Siliziumsulfid 46.
Speicherung des Lichtes in Phosphoren 6, 73—77, 80, 109, 112, 119, 120, 128.
Spektrallampen 16, 22—24.
Spontanes Nachleuchten (Spontanleuchten) 4, 60ff.
Stokessche Regel 3, 51.
Störstellen 6, 106—110, 112—120.
Störstellenabsorption 110, 112.
Störterme 6, 106—110, 112—120.
Stöße 2. Art 106.
Streufeldtransformator 12.
Strontianit 50.
Strontiumsulfid 41, 52, 58, 86, 95 bis 96, 98, 196.
Sulfide 42—32, 39—42, 46, 50—54, 57, 58, 65—67, 75—76, 78, 86, 93—95, 126, 146, 182.

Tallium 44.
Telluride 42.
Temperaturabhängigkeit der Abklingungsgeschwindigkeit 73—75, 80—83, 115.
— der Lumineszenzfähigkeit (Ausbeute) 80—84, 116.
— der spektralen Emissionsverteilung 115.

Temperaturabhängigkeit der Tilgung (und Ausleuchtung) 78—79, 116.
Temperaturstrahlung 1, 4, 99—102.
Terephthalsäure 47.
Terminologie 208.
Theorie des Lumineszenzvorganges 5—6, 102—121.
Thermische Agitation 3, 6, 11.
Thermolumineszenz 90ff.
Thorium 48.
Tilgung 77—80, 116, 119.
Tribolumineszenz 4, 92, 142.

ULBRICHTSche Kugel 53.
Ultraviolettprozeß (UV-Prozeß, u-Leuchten) 4, 111.
Ultraviolettstrahler 12ff.
Unterwasserfunke 17.
Urangläser 48.
Uranylsalze 50.

Vollerregung 64.

Wasserstoffspektrum, kontinuierliches 17.
WEBER-FECHNERsches Gesetz 156.
Wernerit 50.
WIEDEMANN-Phosphore 4, 47.
Willemit (s. Zinksilikat).
Wirkungsgrad der Lumineszenz (s. Ausbeute).

Wismut (als Phosphorogen) 37, 41, 42, 52, 65—67, 75, 93—96, 125, 126, 196.
Wolframate 36—39, 95—96, 146, 161ff., 171ff.
Wolframlampe 15.
— als Strahlenquelle zur Erregung von Lumineszenz 17, 194—195.
Wolframunterwasserfunkenstrecke 17.
Wurtzit (s. Zinksulfid).

Ytterbium 40.

Zementphosphore 47.
Zentren (s. Leuchtzentren).
Zink- und Zinkcadmiumsulfide 15, 24—32, 51, 52—59, 64, 69—71, 82—83, 85, 87—89, 92, 123—131, 133—143, 146—154, 154—160, 161, 166—167, 180—187.
Zinkjodide 46.
Zinkniederdrucklampe 18, 22.
Zinkoxyd 32, 146, 149, 152.
Zinksilikate *32—36*, 59, 102, 148, 153, 154, *171—179*.
Zinkwolframat 36.
Zinn 40.
Zirkonium 48.
Zusatzfreies Zinksulfid 25—26.